Monika Auinger, Michael Jungmeier, Marianne Klemun,
Christina Pichler-Koban und Selina Anna-Maria Straßer

DIE NACHHALTIGE NUTZUNG DES ECHTEN SPEIK (*VALERIANA CELTICA* SUBSP. *NORICA*) IM BIOSPHÄRENPARK NOCKBERGE: VERGANGENHEIT, GEGENWART UND ZUKUNFT

Monika Auinger, Michael Jungmeier, Marianne Klemun,
Christina Pichler-Koban und Selina Anna-Maria Straßer

Die nachhaltige Nutzung des Echten Speik (*Valeriana celtica* subsp. *norica*) im Biosphärenpark Nockberge:

Vergangenheit, Gegenwart und Zukunft

Mit Beiträgen von Roland Eberwein, Michael Getzner, Gabriele Hadl,
Zuzanna Kieliszek, Daniela Litscher, Johannes Novak, Stefan Novak,
Raphael Süßenbacher und Karina Wimmer

VERLAG DER
ÖSTERREICHISCHEN
AKADEMIE DER
WISSENSCHAFTEN

Herausgeber:
Fachhochschule Kärnten, gemeinnützige Gesellschaft mbH
Europastrasse 4
9524 Villach

www.fh-kaernten.at/unesco-chair

Diese Publikation wurde unterstützt durch
DDr. Franz-Josef Mayer-Gunthof Wissenschafts- und Forschungsstiftung.

Bibliographische Information der Deutschen Nationalbibliothek
Die Deutsche Nationalbibliothek verzeichnet diese Publikation
in der Deutschen Nationalbibliographie;
detaillierte bibliographische Daten sind im Internet über https://dnb.de abrufbar.

Die verwendete Papiersorte in dieser Publikation ist DIN EN ISO 9706 zertifiziert und
erfüllt die Voraussetzung für eine dauerhafte Archivierung von schriftlichem Kulturgut.

Kontaktadresse zur Produktsicherheit:
Verlag der Österreichischen Akademie der Wissenschaften
Dr. Ignaz Seipel-Platz 2, A-1010 Wien
Tel.: +43-1-51581-3420
E-Mail: verlag@oeaw.ac.at

ISBN 978-3-7001-5011-4
Lektorat: Christina Pichler-Koban
Layout, Satz und Grafik: Elisabeth Wiegele
Coverbild: © Helmut Moik
Schmuckseiten: Katya Frei
Druck: Prime Rate, Budapest
https://epub.oeaw.ac.at/5011-4
https://verlag.oeaw.ac.at
Made in Europe.

Gefördert durch: Österreichische Akademie der Wissenschaften aus dem Programm ESS (Earth System Sciences) und UNESCO Biosphärenpark Kärntner Nockberge
Veröffentlicht mit Unterstützung der DDr. Franz-Josef Mayer-Gunthof Wissenschafts- und Forschungsstiftung

Inhaltsverzeichnis

Vorwort der Autor:innen

Man kann den Echten Speik zurecht als unscheinbar bezeichnen: kaum mehr als 15 Zentimeter groß, blassgelbe winzige Blüten, fast unsichtbar in den lückigen alpinen Rasen, beschränkt auf ein kleines Areal im Alpenbogen. Und doch, die Pflanze riecht markant. Der Geruch des Speiks charakterisiert an manchen Tagen die Landschaft der Nockberge im gleichnamigen Biosphärenpark.

Wir beschäftigen uns in diesem Projekt mit dem Speik aus biogeographischer, botanischer, ethischer, ethnologischer, wissenschaftshistorischer, kosmetischer, kultureller, landwirtschaftlicher, medizinischer, ökologischer, ökonomischer, pädagogischer, pharmazeutischer, rechtlicher, regionalwirtschaftlicher, sozialwissenschaftlicher, taxonomischer sowie umwelt- und naturschutzgeschichtlicher Perspektive. Wir blicken in die Vergangenheit, Gegenwart und in die möglichen Zukünfte der Speiknutzung. Damit möchten wir einen Beitrag dazu leisten, dass im Biosphärenpark mit allen Beteiligten ein guter Weg zwischen Schützen und Nützen des Speiks gefunden werden kann.

Den aufmerksamen Leser:innen wird nicht entgehen, dass sich die Beiträge in diesem Buch stark voneinander unterscheiden. Die einzelnen Autor:innen schreiben in der Sprache ihrer jeweiligen Disziplin, sie haben verschiedene Zugänge und unterschiedliche Ausdrucksweisen. Dies ist unserem inter- und transdisziplinären Forschungsansatz geschuldet. Abgesehen von wenigen grundlegenden formalen Vorgaben wollten wir allen Autor:innen den gewünschten Freiraum lassen.

Auch nach vielen Diskussionen konnte sich das Autor:innenteam nicht auf einen gemeinsamen Namen für den Protagonisten dieses Buches verständigen. So finden sich in den Texten neben der botanisch korrekten Bezeichnung Echt-Speik auch der gebräuchliche Name Echter Speik sowie die Bezeichnungen Norischer Speik und Keltischer Speik. Auch zur Schreibweise des Speiks, einmal mit „k", einmal mit „ck", finden sich im Text unterschiedliche Varianten. Es gibt für die jeweils verwendete Bezeichnung einen plausiblen Grund. Ihre Polyonymie (Vielnamigkeit) gehört zu den charakteristischen Eigenarten dieser Pflanze.

Eine andere Begriffsverwirrung ist leicht erklärt: Bis 2012 waren die Nockberge als Nationalpark, seit 2013 sind sie als Biosphärenpark ausgewiesen. Somit wird das Gebiet je nach Zeit der Handlung einmal als Nationalpark und einmal als Biosphärenpark bezeichnet.

Die einzelnen Beiträge des Buches sind in sich abgeschlossen. Dies ermöglicht den Leser:innen, das Buch ganz nach Interesse und Vorliebe kapitelweise zu lesen. Das chronologische Durcharbeiten ist für das Verstehen nicht notwendig (im Sinne der Mehrperspektivität aber empfehlenswert!). Wir haben dafür in Kauf genommen, dass sich manche Inhalte oder Literaturverweise in den einzelnen Kapiteln wiederholen.

Das Forschungsvorhaben wurde von der Österreichischen Akademie der Wissenschaften unterstützt und soll einen Beitrag zu den Forschungsprogrammen ESS (Earth System Sciences) beziehungsweise MAB (Man and the Biosphere) leisten. Damit können wir die

Abbildung 1: Trachtenmuster. Neben dem Auerhahn ist der Echte Speik ikonisches Element der Biosphärenparktracht. Die Tracht wurde 2016 vom Kärntner Heimatwerk entworfen. Die Abbildung zeigt die originale handgezeichnete Vorlage (rechts) sowie das umgesetzte Stickmuster (links).
© Kärntner Heimatwerk

kleine Pflanze Speik in einen großen Forschungszusammenhang stellen.

Über das Projekt SPEIK ergeben sich viele Berührungspunkte zu verschiedenen Interessen, Beteiligten und Partnern. Wir haben sie befragt, zu Diskussionen eingeladen und manchmal wohl auch irritiert. Darum bedanken wir uns herzlich bei allen, die dieses Forschungsvorhaben ermöglicht, unterstützt oder auch nur beobachtet haben. Unser Projekt soll über die Wissenschaft hinausreichen und jeder Austausch war wertvoll.

Explizit bedanken möchten wir uns bei den Expert:innen, die zum Forschungsprojekt, zu den Veranstaltungen und zu diesem Buch beigetragen haben. Interview-, Gesprächspartner:innen und Workshop-Teilnehmer:innen haben uns mit Informationen versorgt und mitunter ihr Herz ausgeschüttet. Sie haben dies unter dem Schutz der Anonymität getan und werden daher nicht namentlich genannt. Mehrere Unternehmen und Initiativen, darunter Brüder Unterweger Gesellschaft m.b.H. Erste Tiroler Latschenölbrennerei, Kesselwerk, Kräuterland, Pflanzner Naturkosmetik & Stefan Singer Landwirtschaft, Saponetta Carina, Speick Naturkosmetik GmbH & Co. KG und Waldland, haben uns ihre Produktionsstätten und Labore geöffnet, damit wir die Prozesse der Speikverarbeitung besser verstehen können. Dafür gilt ihnen unser besonderer Dank. Das Unternehmen Speick Naturkosmetik in Stuttgart hat zudem historisches Bild- und Werbematerial für dieses Buch zur Verfügung gestellt und sich in vielfältiger Weise in das Forschungsprojekt eingebracht. Das Team des Biosphärenparks Kärntner Nockberge hat dieses Forschungsvorhaben angestoßen und unsere Arbeiten nach besten Möglichkeiten unterstützt.

Wir hoffen, dass es den Beteiligten in der Region gelingt, die Projektergebnisse, die daraus hervorgehenden Diskussionen und Ideen in Zukunft kraftvoll und nachhaltig zu nutzen.

1

Speik – begehrte Ressource und Metapher

1. Speik – begehrte Ressource und Metapher

Michael Jungmeier

Die Zirbe (*Pinus cembra*), das Auerhuhn (*Tetrao urogallus*) und der Echte Speik (*Valeriana celtica* subsp. *norica*) gelten als die drei charismatischen Arten der Nockberge. Die langsam wachsende Zirbe kann mehrere Jahrhunderte alt werden; sie ist widerstandsfähig, knorrig und für ihr wertvolles Holz, dem auch gesundheitsfördernde Wirkung zugeschrieben wird, geschätzt. Das Auerhuhn ist ein anspruchsvoller Bewohner großer lichter Wälder. Der Vogel ist weithin bekannt. Er hat ein ausgedehntes Verbreitungsgebiet, das von Schottland über Nordeuropa bis Sibirien reicht. Der Biosphärenpark Nockberge führt einen balzenden Auerhahn als „Wappentier" in seinem Logo. Der Echte Speik ist in den Nockbergen zwar bekannt. Er spielt in der Alltagskultur eine gewisse Rolle, ist Gegenstand einiger touristischer Angebote und ist etwa in die Ornamentik einer neu gestalteten Tracht des Biosphärenparks aufgenommen. Über die Region hinaus sind die Pflanze, ihr Vorkommen und ihre ehemals große Bedeutung jedoch weitgehend unbeachtet.

Abbildung 2: Valeriana celtica. Bezeichnend für die Speikpflanze ist das mächtige Rhizom. Hier ist auch der Großteil der ätherischen Öle eingelagert, die den charakteristischen Duft der Pflanze ausmachen. Quelle: Lithographie Nr. 137 (Wagner Daniel, 1828-30): Pharmaceutisch-medicinische Botanik, Wien. © no copyright

Der Echte Speik oder Norische Speik ist tatsächlich nicht sehr auffällig. Die Pflanze ist etwa 15 cm hoch und hat kleine gelblich-grüne Blüten. Botaniker beschreiben das Baldriangewächs als Endemit, also als Pflanze mit einem eng begrenzten Verbreitungsareal. Den Echten Speik findet man im Salzburger Lungau, in den Niederen Tauern in der Steiermark und in den Kärntner Nockbergen sowie auf Sau- und Koralm. Hier tritt der Speik in lückigen Rasen oberhalb der Waldgrenze auf. Aufgrund ihrer ätherischen Öle, vor allem im Wurzelwerk, hat die Pflanze einen intensiven und charakteristischen Geruch. Die Öle des Echten Speiks sind seit der Antike bekannt, sie sind für medizinische, pharmazeutische und kosmetische Zwecke verwendet worden.

Historisch gesehen hatte Speik eine beträchtliche wirtschaftliche Bedeutung. Große Mengen der kostbaren Pflanze wurden bis in den Orient exportiert. Der Wert der Pflanze wird beispielsweise dadurch unterstrichen, dass Kaiser Friedrich III. im Jahr 1460 der Stadt Judenburg in der Steiermark ein kaiserliches Monopol für den Speikhandel gewährte. Auch heute noch spielt die Pflanze eine Rolle in Alltagskultur und Bräuchen, in der Kosmetikindustrie, in verschiedenen regionalen Angeboten und Produkten. Die Pflanze ist nach den Naturschutzbestimmungen der drei Bundesländer Kärnten, Salzburg und Steiermark „teilweise geschützt". Daraus ergeben sich Beschränkungen für die Nutzung der Pflanze. Der Speik darf nur auf der Grundlage einer naturschutzrechtlichen Genehmigung entnommen und verwertet werden.

Dem Echten Speik ist ein Forschungsprojekt der Österreichischen Akademie der Wissenschaften gewidmet. Dabei haben Wissenschaftler:innen die Pflanze unter verschiedenen Gesichtspunkten analysiert[1]. Die Untersuchungen konzentrierten sich auf die Nockberge, den Kärntner Anteil des international anerkannten UNESCO-Biosphärenparks Salzburger Lungau & Kärntner Nockberge[2]. Die wissenschaftliche Bearbeitung erfolgte in Zusammenarbeit und im Austausch mit Persönlichkeiten in der Region und darüber hinaus. Die Personen haben aus sehr unterschiedlichen Gründen eine Verbindung zum Speik. Die Pflanze wirft für das Management des Biosphärenparks und der Region eine Reihe von Fragen auf. Viele davon sind auch für die Wissenschaft von großem Interesse.

1.1. Forschungsfragen – eine inter- und transdisziplinäre Perspektive

Aus ökonomischer Sicht lässt sich der Echte Speik als genetische Ressource beschreiben: Die wild wachsende Pflanze hat Inhaltsstoffe, die wirtschaftlich interessant sind. Wie bei vielen anderen Arten ist die Nutzung des Speiks über kulturelle beziehungsweise rechtliche Normen geregelt. Die diesbezüglichen Mechanismen sind vielfältig und teilweise sehr alt. Im 20. Jahrhundert sind schrittweise gesetzliche Regelungen seitens des Naturschutzes hinzugekommen. Diese sollen sicherstellen, dass die biologische Ressource nicht übernutzt wird, dass also die entsprechende Art in ihrem Fortbestand gesichert ist. Unabhängig von konkreten Eigentumsverhältnissen und Nutzungsansprüchen sind genetische Ressourcen Gemeingüter, die entsprechend geschützt, gesichert und gemanagt werden müssen (Borrini-Feyerabend et al., 2013).

Der Speik steht beispielhaft für Tausende von Arten, deren Nutzung aus Naturschutzgründen reglementiert ist. Es können das Sammeln, Entnehmen, Bejagen oder auch die Verwertung, der Handel und der Export kontrolliert, eingeschränkt oder verboten sein[3]. Diese Regelungen sollen üblicherweise so gestaltet sein, dass traditionelle, subsistenzwirtschaftliche Nutzungen weiterhin möglich sind, zumindest in vertretbarem Umfang.

1 Das Projekt „*Valeriana celtica* subsp. *norica* – Sustainable and equitable use of an endemic plant in the Salzburger Lungau & Kärntner Nockberge UNESCO Biosphere Reserve: co-creating a historical review, analyzing the status and co-creating future perspectives" wurde von der Österreichischen Akademie der Wissenschaften finanziert und in den Jahren 2023 und 2024 umgesetzt.

2 Im Folgenden wird dieses Gebiet der Einfachheit halber Biosphärenpark Nockberge genannt, so wie es umgangssprachlich und auch vom Gesetzgeber bezeichnet wird.

3 Als Beispiel sei das Washingtoner Artenschutzübereinkommen (Convention on International Trade in Endangered Species of Wild Fauna and Flora, kurz: CITES) angeführt. In diesem internationalen und völkerrechtlich verbindlichen Abkommen ist der Handel mit etwa 35.000 Arten, davon 29.000 Pflanzenarten geregelt. Dies zeigt die Dimension des Themas auf, gibt es doch weitere Festlegungen auf internationaler, europäischer und nationaler Ebene.

Wo und wie solche Grenzen zu ziehen sind, ist weltweit Gegenstand von Konflikten. Walfang und Robbenjagd sind prominente Beispiele dafür. Im so genannten Nagoya-Protokoll haben sich die Vertragsstaaten der Biodiversitätskonvention zudem verpflichtet, eine „faire" Verteilung des ökonomischen Nutzens von genetischen Ressourcen anzustreben. Die Nutzung der unscheinbaren Pflanze aus den Nockbergen ist somit Beispiel und Metapher für einen weltweiten Diskurs (siehe Kapitel 4.8).

Vor diesem Hintergrund werden im Forschungsprojekt SPEIK die Nutzungen und die Regulierungen des Speiks in drei zeitlichen Perspektiven untersucht.

Geschichtliche Perspektive. Welche historischen Aneignungen von Speik sind bekannt, was lässt sich dazu aus historischen Befunden rekonstruieren? Welchen Umfang und welche ökonomische Bedeutung hatten die Nutzungen? Welche Regelungen zur Entnahme, Nutzung und Verwertung des Speiks sind dokumentiert? Wo lag die Entscheidung über die Nutzung der Ressource, wer waren die Profiteure oder die Verlierer des jeweiligen Regimes? Wann waren Blütezeiten der Nutzung und wann beziehungsweise warum hat diese an Intensität verloren?

Gegenwärtige Perspektive. Welche Bedingungen bestimmen die aktuelle Nutzung von Speik? Wer entscheidet über das Nutzungsschema, wer sind die Nutznießer und wer die Benachteiligten? Sind die Ansprüche des Nützens und des Schützens ausgewogen und nachhaltig und welche Rolle spielt dabei das Management des Biosphärenparks? Welche Bedingungen und Regelungen werden von verschiedenen Interessengruppen als gerecht und fair wahrgenommen, welche nicht? Welche Aspekte der Partizipation und Mitgestaltung ergeben sich für verschiedene Gruppen?

Zukünftige Perspektiven. Wie können traditionelle Nutzungen in die Zukunft geführt oder auch weiterentwickelt werden? Wo liegen die Chancen und die Möglichkeiten, aber auch die Probleme und Limitierungen der Nutzung? Welche Entnahmen und welche Nutzungen sind vertretbar? Wie kann eine nachhaltige Speiknutzung entwickelt werden, welche Strukturen und Mechanismen sind dafür notwendig? Welche Schlussfolgerungen können für das Management des Biosphärenparks gezogen werden und welche Aspekte können in einem größeren Kontext verallgemeinert werden?

Um diese Fragen zu beantworten, muss man zunächst viel über die Pflanze wissen: Wo wächst sie? Welche Bedingungen benötigt sie für Wachstum und Vermehrung? Wie reagiert sie auf „Beerntung"? Kann man sie vielleicht doch züchten? Was sind die Inhaltsstoffe und wofür können sie verwendet werden? Welche Speikprodukte sind aktuell am Markt? Was sind die potenziellen und zukünftigen Nutzungsmöglichkeiten? Wie sind sie ökonomisch einzuschätzen? Was sind die rechtlichen Voraussetzungen und Rahmenbedingungen? Um diese Aspekte zu beantworten, sind im Projekt unterschiedliche Expert:innen einbezogen, vor allem Personen, die mit dem Speik in ihrem Alltag zu tun haben. Die gesammelten Ergebnisse sind in diesem Buch aufbereitet.

1.2. Biosphärenpark – Modellregion für nachhaltige Entwicklung

Das Forschungsvorhaben fand im Biosphärenpark Nockberge in Kärnten statt. Das Gebiet ist Teil des UNESCO-Biosphärenparks Salzburger Lungau & Kärntner Nockberge. Dieser ist mit einer Fläche von 1.490 km² der größte der vier österreichischen Biosphärenparks. Seit 2012 ist der Biosphärenpark von der UNESCO anerkannt und damit eine „Modellregion für nachhaltige Entwicklung" (UNESCO, 1996). In einem Biosphärenpark sollen neue Wege des Zusammenwirkens von menschlicher Gesellschaft und natürlicher Umwelt entwickelt und gefunden werden. Das Konzept der Biosphärenparks geht zurück auf das globale Forschungsprogramm „Man and the Biosphere" (MAB) der UNESCO. Dieses wurde 1972 ins Leben gerufen. Heute sind im Weltnetz der Biosphärenparks 748 Gebiete in 134 Ländern gelistet (Stand 2023). Gemäß dem Programm „Man and the Biosphere" der UNESCO ist jeder Biosphärenpark Teil eines dichten globalen Netzwerks von Institutionen für Forschung, Bildung und Bewusstseinsbildung (Borsdorf & Jungmeier, 2020). Biosphärenparks gibt es in unterschiedlichsten Gesellschaften und Ökosystemen. Mit Unterstützung der Wissenschaft und unter Zusammenwirken der lokalen Interessen und Perspektiven sollen hier stimmige Modelle für nachhaltige Entwicklung umgesetzt werden.

Abbildung 3: Speik-Skulptur I (Brunnach). Die aus Cortenstahl und Keramik gefertigte drei Meter hohe Speikpflanze des Bad Kleinkircheimer Künstlers Egon Gruber ist am Stonachnock aufgestellt. Sie ist mit der „Biosphärenparkbahn Brunnach" barrierefrei erreichbar. © Michael Jungmeier

Die Entwicklung des Biosphärenparks Nockberge hat eine lange und komplizierte Geschichte (Gräbner, 2014; Pichler-Koban & Jungmeier, 2022). Diese mündete in die Anerkennung durch die UNESCO im Jahr 2012 und die gesetzliche Einrichtung des Parks im Jahr 2013. Der Managementplan des Jahres 2015 spezifiziert die inhaltlichen Schwerpunkte. Unter anderem sind hier die Prinzipien „Schutz durch Nutzung – Förderung naturnaher, schonender Bewirtschaftungsweisen" (Zollner et al., 2015, S. 28) und „Beiträge zu einer nachhaltigen und attraktiven Regionalwirtschaft" (Zollner et al., 2015, S. 31) verankert. Diese Aspekte sind im Hinblick auf die gegenwärtige und zukünftige Speiknutzung von besonderer Bedeutung.

Wie alle UNESCO-Institutionen orientiert sich der Biosphärenpark Nockberge an den Zielen für nachhaltige Entwicklung der Vereinten Nationen. Die SDGs (Sustainable Development Goals) sind ein Vorhabenskatalog der Weltgemeinschaft bis zum Jahr 2030. In diesem sind 17 Ziele[4] und 169 Unterziele festgelegt. Diese sollen es ermöglichen, nachhaltige Entwicklung in unterschiedlichen Handlungsfeldern umzusetzen.

Der Begriff Nachhaltigkeit unterliegt einem ständigen Bedeutungswandel (Grober, 2010). In den deutschsprachigen Ländern lässt sich das Konzept der Nachhaltigkeit (aber nicht der Begriff) bis ins Mittelalter zurückverfolgen. Frühe Regelungen in der Alpenregion legten Maßnahmen fest, um die langfristige Nutzung der entsprechenden Ressourcen (z.B. Wälder, Weiden, Wasser, Wild, Fisch), meist aus feudaler oder landesherrlicher Perspektive, zu erlauben und zu erleichtern. Mit den SDGs hat sich diese Ausrichtung natürlich verändert.

Biosphärenparks zeigen, wie die sehr abstrakt und allgemein verfassten SDGs in einem konkreten Zusammenhang umgesetzt werden können. Dies ist aus drei Gründen nicht einfach. Zunächst sind Nachhaltigkeitsfragen meist komplex, kompliziert, wenig eindeutig und manchmal in sich widersprüchlich. Daher kann es zu Fragen der Nachhaltigkeit viele Perspektiven und Meinungen geben. Zweitens zeigt eine genaue Betrachtung der SDGs, dass es in vielen Aktionsfeldern um „Gerechtigkeit" geht, also zum Beispiel einen Ausgleich zwischen reichen und weniger reichen Volkswirtschaften (SDG 10), um einen Ausgleich zwischen Stadt und Land (SDG 11) oder Geschlechtergerechtigkeit (SDG 5). „Gerechtigkeit" ist ein ethisches Konzept[5], zu dem es ebenfalls sehr unterschiedliche Vorstellungen gibt (Borsdorf & Jungmeier, 2020). Und drittens ist mit einer nachhaltigen Entwicklung immer auch die Veränderung eines Status quo verbunden, der verschiedene Interessen, Institutionen, Gruppen oder Persönlichkeiten entgegenstehen beziehungsweise entgegenstehen können.

1.3. Transdisziplinarität – Wissenschaft alleine reicht nicht

Die Zusammenarbeit von Wissenschaftler:innen unterschiedlicher Disziplinen wird als interdisziplinär bezeichnet. Auch das Forschungsvorhaben SPEIK, auf das sich dieses Buch bezieht, war interdisziplinär ausgerichtet. Das Projekt blickte in die Vergangenheit,

4 Ziel 1: Keine Armut; Ziel 2: Kein Hunger; Ziel 3: Gesundheit und Wohlergehen; Ziel 4: Hochwertige Bildung; Ziel 5: Geschlechtergleichheit; Ziel 6: Sauberes Wasser und Sanitäreinrichtungen; Ziel 7: Bezahlbare und saubere Energie; Ziel 8: Menschenwürdige Arbeit und Wirtschaftswachstum; Ziel 9: Industrie, Innovation und Infrastruktur; Ziel 10: Weniger Ungleichheiten; Ziel 11: Nachhaltige Städte und Gemeinden; Ziel 12: Nachhaltiger Konsum und Produktion; Ziel 13: Maßnahmen zum Klimaschutz; Ziel 14: Leben unter Wasser; Ziel 15: Leben an Land; Ziel 16: Frieden, Gerechtigkeit und starke Institutionen; Ziel 17: Partnerschaften zur Erreichung der Ziele (Quelle: Vereinte Nationen, deutsche Übersetzung laut: www.unesco.at).

5 Sikor et al. (2014) haben gezeigt, wie komplex das Konzept der Gerechtigkeit bei der Anwendung auf die Nutzung natürlicher Ressourcen ist. Sie zeichnen ein Bild, in dem die Dimensionen der Gerechtigkeit (materielle Ressourcen, Anerkennung oder Zugang zur Bildung), die Subjekte der Gerechtigkeit (Einzelpersonen, Gruppen (ethnische, religiöse, soziale, kulturelle), Generationen oder Geschlechter) und die Kriterien der distributiven Gerechtigkeit (Bedarf, Leistung, gleiche Verteilung) berücksichtigt werden müssen.

die Gegenwart und – soweit möglich – in die Zukunft. Daher kamen Methoden der Geschichtswissenschaft, der Sozialwissenschaft sowie der Zukunftsforschung zum Einsatz. Zusätzlich waren Biologie (Arealkunde, Botanik, Ökologie), Geographie (Humangeographie), Landschaftsplanung, Nachhaltigkeitsforschung, Pädagogik, Pharmazie, Rechtswissenschaften, Technik und Wirtschaftswissenschaften (Regional- und Volkswirtschaft) vertreten. Dies erlaubte eine Annäherung an den Forschungsgegenstand Speik aus sehr unterschiedlichen Perspektiven.

Das Forschungsprojekt sollte auch nicht-wissenschaftliche Zugänge einbeziehen. Dabei sollte Wissen nach klaren Methoden kritisch, objektiv, nachvollziehbar und transparent „erzeugt" werden. Dieses Wissen sollte in Bezug stehen zu bisherigen wissenschaftlichen Erkenntnissen und anerkannten Theorien. Aus Sicht der Praxis ist wissenschaftliches Wissen oft nicht sehr hilfreich, aus verschiedenen Gründen schwer verständlich und vielfach schlicht nicht zugänglich. Dies führt zu einer zunehmenden Skepsis oder gar Ablehnung gegenüber Wissenschaft. Eine aktuelle Studie formuliert dies plakativ: „Viele Österreicher*innen verlassen sich eher auf ihren Hausverstand als auf wissenschaftliche Erkenntnisse" (Feldbacher et al., 2024, S. 76).

Daher ist es notwendig, auch nicht-wissenschaftliches Praxis-, Alltags- und Handlungswissen im Forschungsprozess zu berücksichtigen und einzubeziehen. Auf diese Weise soll akzeptiertes, „sozial robustes Wissen" erarbeitet werden (Nowotny, 2000) . Da dies über eine klassisch-wissenschaftliche Arbeitsweise hinausreicht, werden derartige Forschungsvorhaben als transdisziplinär bezeichnet. Auch das Forschungsprojekt SPEIK wurde transdisziplinär umgesetzt. Das wissenschaftliche Team hat sich bemüht, die Meinungen, Perspektiven und das Wissen von Speikgrabern, Produzent:innen, Behördenvertreter:innen und Persönlichkeiten aus der Region einzubeziehen. Dies erfolgte in Veranstaltungen, Gesprächen, Workshops, virtuellen Formaten, Bereisungen und Exkursionen.

Für die Beteiligten war die Mitwirkung an dem Projekt eine Einladung beziehungsweise ein Angebot, jedoch kein Imperativ (siehe Kapitel 3 Projektbeschreibung).

Abbildung 4: Speik-Skulptur II (Ebene Reichenau). Eine übergroße Plastik erinnert an einen ehemaligen „Speiktrail" in Bad Kleinkirchheim. Sie ist aktuell neben der Verwaltung des Biosphärenparks gelagert und weckt das Interesse der Wissenschaftler:innen (Marianne Klemun, Christina Pichler-Koban).
© Michael Jungmeier

1.4. Vorausschau – Aufbau des Buches

Das Buch ist so aufgebaut, dass die Leser:innen in einem einleitenden Abschnitt mit dem Thema, der Region und dem Forschungsvorhaben vertraut gemacht werden. So beschreibt der Ökologe und Humangeograph Michael Jungmeier in einem einführenden Kapitel die Bedeutung des Echten Speiks für den Biosphärenpark Nockberge. Dabei wird sichtbar, dass die Pflanze stellvertretend für viele Fragen des Naturschutzes und der Nachhaltigkeit steht, die auch in anderen Teilen der Welt und in anderen Zusammenhängen diskutiert werden.

In ihrem Beitrag über den UNESCO-Biosphärenpark stellt die Geographin Monika Auinger die Region Nockberge im Hinblick auf Naturraum, Bevölkerung und regionale Entwicklung vor. Sie beschreibt das komplexe Aufgaben- und Handlungsfeld von Regionalentwicklung im Biosphärenpark Nockberge, sowie dessen Managementstrukturen und Aktivitäten.

Die Pädagogin Selina Straßer beschreibt Aufbau und Ablauf des Forschungsprojekts SPEIK. Als Koordinatorin des Forschungsvorhabens gibt sie einen Überblick über die Ansätze und Methoden sowie die wichtigsten Meilensteine der Bearbeitung. Sichtbar wird in der Beschreibung das Bemühen des Forschungsteams, den Echten Speik in Zusammenarbeit mit dem Management des Biosphärenparks und Akteur:innen aus der Region und darüber hinaus zu untersuchen.

Im folgenden Abschnitt des Buches zum Wissen über den Speik stellen renommierte Expert:innen das Wissen über die Pflanze, ihre Nutzung, Mensch-Natur-Beziehungen, Verwertungsmöglichkeiten und wirtschaftliche Bedeutung sowie die bestehenden rechtlichen Regelungen zusammen. Es entsteht eine multidisziplinäre Perspektive auf die Pflanze, welche spezielle Aspekte des Speiks sichtbar macht.

Der Botaniker Roland Eberwein beschreibt *Valeriana celtica* subsp. *norica* aus Perspektive der Pflanzenwissenschaften. Ausgehend von der botanisch-taxonomischen Einordnung als Baldriangewächs stellt er Anatomie, Systematik, Ökologie und Verbreitung der Art vor. Der Autor räumt dabei mit weit verbreiteten Irrtümern auf und charakterisiert die Pflanze aus biologischer Perspektive.

Raphael Süßenbacher, Umwelt- und Naturschutzjurist, beschreibt den Echten Speik im Hinblick auf seinen rechtlichen Schutzstatus. Dieser ist im Kärntner Naturschutzgesetz sowie in der Kärntner Pflanzenschutzverordnung festgelegt. Der Autor stellt die Bedeutung des Naturschutzes als Staatsziel vor und erläutert, wie Verbote, Beschränkungen und Ausnahmen zustande kommen und geregelt werden.

Ausgehend von eigenen Forschungsvorhaben in den 1990er Jahren sowie einem langjährigen Beobachtungsprogramm beschreibt der Landschaftsplaner und Künstler Stefan Novak die Auswirkungen der Speiknutzung auf den Bestand der geschützten Art. Die Befunde legen nahe, dass die Art durch eine mäßig intensive Nutzung eher gefördert als beeinträchtigt wird.

Die Pharmazeutin Daniela Litscher befasst sich mit den Inhaltsstoffen des Speiks. Diese sind vor allem im Wurzelwerk (Rhizom) gespeichert und finden seit Jahrhunderten Verwendung in (Volks-)Medizin und Pharmazie. Es gibt zwar nur wenige Untersuchungen zum Speik selbst, man kann jedoch auf viele Forschungsergebnisse zu nahe verwandten Baldriangewächsen zurückgreifen.

Abbildung 5: Historische Werbung für Speick-Seife.
Die Geschichte der Speikseifen reicht ins 19. Jahrhundert zurück. Die Verpackungen und Werbungen, in diesem Fall der Firma Gebrüder Dobbelmann in Holland, bedienen sich verschiedener Klischees vom Leben in den Alpen.
©CCo no copyright

Als Seifenproduzentin, die sich auf handgefertigte Naturseifen spezialisiert hat, beschreibt Karina Wimmer, wie Seife erzeugt wird. Sie erklärt auch, was die Herstellung einer Speikseife zu einer Herausforderung macht.

In seinem Beitrag beschreibt der auf pflanzliche Inhaltsstoffe und Wildsammlungen spezialisierte Agrarökonom Johannes Novak ausgewählte Wirkstoffe der Speikpflanze und wie diese verarbeitet werden können.

Der Volkswirtschaftler und Infrastrukturökonom Michael Getzner legt dar, wie sich der Schutz von Arten und Ökosystemen ökonomisch beschreiben lässt. Er greift auf das Konzept der Ökosystemleistungen zurück und charakterisiert die Produktion der Inhaltsstoffe des Speiks als Bereitstellungsleistung der Natur, die sich monetär bewerten lässt.

Die Geographinnen Zuzanna Klieszek und Monika Auinger beschreiben internationale Mechanismen zum Schutz des natürlichen und kulturellen Erbes. Dabei spielen die Konvention zum Schutz der Biologischen Vielfalt und das so genannte Nagoya-Protokoll wesentliche Rollen. Sie werfen die Frage auf, welche globalen Überlegungen und Diskurse für den Speik und seine Nutzung relevant sein können.

Schließlich befasst sich Gabriele Hadl aus Sicht einer Medien- und Kommunikationswissenschaftlerin mit dem Speik. Sie wirft dabei grundlegende Fragen auf: Was ist Natur eigentlich und in welchem Verhältnis stehen Mensch und Natur zueinander? Was sagen wir über den Speik, was sagt der Speik über uns?

Im Abschnitt über Vergangenheit, Gegenwart und Zukunft der Speiknutzung werden wesentliche Ergebnisse des Forschungsvorhabens SPEIK aufbereitet.

Die Wissenschaftshistorikerin Marianne Klemun unternimmt eine Forschungsreise. Diese reicht bis in die Antike und erschließt neue globale Zusammenhänge. Der Beitrag zeichnet die Bedeutungs- und Nutzungsgeschichte in unterschiedlichen Kontexten nach. Die Darstellung beruht auf diversen historischen Quellentypen, wobei sich Fakten von Mythen trennen lassen. Daraus ergibt sich die Erörterung der sich ändernden Bedeutung und Nutzung der Wurzel in Kultur, Medizin, Wissenschaft, Politik und Wirtschaft über einen Zeitraum von rund 2000 Jahren. Die Überlegungen schließen auch die Frage ein, warum der Bruch von der Medizin zur Hygiene stattfand und wie Phänomene der Vergangenheit sich strukturell oder in Rudimenten bis in die Gegenwart fortgeschrieben haben. Dazu zählt auch die öffentliche Debatte über den vermeintlichen Raubbau durch das exzessive Graben des Speiks im 19. Jahrhundert, womit ein Beitrag zum besseren Verständnis des Pflanzenschutzes als kulturelles Phänomen geliefert wird.

Aus der Sicht einer Landschaftsplanerin beschäftigt sich Christina Pichler-Koban mit den aktuellen Nutzungen des Speiks. Aus Gesprächen, Interviews, Beobachtungen, Produktrecherchen und Dokumenten zeichnet sie ein Bild, wie die Pflanze heute gesammelt, verwertet und gesehen wird. Bedeutende Rollen spielen dabei das Unternehmen Speick Naturkosmetik in Stuttgart, Versuche, den Speik für touristische Angebote zu nützen und der Biosphärenpark als Gestalter der Speikentnahme, Speiknutzung und des Speikschutzes. Zudem fasst sie zusammen, wie verschiedene Akteur:innen in der Region und darüber hinaus die aktuelle Schutz- und Nutzungspraxis sehen.

In einem abschließenden Kapitel ist der Versuch unternommen, die unterschiedlichen Aspekte zusammenzuführen. Dabei steht die Frage im Vordergrund, was die Projektergebnisse für die Region und das Management des Biosphärenparks, für die Beteiligten und die wissenschaftliche Community sowie für die Weiterentwicklung von Naturschutz und Nachhaltigkeit bedeuten können. Wie in den meisten Forschungsvorhaben, bleiben Fragen offen. Sie sind Ausgangspunkt für weitere Untersuchungen und Diskussionen.

In der Aufbereitung der einzelnen Kapitel sind entsprechende Literatur und Quellen angeführt. Diese fügen sich zu einer großen Bibliographie des aktuellen Speikwissens zusammen. Kurze Portraits der Autor:innen geben Auskunft darüber, wer zu diesem Buch beigetragen hat.

Abbildung 6: Vermessung des Speiks.
An welchen Standorten tritt der Echte Speik auf und wie kann man ihn erkennen? Der Biosphärenparkranger Markus Böheim zeigt eine Pflanze aus einem Bestand unterhalb des Schoberriegels.
© Michael Jungmeier

Literaturverzeichnis

Borrini-Feyerabend, G., Dudley, N., Jaeger, T., Lassen, B., Broome, N. P., Phillips, A. & Sandwith, T. (2013). Governance of Protected Areas: From understanding to action. Best Practice Protected Area Guidelines Series: Bd. 20. The World Conservation Union (IUCN). https://portals.iucn.org/library/sites/library/files/documents/PAG-020.pdf

Borsdorf, A. & Jungmeier, M. (2020). Das Weltnetz der Biosphere Reserves (UNESCO WNBR) im Spiegel des Nachhaltigkeitskonzeptes: Stand und Perspektiven. In A. Borsdorf, M. Jungmeier, V. Braun & K. Heinrich (Hrsg.), Biosphäre 4. 0: UNESCO Biosphere Reserves als Modellregionen einer nachhaltigen Entwicklung (S. 3–33). Springer.

Feldbacher, E., Sippl, C., Panzenböck, M., Jöstl, G., Eibl, D., Akbari, E. & Weigelhofer, G. (2024). Neue Wege in der Wissenschaftsbildung. R&E-SOURCE, 11(1). https://doi.org/10.53349/resource.2024.i1.a1228

Gräbner, H. (2014). Die Kärntner Nockberge. Vom Ringen um ein Schutzgebiet (1980) bis zum Biosphärenpark (2013). Fachbeiträge des Oesterreichischen Alpenvereins : Serie: Alpine Raumordnung: Nr. 39.

Grober, U. (2010). Die Entdeckung der Nachhaltigkeit: Kulturgeschichte eines Begriffs. Kunstmann.

Nowotny, H. (2000). Sozial robustes Wissen und nachhaltige Entwicklung. GAIA – Ecological Perspectives for Science and Society, 9(1), 1–2. https://doi.org/10.14512/gaia.9.1.1

Pichler-Koban, C. & Jungmeier, M. (2022). Von der Verlegenheitslösung zur internationalen Modellregion. Die Nutzungs- und Konfliktgeschichte der Nockberge zwischen Hoteldorf und Biosphärenpark (1970-2020). In R. Aschwanden, M. Buck, P. Kupper & K. J. Schmidt (Hrsg.), Histoire des Alpes Storia delle Alpi Geschichte der Alpen: 27 (2022). Conflits d'usage depuis 1950: Conflitti d'uso dal 1950 = Nutzungskonflikte seit 1950 (S. 113–132).

UNESCO (1996). Biosphere Reserves: The Seville Strategy and the Statutary Framework of the World Network.

Zollner, D., Huber, M., Jungmeier, M., Rossmann, D. & Mayer, H. (2015). Managementplan 2015-2025: UNESCO Biosphärenpark Salzburger Lungau & Kärntner Nockberge – Teil Kärntner Nockberge. E.C.O. Institut für Ökologie.

2 Die Regionalentwicklung im Biosphärenpark Nockberge

2. Regionalentwicklung im Biosphärenpark Nockberge

Monika Auinger

2.1. Der Natur- und Kulturraum Nockberge

„Zwischen Mur und Drau erheben sich östlich des Katschberges die Gurktaler Alpen. Ihre Gipfel bleiben mit 2.200 bis 2.400 m unter der Höhe der Berge in den Niederen Tauern, und dementsprechend bleiben die Hochgebirgsformen auf einzelne höhere Teile beschränkt. Über weite Strecken herrschen – auch infolge des ziemlich einfachen geologischen Baues – jene breiten Rücken vor, denen der Volksmund den Namen ‚Nocke' gegeben hat." (Seger, 2003, S. 11). Diese Beschreibung aus dem Jahre 1913 von Norbert Krebs zeugt von der namensgebenden Berg- und Geländeform für den Gebirgsbereich des westlichen Teiles der Hohen Gurktaler Alpen, der sich auch im Namen des Schutzgebietes wiederfindet.

Die Gebirgsformen der Nockberge unterscheiden sich in ihrem Erscheinungsbild deutlich von den im Westen angrenzenden Hohen Tauern und der Reißeckgruppe. Die Gipfelregionen der Nockberge liegen im Vergleich zu den Tauern um etwa 300 bis 400 Meter tiefer, typische Hochgebirgsformen fehlen. Den Charakter der Mittelgebirgslandschaft bestimmen sanfte, kuppige Gebirgsformen mit breiten Talungen im zentralen Bereich, wie etwa im Oberen Gurktal oder im Bad Kleinkirchheimer Tal. Die Nockberge sind aus alten kristallinen Gesteinen gebildet, die im Osten von jüngeren Kalkgesteinen überlagert sind. Am Randbereich der großen alpinen Vergletscherung erhielt die Landschaft der Nockberge, aufgrund der geomorphologischen Kräfte und des vorgegebenen geologisch-tektonischen Baus, den für sie typischen Habitus, der in der Gebirgslandschaft von Österreich alleingestellt ist (Seger, 2003).

Die Nockberge werden der alpinen biogeographischen Region zugeordnet. In den niedrig gelegenen Regionen prägen offene Kulturlandschaften und Wälder, in den höheren Regionen Almen und alpine Rasen das Landschaftsbild. Vom tiefsten Punkt, dem Millstätter See auf 588 Meter Seehöhe, erstreckt sich der Biosphärenpark bis auf 2.440 Meter Seehöhe zum Großen Rosennock. Die wichtigsten Ökosystemtypen sind: Hochstauden-Fichtenwald, Lärchen-Zirbenwälder, Krummseggenrasen und diverse Feuchtgebiets- und Moortypen. Wälder, Offenland, Gewässer und Siedlungsflächen sind die vorherrschenden Lebensraum- und Flächennutzungstypen. Der Biosphärenpark beherbergt eine hohe Artenvielfalt, darunter auch endemische Arten, die hier Rückzugsorte antreffen (Gruber, Mayer et al., 2022). Im Rahmen der jährlich stattfindenden Geo-Tage der Natur werden mitunter bis zu 1.000 verschiedene Arten pro Tag dokumentiert (Komposch et al., 2024; Komposch et al., 2022).

„Die Landschaft der Nockberge ist charakterisiert durch traditionelle, bergbäuerliche Land-, Forst- und Almwirtschaft, sanfte Höhenrücken und Kuppen, sowie tief eingeschnittene Täler" (Auinger et al., 2023, S. 9). Daher präsentieren sich auch viele der Talflanken waldreich und zugleich siedlungsarm. Die extensive Berglandwirtschaft mit den vielen Almgebieten prägt seit Jahrhunderten die Kulturlandschaft und auch die Gesellschaft.

Die Nockberge sind natürlich Teil der inneren Peripherie Österreichs. Kennzeichen dafür sind: weit entfernt zu sein von den jeweiligen Zentralräumen des Bundeslandes und somit abseits zu sein von Verwaltungs- und Arbeitsplatzzentren. Dieser Aspekt ist ausschlaggebend für die abnehmende Wohnbevölkerung und den vorherrschenden Strukturwandel. Für Tourismus und Naturschutz ergeben sich daraus Chancen. Radenthein, Gegendtal und Bad Kleinkirchheim bilden zusammengehörige Siedlungsräume, ebenso die Achse Himmelberg–Ebene Reichenau, alle umgeben von vereinzelten Dörfern, abseitigen Weilern und Streusiedlungen (Seger, 2003).

Seit der Auszeichnung des Biosphärenparks durch die UNESCO im Jahr 2012 erfolgte bis 2021 eine 13-prozentige Abnahme der Wohnbevölkerung in den vier Biosphärenparkgemeinden Bad Kleinkirchheim, Krems in Kärnten, Radenthein und Reichenau. Der demographische Wandel ist deutlich erkennbar an der alternden Bevölkerung, der damit einhergehenden negativen Bevölkerungsentwicklung, bedingt durch negative Geburten- und negative Wanderungsbilanz. Die Abwanderung ist besonders stark ausgeprägt bei der jüngeren, gut ausgebildeten Generation. Die landwirtschaftliche und touristische Nutzung führt zu geringfügig saisonal bedingten Bevölkerungsanstiegen (Gruber, Macheiner et al., 2022). Die nachstehende Tabelle gibt einen aktuellen Überblick der Bevölkerung in den vier Gemeinden.

Tabelle 1: Wohnbevölkerung in den vier Biosphärenparkgemeinden, Stand 1.1.2024. Quelle: Statistik Austria, 2024

	Bad Kleinkirchheim	Krems in Kärnten	Radenthein	Reichenau
Bevölkerung	1.663	1.614	5.756	1.753

Die vorherrschenden Wirtschaftszweige im Biosphärenpark sind vom Produktions- und Dienstleistungssektor geprägt, hierbei insbesondere von Bauwirtschaft, Land- und Forstwirtschaft und Tourismus. Abgesehen von einigen größeren Betrieben in Bau- und Holzwirtschaft sowie im Tourismus herrschen kleinstrukturierte Unternehmen vor. Das Magnesitwerk (RHI) in Radenthein hat zur frühen Entwicklung als Industriestandort und somit Zentrum des Nockgebietes beigetragen.

Zur Unterstützung von Wirtschaft, Tourismus, Handel und zur Förderung von regionalen Wirtschaftskreisläufen hat der Biosphärenpark ein Qualitätssiegel für Partnerbetriebe des Biosphärenparks entwickelt, um regionale Produkte wie Lebensmittel (z.B. Biosphärenparkhonig, Milch- und Fleischerzeugnisse, Schnäpse, Brot, Bier) und handwerkliche Güter (z.B. Accessoires, Almheu) zu kennzeichnen. Die Zirbe gilt als Charakterbaum im Biosphärenpark, in Folge sind einige Lebensmittel und handwerkliche Güter aus Zirbe entstanden (siehe Kapitel 6.9). Mittels eines Online-Vertriebssystems auf der Website des Biosphärenparks können die Produkte nun neben dem regionalen Vertrieb in Geschäften auch international vermarktet werden. Die Qualitätskriterien für die Partnerbetriebe legen fest, dass die Betriebe in einer der vier BSP-Gemeinden liegen müssen und schreiben den Besuch von Fortbildungsveranstaltungen für Produzent:innen und die Abhaltung jährlicher Vernetzungstreffen vor. Richtungsweisend für die Zukunft soll dafür die in Entwicklung befindliche Produktleitlinie für Biosphärenparks des MAB-Komitees sein.

Um Fleischerzeugnisse unter einer gemeinsamen Dachmarke zu verkaufen, wurde bereits vor mehr als 20 Jahren eine Genossenschaft gegründet, welche derzeit 14 bäuerliche Betriebe umfasst. Unter dem Namen „Nockfleisch" werden regionale Fleisch- und Wurstprodukte von heimischen Tieren (Rind, Schwein, Wild) sowohl im eigenen Geschäft, als auch im Onlineshop, bei Partnerbetrieben und auf Wochenmärkten angeboten.

Die Zonierung des Biosphärenparks

Mithilfe der Einteilung in Zonen ist es im Biosphärenpark möglich, sowohl die Ursprünglichkeit von Flora und Fauna zu erhalten als auch die nachhaltige Entwicklung für die Bevölkerung zu fördern. Um den nationalen und den internationalen Kriterien für Biosphärenparks zu entsprechen, ist die Einteilung in drei Zonen (Natur-/Kernzone, Pflege-/Pufferzone, Entwicklungszone) mit unterschiedlichen thematischen Schwerpunkten notwendig. Der Biosphärenpark Nockberge mit einer Fläche von 48.506 ha, gliedert sich in 16 Prozent Naturzone, 22 Prozent Pflegezone und 62 Prozent Entwicklungszone. Die Naturzone umfasst das Europaschutzgebiet Nockberge, das seit 2018 auch auf Teile der Pflegezone erweitert wurde, sodass der Erhalt des Naturerbes gesichert ist (Gruber, Mayer et al., 2022). Die nachstehende Grafik fasst die Lage und wesentliche Charakteristika des Biosphärenparks zusammen:

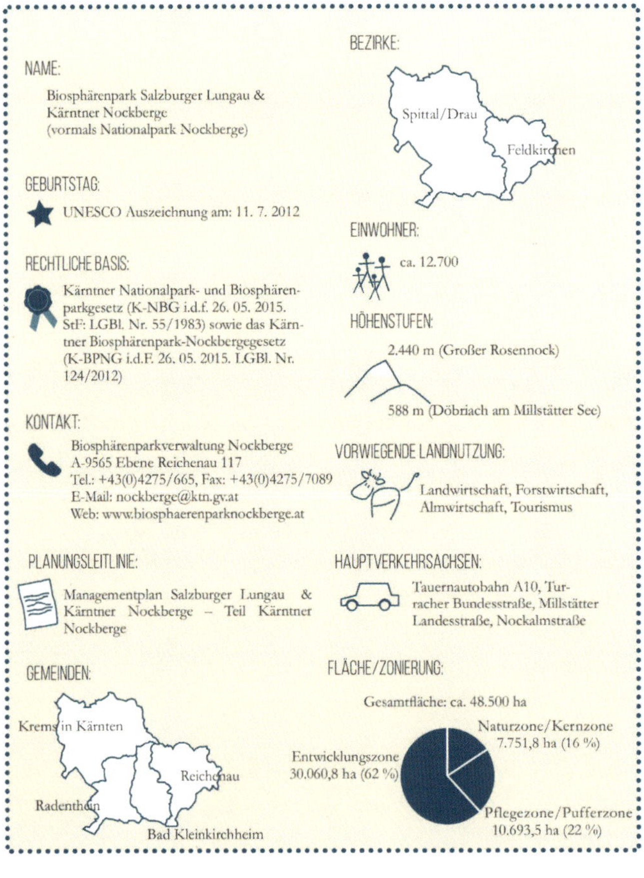

Abbildung 7: Eckdaten des Biosphärenparks Nockberge. Der Biosphärenpark Nockberge ist der Kärntner Anteil des UNESCO Biosphärenparks Salzburger Lungau & Kärntner Nockberge. Dieser ist mit einer Fläche von 1.490 km² der größte Biosphärenpark in Österreich. © Biosphärenpark Nockberge

Das Management

Nationale (z.B. MAB-Kriterienkatalog des österreichischen MAB-Komitees) und internationale Vorgaben (z.B. Sevilla-Strategie der UNESCO) sehen die Erstellung eines Managementplanes als Arbeitsgrundlage für einen Biosphärenpark vor. Die Arbeit im Biosphärenpark Nockberge basiert auf dem Managementplan für die Jahre 2015 bis 2025 (Zollner et al., 2015) und wird durch ein Monitoring (Biosphere Reserve Integrated Monitoring (Jungmeier et al., 2013)) begleitet.

Für die Umsetzung des Managementplanes ist die Biosphärenparkverwaltung verantwortlich und wird mit den dafür notwendigen Beschlüssen von Biosphärenparkkuratorium und -komitee unterstützt. Das Biosphärenparkkuratorium unter dem Vorsitz der für Biosphärenparks zuständigen Landesrätin setzt sich aus folgenden Mitgliedern zusammen: Bürgermeister:innen der vier Biosphärenparkgemeinden, ein:e Vertreter:in Naturschutz (vom Land bestellt), zwei Vertreter:innen Regionalwirtschaft (vom Land bestellt), drei Grundbesitzervertreter:innen. Unter dem Vorsitz eines vom Biosphärenparkkomitee gewählten Mitgliedes gehören folgende Vertreter:innen zum Komitee: Bürgermeister:innen der vier Biosphärenparkgemeinden, zwei Grundbesitzervertreter:innen je Gemeinde, ein:e Vertreter:in der Land- und Forstwirtschaftskammer sowie Vertreter:innen der Landesregierung (Gruber, Mayer et al., 2022).

2.2. Regionalentwicklung im Biosphärenpark Nockberge

„Eine der Kernaufgaben eines Biosphärenparks stellt die Förderung einer nachhaltigen Entwicklung dar" (Zollner et al., 2015, S. 31), wie es in Abbildung 8 ersichtlich ist. Gemäß dem im Managementplan dargestellten Grundsatz „... damit mia a wos bleibt!" konnten und können mit dem Speik „Impulse für regionale Wirtschaft" (Zollner et al., 2015, S. 22) gesetzt werden. Um diesen Leitgedanken fortzusetzen und auszubauen, will der Biosphärenpark „hochwertige Produkte sowie Dienstleistungen unterstützen", „Innovationen mit Ausrichtung auf Biosphärenpark-Ziele vorantreiben" und „so die Lebensqualität in der Region sichern" (ebd.). Dieser Auszug aus den Zielen im Managementplan des Biosphärenparks eröffnet und fordert dessen Entwicklerrolle für eine nachhaltige Entwicklung der heimischen Pflanze Speik, um hierfür beispielsweise Pilotprojekte zu initiieren, die eine lokale Wertschöpfung ermöglichen (Zollner et al., 2015). In Kapitel 6.3 sind auszugsweise einige der bisherigen Initiativen und Vermarktungsstrategien rund um die Pflanze Speik nachlesbar. Einige Initiativen waren erfolgreich und sind dennoch wieder von der Bildfläche verschwunden.

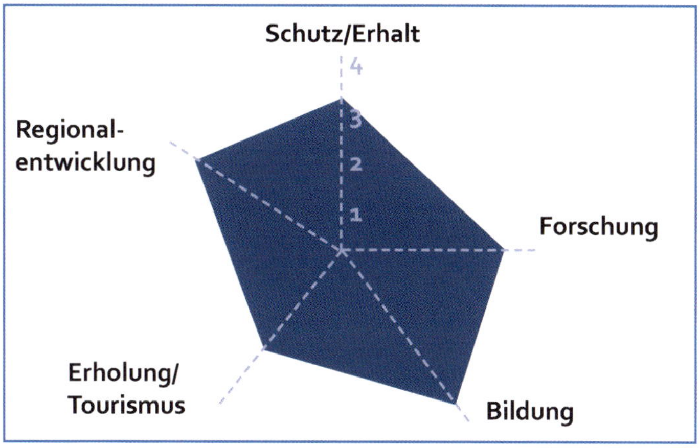

Abbildung 8: Prioritäre Zielsetzungen für Biosphärenreservate. Die Verteilung entlang der Achsen verdeutlicht die Schwerpunkte von Biosphärenparks im Bereich Regionalentwicklung und Bildung, gefolgt von Forschung und Schutz sowie Tourismus mit geringerer Bedeutung. Quelle: Lange, 2005

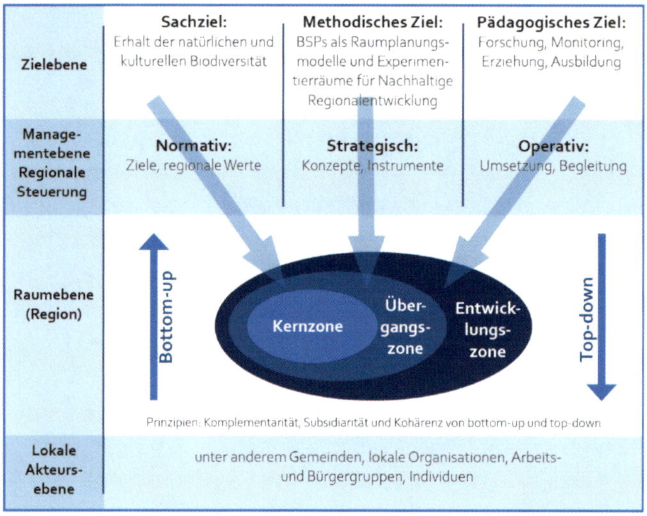

Abbildung 9: Schematische Darstellung des UNESCO-Biosphärenparkkonzepts.
Die Wichtigkeit der Managementebene und ihre Einordnung in die Schwerpunkte von Biosphärenparks (Zielebene), sowie ihr räumlicher Bezug werden anhand der Grafik aufgezeigt. Die lokale Akteursebene ist mit der Managementebene durch Bottom-up und Top-down-Vorgänge verbunden.
Quelle: Hammer, 2005

Regionalentwicklung[6] und Tourismus stellen eines der neun Handlungsfelder im aktuellen Managementplan des Biosphärenparks dar. Seine Erstellung und Umsetzung basieren neben internationalen und nationalen Vorgaben, auf einer Vielzahl von regionalen Strategien und Unterlagen[7], die für die Raum- und Regionalplanung relevant sind. Schutzgebiete wie Biosphärenparks können demnach keine „Inseln der Nachhaltigkeit" in einer Region[8] sein. Dieses Grundverständnis gilt auch für die (wirtschaftliche) Entwicklung einer Biosphärenparkregion (Getzner et al., 2010).

6 Heintel (2018, S. 2008) definiert den Begriff wie folgt: „Regionalentwicklung ist sowohl öffentliche Aufgabe, wenn es sich um die Verwaltung, Koordination und Abwicklung der EU-Kohäsionspolitik (Europäische Regionalpolitik) handelt, als auch Bestandteil der intermediären (Kooperative Planung) Dienstleistungsebene zwischen Staat, Markt und Zivilgesellschaft sowie Inhalt selbstorganisierter Bottom-up-Prozesse einer eigenständigen oder endogenen Steuerung. [...]. Die angeführte Breite, die unterschiedlichen Maßstabsebenen wie auch die ausdifferenzierte Qualität und Dauer(haftigkeit) der Entwicklungsprozesse machen deutlich, dass Regionalentwicklung rechtlich wie fachlich nicht eindeutig definiert ist."

7 Lokale Entwicklungsstrategie LAG Nockregion Oberkärnten; Masterplan Ländlicher Raum Kärnten – Regionalstrategie Nockregion-Oberkärnten; Demografie-Check Kärnten 2020; Örtliche Entwicklungskonzepte der Biosphärenparkgemeinden

8 Der Begriff Region wird in vielen wissenschaftlichen Disziplinen umgangssprachlich oder als fachwissenschaftlicher Begriff verwendet, sodass eine einheitliche Definition nicht möglich ist (Bätzing, 2001). Bätzing (2001, S. 34) sieht „große Parallelen zum Begriff der ‚Nachhaltigkeit', der ebenfalls stark von seiner Unverbindlichkeit lebt." Generell bezieht sich der Begriff Region auf eine geographische Einheit (vom Quadratmeterbereich bis zur globalen Dimension), die bestimmte Merkmale (gemeinsame Sprache, Kultur, historische Wurzeln, Geographie etc.) aufweist; auf eine politisch-administrative Einheit in einem Nationalstaat; auf eine auf ihrem Gebiet ausgeübte Funktion wie zum Beispiel Ski-, Industrie-, Thermenregion oder auch einen Biosphärenpark (Urabl, 2008).

Ein Blick in die Geschichte zeigt, dass Regionalentwicklung, also die demographisch-ökonomisch-soziale Entwicklung eines eher kleinen Raumes jenseits der großen Wirtschaftszentren, lange Zeit als rein ökonomisch aufgefasst wurde, wobei ein Impuls aus einem großen Wirtschaftszentrum als Ursache festgestellt wird (Konzept der exogenen Regionalentwicklung im Rahmen der neoklassischen Wirtschaftstheorie) (Bätzing, 2020).

Erst ab den 1970er Jahren entsteht aus dem Umfeld der Entwicklungszusammenarbeit der Ansatz der „endogenen Regionalentwicklung", bei der nach Heintel (1994) die regionale Selbstständigkeit, die kulturelle Identität, die Anerkennung der regionalen Ressourcen und die regionale Umwelt im Mittelpunkt stehen.

Die zu dieser Zeit neuen Konzepte der alternativen Regionalentwicklung, die zur Forderung von integrativen Lösungsansätzen in den geographisch abgegrenzten Räumen führten, sind die Basis der endogenen Regionalentwicklung. Sie impliziert, dass eine wirtschaftliche Entwicklung des ländlichen Raumes nicht ohne eine Stärkung des gesellschaftlichen Bewusstseins denkbar ist und, dass auch umgekehrt eine Aufwertung der regionalen Identität nicht ohne wirtschaftliche Kapazitäten erreichbar ist. Das Grundgerüst der endogenen Regionalentwicklung stärkt die sozialen Strukturen und das Wertgefühl der Bevölkerung mit den typischen Traditionen, fördert die größere Teilhabe der Bevölkerung an Entscheidungsprozessen und berücksichtigt die ökologischen Aspekte, die im Konzept der UNESCO-Biosphärenparks im Sinne von „Schützen und Nützen" vorgesehen sind. Regionalentwicklung in UNESCO-Biosphärenparks sollte zusammenfassend an den Bedürfnissen der Ökologie ausgerichtet werden, um eine Aufwertung des Umwelt- und Naturschutzes, die Förderung von umweltgerechten Bewirtschaftungs- und Produktionsmethoden sowie die stärkere Berücksichtigung der natürlichen Potenziale als Grundlage der wirtschaftlichen Entwicklung zu berücksichtigen (Kraus, 2015).

Das Konzept der nachhaltigen Regionalentwicklung ist für UNESCO-Biosphärenparks eine zukunftsweisende Form. Hammer (2003) verweist beim Terminus der nachhaltigen Regionalentwicklung, die in der Abbildung 10 als Konzept in Form eines Würfels dargestellt ist, auf zwei Annahmen. Beide sind fundamental mit dem Begriff verbunden: Einerseits beinhaltet Nachhaltigkeit immer eine „langfristige Perspektive" oder „langfristige Ausrichtung", die über den eigenen Gestaltungshorizont hinaus auch jenen der Nachfolgegeneration miteinbezieht. Andererseits soll damit der in vielen Theorien der Nachhaltigkeit angeführten Dreiteilung im Sinne einer gleichberechtigten Behandlung und Erfüllung der drei Dimensionen (Ökonomie, Ökologie, Soziales) nachgekommen werden. Dabei stellt die Region als Umsetzungsebene für diesen Ansatz eine räumlich überschaubare Einheit dar. In dieser werden die Notwendigkeit für Veränderungen bzw. auch die Auswirkungen der konkreten Maßnahmen zur nachhaltigen Entwicklung für alle Beteiligten direkt sichtbar. Dies dient als zusätzlicher Motivationsfaktor für die Bewohner:innen, um die eigene Region aktiv mitzugestalten und an Entscheidungsprozessen mitzuwirken, sodass Nachhaltigkeit auf allen Ebenen in der Praxis nachvollziehbar wird (Weber, 2013). Die Einzigartigkeit der Region in der intermediären Lage als koordinierende und organisierende Einheit besteht darin, dass sowohl Vorgaben „von oben" beziehungsweise „von außen" als auch von lokaler Ebene (Gemeinden) in Form von Maßnahmen und Projekten umgesetzt werden.

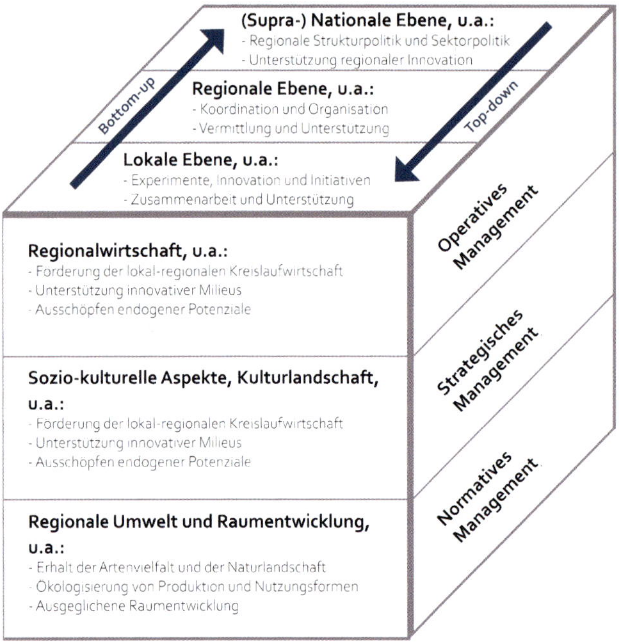

Abbildung 10: Das Konzept der nachhaltigen Regionalentwicklung als Würfel.
Das Schutzgebietsmanagement ist angesichts des Mehrebenenkonzepts (nationale, regionale, lokale Ebene) und der Gleichwertigkeit der drei Dimensionen nachhaltiger Entwicklung in einem Spannungsfeld. Dabei gilt es globale, nationale, regionale und lokale Ansprüche zu berücksichtigen, um folglich auch ökologische, ökonomische und soziokulturelle Ziele zu verwirklichen.
Quelle: (Hammer, 2001)

<u>Regionalentwicklung als Auftrag von Land und Regionen</u>

Die Regionalentwicklung im Bundesland Kärnten hat seit 2023 ein eigenes Regionalentwicklungsgesetz. Gemäß § 1 sollen unter regionaler Entwicklung „...Strategien, Programme und Projekte verstanden [werden], welche die integrierte Entwicklung einer Region unter Berücksichtigung ihrer regionalen Voraussetzungen durch die gezielte Koordinierung von Maßnahmen" unterstützen (K-REG 2023, 2023). § 2 umfasst die Ziele und Grundsätze, die insbesondere im Hinblick auf das Potenzial von Speik von großer Bedeutung sind, wie beispielsweise „die Stärkung der Wettbewerbsfähigkeit und der Standortpotenziale der Kärntner Regionen" oder „die Erhöhung der Wertschöpfung in den Kärntner Regionen". Die Verfolgung der Ziele soll dabei auch Grundsätze wie „die wirtschaftliche, ökologische und soziale Nachhaltigkeit der Entwicklungsmaßnahmen unter besonderer Berücksichtigung der Nachhaltigkeitsziele der Vereinten Nationen" einbeziehen und „die Kombination aus Selbststeuerung (bottom-up) durch die Regionen und Kontextsteuerung (top-down) durch das Land" verfolgen (K-REG 2023).

Der Biosphärenpark und seine vier Gemeinden sind Teil der Lokalen Aktionsgruppe (LAG) Nockregion-Oberkärnten, die 2007 gegründet wurde. Seit der Auflösung der Regionalmanagements 2011 sind die Gemeinden als LEADER (aus dem Französischen: „Liaison entre actions de développement de l'économie rurale", deutsch: „Verbindung zwischen Aktionen zur Entwicklung der ländlichen Wirtschaft")-Regionen organisiert, die bottom-up arbeiten. Sie fungieren als regionale Plattformen für Vernetzung, Information, Wissensaustausch und Zusammenarbeit mit den Fach- und Förderstellen und sollen die Voraussetzung zur Entwicklung innovativer Projekte in den Regionen schaffen. In den letzten Jahren sind hierzu noch die KEM (Klima- und Energie-Modellregionen) und KLAR! (Klimawandel-

Anpassungsregion)-Regionen dazu gekommen, um einerseits den Einsatz erneuerbarer Energien und andererseits Anpassungsmaßnahmen an den Klimawandel zu fördern.

Die LEADER-Region Nockregion-Oberkärnten umfasst insgesamt 16 Gemeinden in den politischen Bezirken Spittal an der Drau, Villach Land und Feldkirchen. Im Rahmen der LEADER-Programmperiode von 2023 bis 2027 wurde eine Lokale Entwicklungsstrategie (LES) erstellt. Die aktuelle LES steht unter dem Motto „Creation of resilience due to connecting spaces" (Sitter, 2023, S. 27) und soll damit eine kooperations- und organisationsgetriebene Periode einleiten. „Die Devise ist Kooperation und connecting spaces (als verbundene Räume wie auch Netzwerke der Zusammenarbeit) als Chance wahrnehmen!" (Sitter, 2023, S. 28). Das Regionalmanagement ist somit nicht nur eine Unterstützung zur regionalen Planung und Verwaltung, sondern ist eigentlich eine zwischengeschaltete Einrichtung als „Dienstleistung für die Entwicklung ländlicher Räume" (Friedel, 2009, S. 470).

Die vier Themenfelder, auch Aktionsfelder genannt, für die Förderperiode 2023 bis 2027 orientieren sich an der Vorgabe des Bundesministeriums für Land- und Forstwirtschaft, Regionen und Wasserwirtschaft (2024) und beinhalten folgende Aspekte:

1. Steigerung der Wertschöpfung
2. Festigung oder nachhaltige Weiterentwicklung der natürlichen Ressourcen und des kulturellen Erbes
3. Stärkung der für das Gemeinwohl wichtigen Strukturen und Funktionen
4. Klimaschutz und Anpassung an den Klimawandel

Aufbauend auf diesen Vorgaben entwickelte die LEADER-Region Nockregion-Oberkärnten Handlungsfelder und Ziele in der LES unter Berücksichtigung der regionsspezifischen Gegebenheiten. Der Speik als natürliche Ressource findet in der LES keine spezielle Bezugnahme; potenzielle Initiativen sind in den Themenfeldern eins bis drei verankert.

Der Auftrag zur nachhaltigen Entwicklung des Alpenraumes wird auch im Protokoll „Raumplanung und nachhaltige Entwicklung" der Alpenkonvention bekräftigt, „in der Überzeugung, dass die ansässige Bevölkerung in der Lage sein muss, ihre Vorstellungen von der gesellschaftlichen, kulturellen und wirtschaftlichen Entwicklung selbst zu definieren und an deren Umsetzung im Rahmen der geltenden staatlichen Ordnung mitzuwirken" (Ständiges Sekretariat der Alpenkonvention, 1991, S. 3). In Bezug auf die Nutzung alpiner Ressourcen, wie beispielsweise auch des Speiks, wird in Artikel 11 festgehalten: „Die Vertragsparteien prüfen, inwieweit im Rahmen des nationalen Rechts Nutzer alpiner Ressourcen veranlasst werden können, marktgerechte Preise zu zahlen, die die Kosten der Bereitstellung der genannten Ressourcen in ihren wirtschaftlichen Wert einbeziehen" (ebd., S. 10). Im Einklang mit den Zielen der Alpenkonvention stehen im Artikel 9 insbesondere „Maßnahmen, welche die ansässige Bevölkerung mit zufriedenstellenden Erwerbsmöglichkeiten und mit den für die gesellschaftliche, kulturelle und wirtschaftliche Entwicklung erforderlichen Gütern und Dienstleistungen versorgen sowie ihre Chancengleichheit gewährleisten" (ebd., S. 8). Diese Aspekte sind auch für die Nockregion relevant.

Regionalentwicklung als transdisziplinäres Aufgaben- und Handlungsfeld

Jungmeier et al. (2008) betonen die Wichtigkeit von Schutzgebieten als Schlüsselinstitutionen für die Entwicklung ländlicher Regionen. Regionalentwicklung ist dabei zu einem der Schlagworte auch und gerade im Kontext von Schutzgebieten geworden. Weber et al. (2018) bezeichnen Regionalentwicklung im Kontext von Schutzgebieten als *en vogue*. Vielfach wird Regionalentwicklung als Allheilmittel für strukturschwache Regionen, als solche gilt auch die Nockregion, postuliert. Dort, wo staatliche Einflussnahme oder planungsorientierte Regelungen an Grenzen stoßen, wurden auch in Österreich Regionalmanagements oder Regionalentwicklungsinitiativen eingeführt. Regionalentwicklung wurde damit aber auch zu einer Aufgabe, die immer mit politischer Relevanz verbunden ist und gerade auch für Schutzgebiete zu einem Handlungsfeld geworden ist (Weber et al., 2018).

Die Auseinandersetzung mit Regionalentwicklung ist eng mit governance-theoretischen Ansätzen rund um Regional Governance „Formen der Selbststeuerung in Reaktion auf Defizite sowie als Ergänzung der marktlichen und der staatlichen Steuerung" (Fürst, 2004, S. 46) verknüpft. Dabei werden Regionen zu Handlungsräumen und dynamischen Kooperationsräumen sozialer Akteure, sodass administrative Grenzen eher in den Hintergrund rücken. Eine Region wird folglich weniger als klar abgegrenzter Raum gedacht, sondern eher als offenes Konzept beziehungsweise als System, das kontextabhängig unterschiedlich erfasst wird, sodass dadurch Leitbilder oder regionale Entwicklungskonzepte noch stärker im Fokus stehen. Regional Governance „tritt dort auf, wo das Zusammenspiel staatlicher, kommunaler und privatwirtschaftlicher Akteure gefordert ist, um Probleme zu bearbeiten („intermediäre Steuerungsform"). Solche Steuerungsformen entwickeln sich, wenn die herkömmlichen Verfahren mit neuen Aufgaben nicht mehr ausreichend zurechtkommen oder wenn es für die Akteure vorteilhafter ist, herkömmliche Aufgaben anders als früher zu bearbeiten" (ebd.). Dieser Ansatz weist im Bezug auf Speik darauf hin, dass die zukünftige Entwicklung der Ressource auf regionaler Ebene möglicherweise mit den bisherigen Strukturen nicht mehr adäquat bewältigt werden kann. Traditionelle Steuerungsformen können soziale Innovationen oder neue Verhaltensweisen beeinträchtigen, sodass es neuer intermediärer Interaktionsformen bedarf.

Die Verbindung von Schutzkonzepten (z.B. Biosphärenpark) mit Regionalentwicklung verlangt transdisziplinäre Zusammenarbeitsformen und Sichtweisen der Fachexpert:innen untereinander ebenso wie zwischen Expert:innen und gesellschaftlichen Akteur:innen. Dazu ist es notwendig, dass sich Fachdisziplinen öffnen und praxisrelevante Unterstützung anbieten. So können z.B. durch transdisziplinäre Zusammenarbeit von öffentlichem Verkehr, sanftem Tourismus, Landwirtschaft und Regionalentwicklung bessere Ergebnisse für die Weiterentwicklung eines Schutzgebietes zustande kommen, als wenn jedes Segment für sich betrachtet wird. Damit das transdisziplinäre Aufgaben- und Aktionsfeld funktioniert, bedarf es passender Instrumente, die von Sensibilisierung, Information und Ausbildung über Gesetzgebung bis hin zu freiwilliger Zusammenarbeit, Qualitätslabels usw. reichen können. Sinnvollerweise werden diese Instrumente mit Maßnahmen und Politiken von höherer Ebene kombiniert, wie beispielsweise den Finanzierungsinstrumenten des Green Deals der Europäischen Union.

Eine der wesentlichen Herausforderungen für eine effiziente transdisziplinäre Zusammenarbeit in der Regionalentwicklung stellt das Prozessmanagement dar, da Projektmanagement alleine nicht ausreichend ist. Dazu bedarf es insbesondere des Partizipations-, Kooperations-, Koordinations- und Konfliktmanagement. Zusätzlich sind laut Fidlschuster (2009) noch drei Qualitäten ausschlaggebend um das Funktionieren von Beteiligungsstrukturen zu fördern: Vertrauen (zwischen den Akteur:innen), Großzügigkeit (gegenüber den Partner:innen) und Neugierde (im Hinblick auf Innovation – „Neugierige Region"). In dieser Hinsicht hat der Biosphärenpark mit der Kooperation Science_Link[9] ein wichtiges Instrument entwickelt (Auinger, 2022; Jungmeier et al., 2022).

Folglich entsteht ein Umfeld, in dem die involvierten Akteursgruppen im Sinne einer nachhaltigen Regionalentwicklung eingebunden werden und entsprechend agieren können (z.B. Projekte initiieren und umsetzen). Die Wirksamkeit einer nachhaltigen Regionalentwicklung auf allen drei Ebenen kann somit nur inter- und transdisziplinär (durch Einbezug der Bevölkerung) beurteilt werden, wodurch sich bestätigt, dass sozialwissenschaftliche Forschung gleichwertig wichtig ist wie biologisch-ökologische und ökonomische Forschung in einem Schutzgebiet (Hammer, 2005).

Schlussendlich basiert nachhaltige Regionalentwicklung auf einem ständigen Lernprozess und Erfahrungsaustausch, in dem Interessengruppen über nationale Grenzen und Sektorgrenzen hinweg Zukunftsmöglichkeiten erkennen und wahrnehmen. Durch den Zusammenschluss von Suchenden und Lernenden, wie in dem vorliegenden Projekt SPEIK, kann sich eine lernende Region bilden, und somit nachhaltige Regionalentwicklung einstellen.

Abbildung 11: Blick über die Nockberge.
Der sanfte Formenschatz und traditionelle Nutzungen charakterisieren die Kulturlandschaften der Nockberge. Im Bild: Bergmahdfläche in der Heiligenbachalm, nahe der Nockalmstraße.
© Heinz Mayer

9 SCiENCE_LINK[nockberge] ist eine institutionalisierte Kooperation zwischen dem Kärntner Teil des UNESCO-Biosphärenparks Salzburger Lungau & Kärntner Nockberge einerseits und den Forschungseinrichtungen Alpen-Adria-Universität Klagenfurt, Pädagogische Hochschule Kärnten und Fachhochschule Kärnten andererseits. Die langfristige Forschungskooperation besteht seit 2013. Gegenstand der Kooperation ist die Förderung von studentischen Abschlussarbeiten (Bachelor-, Master-, Diplomarbeiten und Dissertationen) zu aktuellen Themen und Herausforderungen aus dem Lebensalltag im BP. Die Aktivitäten und Resultate der Forschungskooperation zeigen nachhaltige Erfolge in der langfristigen Weiterentwicklung des Forschungs-, Bildungs-, Schutz- und Entwicklungsauftrages des Biosphärenparks.

Literaturverzeichnis

Auinger, M. (2022). SCiENCE_LINK[nockberge] research cooperation. In Eberswalde University for Sustainable Development (Vorsitz), Science and Research in, for and with UNESCO Biosphere Reserves conference 2022, Chorin-Schorfheide.

Auinger, M., Jungmeier, M. & Mayer, H. (2023). EuroMAB Konferenzbericht 2022.

Bätzing, W. (2001). Zum Begriff und zur Konzeption von„Region" aus der Sicht der Geographie. In R. Sturm (Hrsg.), Arbeitspapier des Zentralinstituts für Regionalforschung: Bd. 4. Die Region in Europa verstehen – Konzepte und Ideen (S. 33–38). https://www.archiv.geographie.uni-erlangen.de/wp-content/uploads/publ_wba/wba_publ_127_konzeption.pdf

Bätzing, W. (2020). Die Bedeutung der zeitgenössischen Architektur für die Regionen und die Regionalentwicklung im Alpenraum. Bündner Monatsblatt : Zeitschrift für Bündner Geschichte,(3), 211–223. https://doi.org/10.5169/seals-880803

Bundesministerium für Land- und Forstwirtschaft, Regionen und Wasserwirtschaft (Hrsg.) (2024). LEADER. https://info.bml.gv.at/themen/landwirtschaft/gemeinsame-agrarpolitik-foerderungen/nationaler-strategieplan/ausserlandwirtschaftliche-foerderungen/leader.html

Fidlschuster, L. (2009). Gesellschaftliche Vielfalt: Eine endogene Ressource. ausblicke – Magazin für ländliche Entwicklung(1), 20–23.

Friedel, R. (2009). Regionalmanagement — eine innovative Dienstleistung zur Entwicklung ländlicher Räume. In R. Friedel & E. A. Spindler (Hrsg.), Nachhaltige Entwicklung ländlicher Räume (S. 470–487). VS Verlag für Sozialwissenschaften. https://doi.org/10.1007/978-3-531-91426-8_43

Fürst, D. (2004). Regional Governance. In A. Benz (Hrsg.), Governance — Regieren in komplexen Regelsystemen (S. 45–64). VS Verlag für Sozialwissenschaften. https://doi.org/10.1007/978-3-531-90171-8_3

Getzner, M., Jungmeier, M. & Lange, S. (2010). People, parks and money: Stakeholder involvement and regional development : a manual for protected areas. Proceedings in the management of protected areas: vol. 2. Johannes Heyn.

Gruber, V., Macheiner, G., Schaflechner, M., Mayer, H., Rossmann, D., Wolf, L., Schäfer, I., Köstl, T., Piiroja, R. & Huber, M. (2022). Evaluierungsbericht 2012-2022 UNESCO Biosphärenpark Salzburger Lungau und Kärntner Nockberge.

Gruber, V., Mayer, H., Rossmann, D., Brandstätter, M., Wolf, L., Schäfer, I., Köstl, T. & Huber, M. (2022). Evaluierungsbericht 2012-2022 Biosphärenpark Kärntner Nockberge.

Hammer, T. (2001). Biosphärenreservate und regionale (Natur-)Parke – Neue Konzepte für die nachhaltige Regional- und Kulturlandschaftsentwicklung? GAIA - Ecological Perspectives for Science and Society, 10(4), 279–285. https://doi.org/10.14512/gaia.10.4.13

Hammer, T. (2003). Grossschutzgebiete neu interpretiert als Instrumente nachhaltiger Regionalentwicklung. In T. Hammer (Hrsg.), Großschutzgebiete - Instrumente nachhaltiger Entwicklung (S. 9–34). ökom.

Hammer, T. (2005). Tatort Großschutzgebiet - Handeln für eine nachhaltige Regionalentwicklung. In Österreichischer Alpenverein (Hrsg.), Nachhaltige Innovationsfaktoren für Ländliche Räume (Fachbeiträge des Oesterreichischen Alpenvereins : Serie: Alpine Raumordnung Nr. 26, S. 37–47): Fachabteilung Raumplanung-Naturschutz.

Heintel, M. (1994). Endogene Regionalentwicklung: Eine wirtschaftspolitische Alternative – unter Berücksichtigung didaktischer Fragestellungen – für struktur- und entwicklungsschwache Regionen? Arbeitskreis für Regionalforschung(5).

Heintel, M. (2018). Regionalentwicklung. In Akademie für Raumforschung und Landesplanung (Hrsg.), Handwörterbuch der Stadt- und Raumentwicklung (S. 2007–2016).

Jungmeier, M., Auinger, M., Pulvermacher, R. & Straßer, S. (2022). Transdisziplinäre Bildung als FH-Auftrag: Das Beispiel Science_Link Nockberge. In 15. Forschungsforum der Österreichischen Fachhochschulen, Villach.

Jungmeier, M., Köstl, T., Lange, S. & Bliem, M. (2013). The art of omission: BRIM[Nockberge] – designing a Biosphere Reserve Integrated Monitoring for the Carinthian part of the Biosphere Reserve Salzburger Lungau & Kärntner Nockberge. eco.mont, 5 (2), 15–22. https://doi.org/10.1553/ecomont-5-2s15

Jungmeier, M., Lardelli, C., Pfefferkorn, W., Plassmann, G. & Zollner, D. (2008). Schutzgebiete der Alpen: Schlüsselfaktoren für die integrierte Entwicklung des ländlichen Raumes. Naturschutz und Landschaftsplanung, 40(8), 239–243.

Kärntner Regionalentwicklungsgesetz (2023).

Komposch, C., Glatz-Jorde, S., Jungmeier, M. & Lamprecht, J. (2024). Biodiversität im Biosphärenpark Kärntner Nockberge. Ergebnisse des 8. GEO-Tages der Natur 2023 – Auf der Suche nach zoologischen & botanischen Bären in der Bärengrube. Carinthia II, 214_134, 61–132.

Komposch, C., Glatz-Jorde, S., Jungmeier, M. & Wagner, C. H. (2022). Biodiversität im Biosphärenpark Kärntner Nockberge. Ergebnisse des 6. GEO-Tages der Natur 2021 – Am Fuß der Zunderwand. Carinthia II, 212_132(1), 53–132.

Kraus, F. (2015). Nachhaltige Regionalentwicklung im Biosphärenreservat Rhön: Regionale Wertschöpfungsketten diskutiert am Beispiel der Dachmarke Rhön. Würzburger geographische Arbeiten : Mitteilungen der Geographischen Gesellschaft Würzburg: Bd. 114. Würzburg University Press.

Seger, M. (2003). Eine geographische Einführung. In Die Nockberge: Ein Naturführer ; mit Nationalpark Nockberge (2., überarb. und erw. Aufl., S. 11–18). Verl. des Naturwissenschaftlichen Vereins für Kärnten.

Sitter, C. (2023). Lokale Entwicklungsstrategie der LAG Nockregion-Oberkärnten 2023 – 2027 (2029). https://rm-kaernten.at/wp-content/uploads/2023/10/Lokale-Entwicklungsstrategie-2023-2027-LAG-No-ckregion-Oberkarnten_END.pdf

Ständiges Sekretariat der Alpenkonvention (Hrsg.) (1991). Protokoll zur Durchführung der Alpenkonvention von 1991 im Bereich Raumplanung und Nachhaltige Entwicklung. https://www.alpconv.org/fileadmin/user_upload/Convention/DE/Protocol_Spatial_Planning_DE.pdf

Statistik Austria (Hrsg.). (2024). Ein Blick auf die Gemeinde. https://www.statistik.at

Urabl, E. (2008). Nachhaltigkeit in der Regionalentwicklung in Kärnten: am Beispiel der Forschungsprojekte: Neuerrichtung des Industriestandortes Arnoldstein und Carnica - Region Rosental [Dissertation]. Alpen-Adria-Universität, Klagenfurt. https://netlibrary.aau.at/obvuklhs/content/titleinfo/2415441/full.pdf#page=65

Weber, F. [Florian], Weber, F. [Friedericke] & Jenal, C. (2018). Wohin des Weges? Regionalentwicklung in Großschutzgebieten. https://shop.arl-net.de/media/direct/pdf/ab/ab_021/01_wohin_des_weges.pdf

Weber, F. [Friedericke] (2013). Probleme, Potenziale und Lösungsansätze der nachhaltigen Regionalentwicklung durch Naturparke. In F. Weber (Hrsg.), RaumFragen: Stadt - Region - Landschaft. Naturparke als Manager einer nachhaltigen Regionalentwicklung: Probleme, Potenziale und Lösungsansätze (S. 161–299). Springer. https://doi.org/10.1007/978-3-658-01972-3_6

Zollner, D., Huber, M., Jungmeier, M., Rossmann, D. & Mayer, H. (2015). Managementplan 2015-2025: UNESCO Biosphärenpark Salzburger Lungau & Kärntner Nockberge – Teil Kärntner Nockberge. E.C.O. Institut für Ökologie.

3 Projektbeschreibung & Methodendesign

3. Projektbeschreibung & Methodendesign

Selina Straßer, Monika Auinger, Michael Jungmeier, Marianne Klemun, Christina Pichler-Koban

3.1. Forschung im Biosphärenpark Nockberge

Bemühungen zur Etablierung eines Schutzgebietes in den Kärntner Nockbergen begannen in den 1970er Jahren. Eine Bürgerprotestbewegung gegen die skitouristische Erschließung mündete in die Einrichtung eines „Nationalparks Kärntner Prägung", der 1984 – rückblickend wohl etwas überstürzt – gesetzlich verankert wurde. Erst um die Jahrtausendwende erkannte die Kärntner Landespolitik, dass die Gebietskategorie eines Nationalparks dem Schutzbedarf der Nockberge nicht entsprach und leitete die Entwicklung des Biosphärenparks ein. Den Weg „Von der Verlegenheitslösung zu einer international anerkannten Modellregion" haben unter anderem (Gräbner, 2014) sowie Pichler-Koban und Jungmeier (2022) nachgezeichnet.

Mit der Umwandlung in einen Biosphärenpark haben sich die Forschungsaktivitäten in und zu diesem Gebiet intensiviert. Von Anfang an wurde die Umwandlung des Nationalparks in einen Biosphärenpark durch Forschungs- und Begleitprojekte seitens des MaB-Komitees der Österreichischen Akademie der Wissenschaften unterstützt. Hier sind beispielsweise das Projekt part_B (Jungmeier et al., 2019) oder die Entwicklung eines Biosphere Reserve Integrated Monitoring BRIM (Jungmeier & Huber, 2021; Jungmeier et al., 2013) zu nennen. Im Rahmen der Kooperation SCiENCE_LINK, in der drei akademische Institutionen des Bundeslandes, Pädagogische Hochschule, Universität Klagenfurt und Fachhochschule Kärnten, mit dem Biosphärenpark zusammenarbeiten, werden angewandte wissenschaftliche Fragestellungen bearbeitet (Auinger, 2022; Egner et al., 2017; Jungmeier et al., 2022) und resultieren laufend in studentischen wissenschaftlich weiterführende Arbeiten (Athanasiadis, 2024; Eberhard, 2023; Straßer, 2023; Vincent, 2023). Die Geo-Tage der Natur im Biosphärenpark erbringen jährlich neue Einblicke in Flora, Fauna und Funga des Gebietes (Aurenhammer et al., 2020; Glatz-Jorde et al., 2021; Komposch et al., 2022; Komposch et al., 2024). Auch sind die Beteiligungs- und Mitgestaltungsmöglichkeiten im Biosphärenpark (Huber & Arnberger, 2016; Koch, 2010) oder zum naturräumlichen Management (Janisch, 2024) wiederholt Gegenstand von wissenschaftlichen Untersuchungen. In einem vom Österreichischen Wissenschaftsfonds (FWF) geförderten Projekt wurden zudem die Möglichkeiten virtueller Partizipationsmöglichkeiten untersucht (Braun et al., 2022).

Bereits in der Entstehung des Biosphärenparks war der Echte Speik, also die Pflanze *Valeriana celtica* subsp. *norica,* Gegenstand des Interesses. So sollte eine Pilotaktion die regionale Inwertsetzung des Pflanzenvorkommens illustrieren (Jungmeier et al., 2008). Ein Forschungsprojekt zu dieser Pflanze war neben part_B und BRIM (siehe oben) eines von drei geplanten Leitprojekten für die wissenschaftliche Vorbereitung des Parks (siehe Jungmeier et al., 2008). Dabei sollten die umfangreichen Arbeiten der 1990er Jahre (Novak, 1992, 1993, 1994, 1995, 1996, 1999) sowie auch die Ergebnisse des laufenden Speikmonitorings (z.B. Fheodoroff, 2004, 2007) weitergeführt beziehungsweise integriert werden.

Projektanträge und Initiativen in diese Richtung scheiterten wiederholt. Erst mit der Aufnahme der Arbeiten zum Projekt SPEIK konnte an diese Diskussionen wieder angeschlossen werden.

3.2. Das Projekt SPEIK

3.2.1. Projekt im Überblick

Auf Grundlage der zuvor angeführten Untersuchungen zum Echten Speik (*Valeriana celtica* subsp. *norica*) wurde im Jahr 2022 bei der Österreichischen Akademie der Wissenschaften (ÖAW) ein Projekt beantragt, das sich mit der Pflanze in einer möglichst umfassenden Weise auseinandersetzen sollte. Die Bearbeitung sollte in einem transdisziplinären Forschungsdesign erfolgen, um die Ergebnisse bestmöglich an den praktischen Bedarf und eine Umsetzung heranführen zu können.

Der Rahmen des Projektes und die Forschungsfragen sind in Kapitel 1 Speik – Begehrte Ressource und Metapher aufbereitet. Der aktuelle Wissensstand zur Pflanze sollte zunächst durch erfahrungsbasierte Experten-Inputs verfügbar gemacht werden. Die Aspekte Vergangenheit, Gegenwart und Zukunft der Speiknutzung sollten vertieft und weiterführend untersucht werden. Es kamen der jeweiligen Disziplin entsprechende Methoden zum Einsatz, wobei im Wesentlichen auf qualitative Verfahren zurückgegriffen wurde.

Über die konkreten und praxisrelevanten Fragen hinausgehend wurde der Speik hierbei als exemplarisch, prototypisch und metaphorisch für eine Vielzahl von Arten, für die Schutzbestimmungen gelten, betrachtet. Schutzanforderungen, traditionelle Nutzung, Interessen der regionalen Bevölkerung und wirtschaftliche Verwertung sorgen für erhebliche Spannungsfelder. Das Projekt verfolgt das Ziel, auf einer lösungsorientierten Ebene die Sichtweisen, Nutzungsansprüche und Interessen sowie die unterschiedlichen kulturellen, rechtlichen und wirtschaftliche Rahmenbedingungen zu analysieren und daraus zukunftsfähige Handlungsempfehlungen zur Nutzung des Echten Speiks zu entwickeln. Das Projekt lässt sich anhand der folgenden Eckdaten beschreiben.

Projekttitel: *Valeriana celtica* subsp. *norica* – Sustainable and equitable use of an endemic plant in the Salzburger Lungau & Kärntner Nockberge UNESCO Biosphere Reserve: co-creating a historical review, analyzing the status and co-creating future perspectives

Running title/Akronym: SPEIK

Projektdauer: April 2023 bis Dezember 2024

Projektpartner: Fachhochschule Kärnten (UNESCO Chair on Sustainable Management of Conservation Areas), Universität Wien (Institut für Geschichte); E.C.O. Institut für Ökologie; Kunstuniversität Linz; Biosphärenpark Kärntner Nockberge; externe Expert:innen für verschiedene Aspekte

Finanzierung: Österreichische Akademie der Wissenschaften (ÖAW), Biosphärenpark Nockberge, FH Kärnten (Eigenleistungen)

Das Projekt wurde vom MAB-Nationalkomitee der Österreichischen Akademie der Wissenschaften finanziert. Das Nationalkomitee verantwortet die Weiterentwicklung der österreichischen Biosphärenparks im Rahmen des „Man and the Biosphere"(MAB)-Programmes der UNESCO. Vom MAB-Nationalkomitee geförderte Forschungsvorhaben sollen wissenschaftliche Beiträge zur internationalen MAB-Strategie, in diesem Fall dem Lima Action Plan (LAP, 2016-2025) (UNESCO, 2016) und zum Weltnetz der Biosphärenparks leisten.

3.2.2. Theoretische Überlegungen

Zunächst ist im Projekt SPEIK der kleinräumig verbreitete Echte Speik (*Valeriana celtica* subsp. *norica)* in einen größeren Zusammenhang gestellt. Dabei steht die Pflanze exemplarisch und prototypisch für weiter reichende gesellschaftliche Diskurse und Entwicklungen.

3.2.3. Faire Nutzung genetischer Ressourcen

Biodiversität und genetische Ressourcen sind Gemeingüter („Commons"). Diese sind mitunter sehr knapp, weshalb ihre Nutzung entsprechend reguliert und gesteuert werden muss (Borrini-Feyerabend et al., 2013). Der Echte Speik ist ein Beispiel für Tausende von Arten, die unter Naturschutzauflagen stehen. Diese Schutzmaßnahmen sind üblicherweise gut begründet (zum Beispiel Rote Listen), in internationalen Konventionen und Verträgen, im europäischen oder nationalen Recht verankert. Die Schutzbestimmungen schränken die Verfügungsmöglichkeiten über die Arten ein, was zu Konflikten führen kann. Auf globaler Ebene haben diese Konflikte unterschiedliche Eskalationsstufen, die bis hin zu langfristigen paramilitärischen oder militärischen Konflikten reichen können (Dowie, 2011). Auch die Nutzung des Echten Speiks – besonders die historische – ist bestimmt von verdeckten oder offenen Konflikten um die Verfügungsgewalt über diese Ressource.

In Konflikten über genetische Ressourcen gibt es viele Standpunkte, Nutzungsansprüche und Interessen sowie unterschiedliche kulturelle, rechtliche und wirtschaftliche Rahmenbedingungen. Daher sind Interessengruppen immer Teil der Lösung; lösungsorientierte Forschungsprojekte in diesem Bereich erfordern transdisziplinäre Methoden und Ansätze (Gavin et al., 2018; Ukowitz & Hübner, 2019). Bei der Betrachtung und Analyse dieser Konflikte kann die historische Entwicklung erheblich zum Verständnis der aktuellen Situation beitragen. Die junge Disziplin der Umweltgeschichte kann hierbei eine wichtige Rolle spielen. Der Nachhaltigkeitsdiskurs kann von der Einbeziehung historischer Perspektiven profitieren (Winiwarter et al., 2019).

Genetische Ressourcen und Biodiversität spielen in traditionellen und subsistenzwirtschaftlichen Lebens- und Wirtschaftsweisen, die im Zusammenhang mit unterrepräsentierten, verletzlichen und benachteiligten Bevölkerungsgruppen stehen, eine besondere Rolle. Faire Lösungen im Umgang mit diesen Ressourcen sind daher besonders für vulnerable gesellschaftliche Gruppen und Kulturen von großer Bedeutung (Zheng, 2023). Beispielsweise wird die „wichtige Rolle, die Frauen beim Zugang und der Nutzenverteilung spielen" (Convention on Biological Biodiversity, 2011; Montanari et al., 2023) weithin anerkannt und erfordert unter anderem „die volle Beteiligung von Frauen auf allen Ebenen der Politikgestaltung und Umsetzung für den Biodiversitätsschutz" (ebd.). Die entsprechenden internationalen Mechanismen, insbesondere das so genannte Nagoya-Protokoll der Biodiversitätskonvention, sind im Forschungsvorhaben berücksichtigt und in diesem Buch in einem eigenen Kapitel aufbereitet.

3.2.4. Nachhaltigkeit – eine Frage der Gerechtigkeit

Der Nachhaltigkeitsbegriff ist einem permanenten Bedeutungswandel unterworfen (Grober, 2010). Ursprünglich in der Forstökonomie entstanden erreichte der Begriff „Nachhaltigkeit" in der zweiten Hälfte des 20. Jahrhunderts weitere Bereiche der Gesellschaft, wodurch verschiedene Vorstellungen von „Nachhaltigkeit" entstanden (Borsdorf & Jungmeier, 2020). Heute spricht man oft von ökologischer, ökonomischer und sozialer Nachhaltigkeit (Hellbrück & Kals, 2012); wobei es auch Ansätze gibt, den Begriff Nachhaltigkeit weiter zu definieren und auch als kulturellen Prozess zu begreifen (z.B. geschichtlich-kulturelle Nachhaltigkeit, Krainer & Heintel, 2014)

Im Projekt SPEIK sollten die Handlungsmöglichkeiten der beteiligten Akteur:innen im Hinblick auf eine nachhaltige Nutzung des Echten Speiks untersucht werden. Im Kern der Nachhaltigkeitsdebatte steht der Gedanke, dass die gegenwärtigen gesellschaftlichen Bedürfnisse erfüllt werden sollen, ohne das Risiko einzugehen, dass künftige Generationen ihre eigenen Bedürfnisse nicht decken können (Tolksdorf et al., 2009). Die kulturelle Entwicklung der Menschheit schließt die Nutzung natürlicher Ressourcen ein. Daraus ergibt sich aber auch die Herausforderung, dass die Menschen mit der Begrenztheit und Endlichkeit dieser Ressourcen konfrontiert sind (Hellbrück & Kals, 2012). Dabei kommt dem Begriff „Gerechtigkeit" eine besondere Bedeutung zu. Anzumerken ist, dass Gerechtigkeit als ethisches Konzept über einen rein naturwissenschaftlichen Diskurs hinausreicht (vgl. Borsdorf & Jungmeier, 2020).

In einem ganzheitlichen Ansatz zielt Nachhaltigkeit darauf ab, eine naturnahe und sozialethisch fundierte Wirtschaft zu etablieren, die nicht allein auf finanzielles Wachstum ausgerichtet ist (Grober, 2014). Die Untersuchung dieser Mechanismen, des Ineinandergreifens der verschiedenen Nachhaltigkeitsparameter im Prozess der vergangenen, gegenwärtigen und künftigen Entnahme des Echten Speiks sollte im Forschungsfokus des Projektes stehen.

3.2.5. Transdisziplinäre Forschungsimpulse als Intervention

Die UNESCO sieht Biosphärenparks als „lernende Regionen für nachhaltige Entwicklung" (UNESCO, 2025). Durch das globale MAB-Programm ist das Weltnetz der Biosphärenparks eng an viele wissenschaftliche Institutionen angebunden. Dies eröffnet allein gestellte Möglichkeiten, die akademische Welt mit vielfältigen Disziplinen und die konkrete Lebensrealität in einer Region zusammenzuführen. Dabei ist die Integration unterschiedlicher Wissenssysteme, wissenschaftliche Erkenntnis und praktisches Alltags-, Handlungs-, und Entscheidungswissen, eine wesentliche Herausforderung. Voraussetzung für dieses Zusammenführen sind wechselseitiges Interesse und die Bereitschaft zu wechselseitigem Lernen. Transdisziplinäre Forschungsformate können entsprechende Impulse in diese

Richtung geben.

In den österreichischen wissenschaftlichen Diskurs hat transdisziplinäre Forschung (Begusch et al., 1995) in den 1990er Jahren im Rahmen eines großen Forschungsschwerpunktes Kulturlandschaft Eingang gefunden. In diesem Forschungsprogramm wurde versucht, durch Nutzung geprägte Landschaften in ihrer Komplexität zu erfassen und sie langfristig und nachhaltig zu entwickeln. Diese Ziele konnten ohne Einbeziehung unterschiedlichster Akteur:innen und Stakeholder nicht erreicht werden, zumal dafür wissenschaftliche Erkenntnis in verfestigte Entscheidungsprozesse integriert werden musste. Dies erfordert, dass „ein handlungsleitender Erkenntniszuwachs für alle Beteiligten ein zentrales Ergebnis transdisziplinärer Forschung" (Jungmeier et al. 2019, S. 137) darstellen muss. Vor diesem Hintergrund können Biosphärenparks zu Recht als Orte transdisziplinärer Forschung bezeichnet werden (siehe Dabard et al., 2024).

Transdisziplinäre Ansätze in der (landschafts-)ökologischen Forschung sowie in der Nachhaltigkeitsforschung haben in weiterer Folge reiches Schrifttum hervorgebracht (vgl. z.B. Auinger et al., 2023). Sie wurden ergänzt, erweitert und komplementiert durch Ansätze der Interventionsforschung (siehe Krainer & Lerchster, 2012), einer gesellschaftlich verantwortungsvollen Forschung (siehe Helming et al., 2016, Socio-scientific Issues; Dabard et al., 2024; Jeronen et al., 2024; Zeidler et al., 2019) oder auch partizipativer Forschung und Citizen Science (Pettibone et al., 2016).

Im vorliegenden Forschungsvorhaben wird der Begriff Transdisziplinarität im Sinne von Jahn (2021) verwendet: „Transdisziplinarität wird heute als Prinzip oder Modus der Organisation einer Forschung an konkreten gesellschaftlichen Problemen konzipiert. In diesem Konzept verbindet sich gutes wissenschaftliches Arbeiten [...] mit dem Erzeugen von gebrauchsfähigem, anwendungsnahen Wissen." Vor diesem Hintergrund wurde versucht, einen transparenten Forschungsablauf zu gestalten, der Interessierten den Zugang zu den Forschenden und dem Geschehen ermöglicht und auf eine Qualifizierung des Gesamtsystems abzielt.

3.2.6. Interdisziplinäre Synthese als Herausforderung

Zusätzlich war es erforderlich, das Projekt interdisziplinär auszurichten, wobei wissenschaftliche Austauschprozesse zwischen verschiedenen Disziplinen ermöglicht werden müssen. Interdisziplinarität meint – angewandt auf einer praktischen Ebene – die Zusammenführung individueller und spezifischer Methodiken der unterschiedlichen Disziplinen unter einem gemeinsamen Forschungsdesign. Expert:innen aus unterschiedlichen Fachgebieten partizipieren im Zuge einer arbeitsteiligen, zeitlich begrenzten Kooperation am Gesamtforschungsprozess (Brunner & Oberholzer, 2022).

Bei dem interdisziplinären Vorgehen im Rahmen des Forschungsprojektes SPEIK kamen Methoden aus den Disziplinen Geschichtswissenschaften und Wissenschaftsgeschichte sowie Sozial- und Erziehungswissenschaften zum Einsatz. Zusammen bilden die drei Aspekte Vergangenheit, Gegenwart und Zukunft die zeitliche Struktur, innerhalb derer eine Gesellschaft existiert, lernt, plant und sich entwickelt. Sie sind untrennbar miteinander verbunden: Die Vergangenheit informiert unsere Gegenwart und unsere gegenwärtigen

Handlungen gestalten unsere Zukunft.

Im Zuge der interdisziplinären Zusammenarbeit war es essenziell, dass die involvierten Forscher:innen einerseits ihr fundiertes Fach- und Methodenwissen einbrachten und über das gute Fundament der Spezialisierung hinaus, die Bereitschaft aufwiesen, Wissen über andere Fachgebiete zu erwerben (Krainer & Smetschka, 2014).

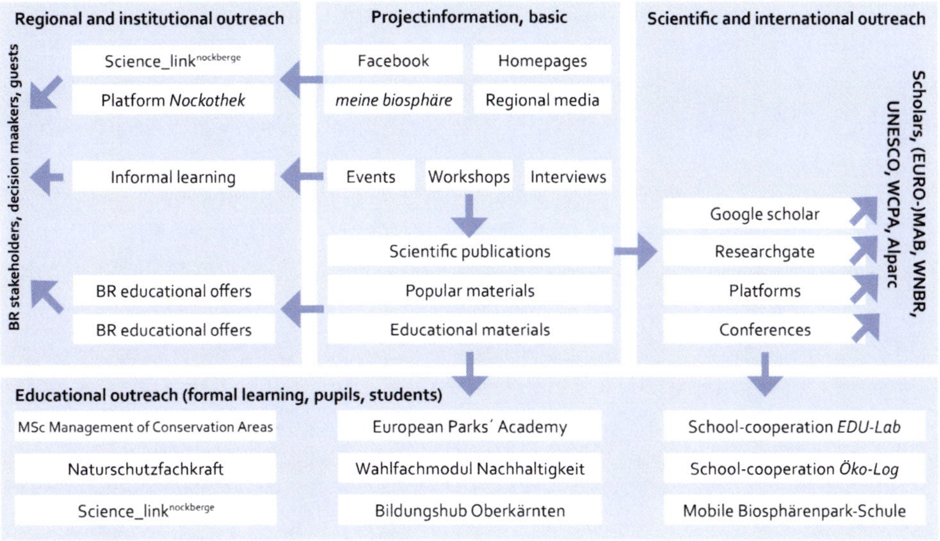

Abbildung 12: Outreach, learning & innovation system.
Die Ergebnisse des transdisziplinären Projektes SPEIK sollten gleichermaßen in der Region des Biosphärenparks und in der wissenschaftlichen Community kommuniziert werden und Wirkung entfalten.
Quelle: Projektantrag für das Forschungsprojekt SPEIK

In Abbildung 12 ist ein „Outreach, learning & innovation system" dargestellt, welches dem Projekt hinterlegt ist. Dabei gab es zunächst eine grundlegende Projektinformation als Rückgrat der Kommunikation. Dabei wurden neben den Homepages und den Social-Media-Kanälen des Biosphärenparks, der Fachhochschule, der Projektpartner und der ÖAW auch regionale Medien (insbesondere Kleine Zeitung) und die Zeitschrift des Biosphärenparks („Meine Biosphäre") als Informationskanäle genutzt. Dies erfolgte anlassbezogen und in wechselnden Intensitäten. Mit den Veranstaltungen, Workshops und Interviews in der Region ergaben sich vielfältige Möglichkeiten des Austausches; sie sind in der Methodenbeschreibung im Detail dargestellt. Entgegen der ursprünglichen Planung sind die Ergebnisse des gesamten Forschungsprojektes im vorliegenden Buch zusammengefasst. Die Aufbereitung richtet sich dabei gleichermaßen an wissenschaftlich Interessierte wie auch an Akteur:innen und Stakeholder aus der Region und darüber hinaus. Sie sollen in weiterer Folge über die Aktivitäten und Kanäle des Biosphärenparks regional verfügbar gemacht werden. Ebenfalls über das Projekt hinausreichend sollen ausgewählte Ergebnisse der wissenschaftlichen Forschung zur Verfügung gestellt werden und auch in verschiedene Bildungsformate, insbesondere an der FH Kärnten beziehungsweise in ihrem Umfeld einfließen.

3.3. Transdisziplinäre Forschungsformate

Mit dem Anspruch, die Transdisziplinarität konsistent in das Projekt SPEIK zu integrieren, stellte sich das Forschungsteam zunächst die Frage nach den Nutzer:innen der Ergebnisse und der wissenschaftlichen Erkenntnisse. Diese wurden im Rahmen einer Stakeholderanalyse ermittelt. Für die Bearbeitung wurden im Speziellen die folgenden Formate verwendet.

Bereisungen, Exkursionen und Fact-Finding-Missions. Diese wurden vom Projektteam beziehungsweise Teilen des Projektteams unternommen, um gemeinsam mit Stakeholdern und Praktiker:innen bestimmte Sachverhalte zu erkunden und zu verstehen. Im Bemühen um ein gemeinsames Verständnis kann eine neue Wissensqualität entstehen (siehe dazu beispielsweise: Auinger et al., 2023). Insgesamt wurden acht Veranstaltungen durchgeführt, die in diese Kategorie fallen.

Study Circles (Larsson, 2023). Die Veranstaltungen wurden vom Biosphärenpark organisiert und abgehalten. Eingeladen waren Interessierte aus der Region und darüber hinaus. Ausgehend vom Fachvortrag („Expert:innen-Input") eines geladenen Gastes konnten die Teilnehmer:innen ihre Fragen und Überlegungen zur Diskussion stellen, die auch in die finale Aufbereitung der Ergebnisse aufgenommen wurden. So hatten nicht-wissenschaftliche Personen aus der Region einen direkten Einfluss auf die Ausrichtung und Erkenntnisse des Projektes. Inklusive des Sonderformats „Marianne erzählt" (Präsenzveranstaltung zur Geschichte des Speiks) fanden sieben dieser Veranstaltungen statt.

Transdisziplinäre Projektpartner-Meetings. Die regelmäßigen Online-Treffen ermöglichten es dem Management des Biosphärenparks als Praxispartner, den Forschungsprozess aktiv mitzugestalten, Fragen aufzuwerfen, Zwischenergebnisse zu kommentieren, nächste Schritte zu gestalten und so die „praxisrelevanten" Aspekte des Forschungsvorhabens einzufordern beziehungsweise rückzukoppeln. Das Management des Biosphärenparks war bereits vor Projektbeginn in die Beantragung eingebunden und kann die Ergebnisse über die Projektlaufzeit hinaus weiterführen. Insgesamt fanden im Projekt 15 dieser Arbeitstreffen statt.

Die transdisziplinären Aktivitäten fanden in enger Verschränkung mit der fachwissenschaftlichen Bearbeitung statt. Transdisziplinäre Wissensintegration sollte als sozialer Konstruktions- und Aushandlungsprozess verstanden werden, welcher eine ausgewogene Balance zwischen den Akteursgruppen von Wissenschaft und Praxis unterstützt. Das Management der Schnittstellen zwischen den unterschiedlichen Akteur:innen ist eine zentrale Herausforderung in transdisziplinären Forschungsprojekten (Ritter et al., 2010).

3.4. Forschungsdesign und Projektablauf

3.4.1. Vorbereitung und Auftakt

In der Zusammenstellung der Formate werden die terminliche „Dichte" und die Intensität des transdisziplinären Austausches sichtbar. Dieser Austausch wie auch die zahlreichen Rückkoppelungen bildeten konstituierende Elemente des Erkenntnisgewinns (vgl. auch Jungmeier et al., 2019). Grundsätzlich war dem Forschungsvorhaben eine schrittweise und iterative Vorgangsweise hinterlegt. Im Laufe des Projektes wurde der ursprüngliche Plan wiederholt adaptiert.

In einer vorbereitenden Phase wurden zunächst Literatur und leicht verfügbare Materialien zusammengestellt und erste Vor-Ort-Befunde gesammelt. Im Rahmen einer Stakeholder-Analyse wurde der transdisziplinäre Prozess vorbereitet. Dabei wurden Wissensträger:innen sowie Vertreter:innen bestimmter Interessenslagen identifiziert. Diese wurden dann im späteren Prozess als Interviewpartner:innen, Gäste bei Veranstaltungen oder auch als Expert:innen eingeladen und – soweit gewünscht und möglich – in das Projekt einbezogen. Mit einer Veranstaltung im Nockstadel, dem Sitz des Biosphärenparkmanagements stellte sich das Projektteam am 5.7.2023 in der Region vor und setzte damit den „Auftakt" der Bearbeitung. Dieser Auftakt war begleitet von Informationsaktivitäten über lokale Medien und die Kommunikationskanäle des Biosphärenparks. So sollte der Forschungsprozess von Beginn an transparent und für (potenziell) Interessierte offengehalten werden.

3.4.2. Inhaltliche Bearbeitung

Die inhaltliche Erarbeitung startete mit dem Arbeitspaket zur Nutzungsgeschichte des Speiks. Auf der Grundlage umfassender Arbeiten in unterschiedlichen Archiven (siehe Kapitel „Historische Perspektive") wurden die Kultur-, Nutzungs- und Wirtschaftsgeschichte wie auch die Beforschung der Pflanze selbst aufbereitet und nachgezeichnet. Im Rahmen einer Veranstaltung vor Ort (Gasthof Pertl, St. Lorenzen, Biosphärenpark Nockberge St. Lorenzen, 1.12.2023) wurden die Ergebnisse präsentiert. Im Geschichtslabor „Marianne erzählt" berichtete die Bearbeiterin in sieben Kapiteln über ihre Forschungsergebnisse. Die mehrstündige Erzählung führte den Gästen die vielschichtige und facettenreiche Historie der Speiknutzung in der Region faktenreich vor Augen. In der anschließenden Diskussion unternahmen die Teilnehmer:innen den Versuch, ein gemeinsames Verständnis der historischen Perspektive zu erarbeiten („co-create a historical review"). Auf dieses konnte zu einem späteren Zeitpunkt wiederholt referenziert werden, auch wenn es galt, verfestigten Legenden (siehe beispielsweise Fußnote 1) entgegenzutreten.

Die nächste Phase des Forschungsprojektes fokussierte auf eine multiperspektivische Erarbeitung des Status quo. Diese basierte einerseits auf der Zusammenschau von Expert:innenwissen, welches in den Study Circles (siehe oben) gesammelt, diskutiert und vergemeinschaftet wurde. Zum anderen wurden qualitative Interviews geführt, analysiert und aufbereitet. Auswahl der Interviewpartner:innen, Ablauf der Interviews sowie die Analysemethode sind im Folgekapitel dargestellt. Die Interviews ergaben ein Gesamtbild des verfügbaren Wissens, beispielsweise zur aktuellen Nutzung und zur Entnahme, zu verschiedenen Speikprodukten und -angeboten sowie zu Initiativen, Interessen und Akteur:innen, die mit der Speikpflanze in einem Zusammenhang stehen. Auch erste Zukunftsbilder und Zukunftsperspektiven wurden angesprochen.

Die zukünftige(n) Perspektive(n) einer Speiknutzung spielten in den Interviews und Veranstaltungen wie auch in den transdisziplinären Projektpartner-Meetings durchgehend eine Rolle. Dabei wurden die Optionen, aber auch die hinderlichen Faktoren für eine (intensivierte) Nutzung des Echten Speiks bereits frühzeitig sichtbar. Daher wurde das ursprünglich geplante Zukunftslabor, konzipiert als regionale Impulsveranstaltung, adaptiert. Stattdessen wurde eine Bereisung zu den Entscheidungsträger:innen des Biosphärenparks, insbesondere in den Gemeinden vorgenommen. Dabei wurden die Projektergebnisse und die mögliche Bedeutung des Echten Speiks für eine nachhaltige Regionalentwicklung in 15 Gesprächsrunden erwogen und mögliche Umsetzungsschritte konkretisiert. Demnach soll eine regionale Trägerstruktur begründet werden. Die Einrichtung einer solchen Struktur reicht über das Forschungsprojekt hinaus und soll künftig vom Biosphärenpark getragen beziehungsweise unterstützt werden.

3.4.3. Abschluss

Mit dem Erscheinen dieses Buches und damit der gesammelten Projektergebnisse sollen die Resultate des Forschungsvorhabens in die Region „zurückgebracht" werden. Da das Buch erst nach Projektende in gedruckter und publizierter Form vorliegen wird, kann dies nur außerhalb des Projektrahmens erfolgen. Die Buchpräsentation sollte auf Einladung des Biosphärenparks in einer regionalen Veranstaltung stattfinden.

3.4.4. Literatur und Materialien

Die Datenquellen des Projektes stammen aus der Fachliteratur zum Forschungsgegenstand Speik, sowie aus einer umfangreichen Quellensammlung, die in unterschiedlichen Archiven in Österreich und dem Ausland erstmalig erschlossen wurden, aus Verwaltungsdaten seitens der Behörden (Ausnahmebescheid zur Speikentnahme, Bezirkshauptmannschaft Feldkirchen, Vegetationsökologisches Monitoring) sowie aus qualitativen Erhebungen (Interviews mit Stakeholdern, reflexive Gruppendiskussionen im Zuge von Online-Workshops). Eine Übersicht der zitierten und herangezogenen Literatur wurde im Literaturverwaltungsprogramm Citavi geführt. Die verwendeten Quellen sind in den Fußnoten beziehungsweisen den Referenzen der entsprechenden Kapitel als Belege angegeben. Zwar wurden weitaus mehr historische Quellen bezüglich der langen Geschichte des Speiks erschlossen, doch infolge des begrenzten Raumes des historischen Beitrags innerhalb dieses Buches wurden nur die wichtigsten Dokumente zitiert, die auch die Argumente der Darstellung nachvollziehbar machen

3.4.5. Spurensuche und Vorort-Befunde

Der Echte Speik, seine historische Verwendung wie auch seine Wirkung sind für die letzten 1000 Jahre in Handbüchern der Botanik, Pharmazie, Medizin und zeitgenössischer Lebensberatungsliteratur als Quellenfundus, später auch in den Werbematerialen verschiedener Firmen aufbereitet. Zudem gab es in der Tourismuswerbung der Region Nockberge in den 2000er Jahren eine starke Bezugnahme auf den Speik, die in vielfältigen Materialien und auch Medienberichten Niederschlag fand. Beispielsweise bereitet eine Speikfibel Informationen zum „Gold der Nockberge" auf (Nationalparkverwaltung Nockberge). Dabei berichtet die Pflanze in der Ich-Form aus ihrem „Leben".[10] Derartige Aufbereitungen sind nicht der wissenschaftlichen Spurensuche verpflichtet und sie tragen zu einem selbstreferenziellen Wissenskörper bei. Im Zuge des Projektes SPEIK wurden daher unterschiedliche Beobachtungen zum Thema Speik gesammelt.

Wo wächst der Speik und wie erfolgt aktuell die Entnahme? Dabei wurden die Bereiche östlich des Schoberriegels mit einem Biosphärenparkranger (6.7.23) sowie Almflächen oberhalb der Niederkaser (Saureggen, 24.6.24) mit Unterstützung eines Zeitzeugen besucht.

Wie sind die Geschichte und die Bedeutung des Echten Speiks im aktuellen touristischen Angebot präsentiert? Dies wurde unter anderem in einer im regulären Programm des Biosphärenparks angebotenen geführten Speikwanderung auf die Blutige Alm (Innerkrems, 27.10.23) oder bei einem Besuch der Speikskulptur auf der barrierefreien Bergpromenade Brunnach (St. Oswald, 11.8.24) erkundet.

Welche museale Repräsentation des Speiks gibt es? Es erfolgte ein Besuch in Oberwölz (Stadtmuseum, Speikerhauses, 23.2.24).

Wo kann man, abseits der Produkte der Firma Speick-Werke in Stuttgart, heute Speik beziehungsweise Speik-Produkte erwerben? Es wurde eine Markt-Recherche im Internet (Feber und März 24), am Benediktiner-Markt in Klagenfurt (2.2.24), im Fachhandel (Räucherwerk, Feber 24) sowie in Oberwölz (23.2.24) durchgeführt. Auch beschäftigte die Frage, ob es in jenen außereuropäischen Gebieten, wohin der Speik im 19. Jahrhundert in Massen ausgeführt wurde, noch heute eine Erinnerung an die Verwendung und den Duft des Speiks existiert. Da der Sudan als wichtigster Abnehmer aus Gründen des Krieges nicht besucht werden konnte, wurde in Dschidda/Jeddah (Saudi Arabien), dem Hafen, wohin Speik nachweislich geliefert wurde, dieser Frage nachgegangen (16.-17.11.2023).

Wie erfolgen die industrielle Produktion und Verwertung von Speikprodukten? Auf Einladung der Firma Speick Naturkosmetik konnten die Produktionsanlagen und Labore des Kosmetik-Unternehmens in Stuttgart besucht werden (27.–28.2.2024). Dies machte es möglich, aus erster Hand mehr über die Entwicklung der Firma zu erfahren, die aktuelle

10 „Nun lesen Sie endlich meine Memoiren. ... Sie fragen sich, wer ich bin? Der größte Star der Nockberge! Heiß begehrt und wild umkämpft. Von zierlicher Figur, klein und unscheinbar, aber oho! Vor allem in meinen Wurzeln liegt die Kraft. Durch sie wurde ich zum Weltstar!" (Speikfibel, S. 5). „Mein langer Weg zu Kleopatra. Sie können sich vorstellen, wie aufgeregt ich war, als Kleopatra mich einlud. ... Ich durfte mit Kleopatra baden! Ihre sanfte Haut massieren." (Speikfibel, S. 14). „Wie ich Jesus half. ... Maria Magdalena-Blume nennen mich die Leute. Hier beginnt die Verwechslung. Der Name entstand dadurch, dass Maria Magdalena Jesus die Füße salbte. Mit Nardenöl. Gemacht aus Speik. Ja, das ist eine besondere Ehre gewesen. Die Füße Jesu. Nach einem beschwerlichen Tag, müde und nachdenklich, wurden Jesu die Füße gesalbt. Dank mir wandelte er an diesem Abend auf sanften, zarten Füßen." (Speikfibel, S. 18)

Herstellungspraxis der Speick[11]-Produkte kennenzulernen und darauf aufbauend vertiefende Gespräche zu führen. Dieser Besuch lieferte wertvolle Einblicke in die Vision und Philosophie des Unternehmens, das Nachhaltigkeitsaspekte in mehrfacher Hinsicht bedienen möchte.

Wie erfolgen Extraktion oder Verwertung von Inhaltsstoffen anderer Pflanzen? In diesem Zusammenhang besuchte das Forschungsteam unter anderem die Firma Pflanzner Naturkosmetik & Stefan Singer Landwirtschaft (Rohrbach an der Gölsen, Niederösterreich, 3.5.24) und die Brüder Unterweger Gesellschaft m.b.H. Erste Tiroler Latschenölbrennerei (Assling, Osttirol, 23.5.24).

Die Ergebnisse der Vor-Ort-Besuche erwiesen sich im Zuge der Interviews beziehungsweise ihrer Auswertung und Plausibilisierung als wertvolle Referenzen.

Abbildung 13: Spurensuche – Speik Exkursion.
Erst oberhalb der Waldgrenze entwickelt der Echte Speik nennenswerte Bestände. Unterstützt durch den kundigen Biosphärenparkranger macht sich das Forschungsteam ein Bild von diesen Standorten (von links nach rechts: Markus Böheim, Selina Straßer).
© Michael Jungmeier

11 Man beachte die Schreibweise. Der Firmenname Speick ist vom botanischen Namen des Echten Speiks durch das „ck" unterschieden. Auf die unterschiedlichen Schreibweisen und Namen der Pflanze wird im Buch wiederholt, unter anderem im Vorort hingewiesen.

Abbildung 14: Spurensuche – Heimatmuseum Oberwölz.
Die Wölzer Tauern waren historisch besonders bedeutsame Orte der Speikgewinnung. Ausgewählte Exponate im Museum vermitteln Einblicke in die Praktiken und Rahmenbedingungen des „Speikens".
© Michael Jungmeier

Abbildung 15: Spurensuche – Speiklabor.
Die Extraktion der ätherischen Öle und Duftstoffe aus den Wurzeln des Speiks ist ein wohl gehütetes Geheimnis (Firma Speick Naturkosmetik Stuttgart).
© Michael Jungmeier

3.4.6. Bildrecherche

Es sollte gezeigt werden, wie der Echte Speik in jeweils zeitgenössischen Materialien präsentiert ist. Zu diesem Zweck wurden neben zugänglichen Sekundärquellen (Literatur) und zusätzlich zum Bildmaterial des historischen Kapitels gezielt Darstellungen aus vielfältigen Quellen gesucht und ausgehoben. Es sind dies beispielsweise Kärntner Heimatwerk (Abb. 1), Willhaben oder eBay (Abb. 5, 51, 52), Kärntner Botanikzentrum (Abb. 19, 20), persönliche Dokumente und Quellen (Abb. 27, 57) sowie das Firmenarchiv des Unternehmens Speick Naturkosmetik (Abb. 48, 49). Die Abbildungen erlauben eine bildsprachliche Interpretation und illustrieren das vorliegende Buch.

Katya Frei hat das Buch beziehungsweise das Projekt mit ihrer künstlerischen Interpretation des Themas Speik bereichert. Die in Belarus geborene Künstlerin mit Fokus auf Druckgrafik, Zeichnungen und Malerei lebt und arbeitet in Klagenfurt. Sie nimmt genaue Naturbeobachtung als Ausgangspunkt ihrer künstlerischen Auseinandersetzung und verleiht damit dem Perspektivenreichtum des Themas Speik einen zusätzlichen ästhetischen Aspekt. Das historische Bildmaterial wurde im Zuge der umfassenden Quellenrecherche für den Geschichtsbeitrag, der auch dingliche Quellen zu berücksichtigen anstrebte, neu erschlossen. Ausgewählt wurden für diese Publikation lediglich Beispiele von Bildquellen, die bedeutende Aussagekraft haben, wie der erste Herbarbeleg des Echten Speiks (Sammlung Gotha), ein Beispiel der Dekrete, die das Monopol artikulieren (Staatsarchiv Wien), Gesundheitstraktate und Bilder, die den globalen Verkehr des Speiks betreffen, schließlich die aus einem Zeitungsartikel stammende Darstellung der bedeutendsten Seifenfabrik des ausgehenden 19. Jahrhunderts, der Firma Kielhauser als wichtigster Produzentin der Speikseife.

3.4.7. Aktivierung des verfügbaren Wissens

Der multi-perspektivische Ansatz des Forschungsvorhabens erfordert es, auf „verstreutes" Wissen in unterschiedlichen Wissensqualitäten zurückzugreifen und dieses zu bündeln. Dafür waren im Projektkonzept zunächst Inputs von Expert:innen vorgesehen. Diese sollten einerseits wissenschaftlich profunde und aktuelle Erkenntnisse über Study Circles in das Projekt einbringen. Andererseits sollten die Study Circles auch dem Verfügbarmachen von praktischem, nicht explizitem Erfahrungswissen dienen. Aufbauend auf die Präsentationen und Diskussionen wurden die Ergebnisse in Textform aufbereitet, wie sie auch in diesem Buch im Kapitel 4 präsentiert werden.

Dabei wurden die Themen aktuelle Entnahme, Verwertung und Monitoring der Speiknutzung (Norbert Kerschbaumer, 16.1.2024), Botanik, Biogeographie und Ökologie (Roland Eberwein, 18.1.2024), pharmazeutische Perspektive und medizinische Nutzung (Daniela Litscher, 23.1.2024), Naturschutzrecht, Ethik und rechtlicher Status (Raphael Süßenbacher, 25.1.2024), das Mensch-Natur-Verhältnis am Beispiel des Speiks (Gabriele Hadl, 30.1.2024) sowie ökonomische und regionalwirtschaftliche Aspekte (Michael Getzner, 1.2.2024) angesprochen und beleuchtet.

Neben den geplanten Beiträgen zum Projekt traten im Projektverlauf noch weitere Aspekte hinzu, welche Beiträge zum Projekt lieferten und die auch im vorliegenden Buch repräsentiert sind. Dies sind die praktischen Aspekte und Techniken der Seifenproduktion (Karina Wimmer), die Chemie der Inhaltsstoffe des Echten Speiks (Johannes Novak) und die internationalen Aspekte des Artenschutzes im Nagoya-Protokoll (Zuzanna Kieliszek und Monika Auinger). Durch einen Kontakt mit Stefan Novak ergab sich zudem die Möglichkeit, einen Experten als Zeitzeugen in das Projekt einzubeziehen, der sich bereits vor dreißig Jahren mit dem Thema beschäftigt hatte. Aus dem Buchbeitrag geht in einer sehr persönlichen Perspektive hervor, was bereits in den 1990er Jahren als gesicherter Wissensstand galt. Das Resümee des Autors, dass „das Potenzial, das im Speik steckt, in keinster Weise genutzt" ist, erschien vor dem Hintergrund des aktuellen Diskussionsverlaufes von besonderer Bedeutung.

Das Projekt SPEIK verfolgte in der Kooperation mit den Expert:innen aus der Praxis die „Grundhaltung, die sich durch die Wertschätzung der Wissensbestände, Ressourcen und Kompetenzen von alltagsweltlichen Akteuren auszeichnet und zu einer Weiterentwicklung derselben beitragen will" (von Unger, 2023, S. 232). Werden die Wissensbestände der externen Expert:innen wie auch der lokalen Akteur:innen und Stakeholder betrachtet, erhält das sogenannte Erfahrungswissen eine besondere Bedeutung. Erfahrungswissen ist deshalb ein zentraler Baustein im Projekt SPEIK, da es als Grundlage für Innovationsroutinen betrachtet werden kann. Ein wesentliches Element des Erfahrungswissens bildet das implizite Wissen, das einen personenbezogenen Charakter aufweist, intuitiv angewendet wird und auf die Erfahrungen der einzelnen Person baut. Demnach umspannt dieser Teil des Erfahrungswissens Faktoren wie persönliche Überzeugungen, Perspektiven und Wertesysteme (Eisenmann, 2022). Immer wenn Faktoren wie persönliche Wertesysteme oder auch subjektive Empfindungen in eine Projektarbeit miteinfließen, kann dies zu Herausforderungen führen. Partizipative Forschung impliziert auch immer eine Form von Aushandlungsprozessen, die ein Projekt positiv unterstützen können, indem eine Perspektivenerweiterung bei den involvierten Akteur:innen und im Forschungsteam erfolgen kann.

3.4.8. Historische Perspektive – Longue durée

Die Analyse der historischen Kenntnis und Nutzung einer seltenen und äußerst kostbaren Wurzel, einer Bioressource im Wandel von etwa 2000 Jahren, verlangt infolge der thematischen Mehrdimensionalität und aus der Sicht einer interdisziplinären Kulturwissenschaft einen Mix an methodischen Zugriffen, um die vielgestaltige historische Wirklichkeit des Gegenstandfeldes begreifen zu können. Als erster Schritt war allerdings der Thematik entsprechend aussagenkräftiges Quellenmaterial aufzufinden und aufzubereiten, da die spärliche historische Forschungsliteratur sich bisher lediglich auf eine relativ dünne Basis stützte. Unterschiedliche Quellentypen wurden in ihrer möglichen Vielfalt erschlossen und damit das Quellenrepertoire erheblich erweitert. Dazu zählen: Archivalien wie Urbare und Katastereinträge sowie Ratsprotokolle (in Landesarchiven in Klagenfurt und Graz), der Appalt (Pachtvergabe und Lizenzen) sowie rechtliche Monopolvergaben des Staates (1460–1787), Merkantiltabellen und der diplomatische Verkehr zwischen verschiedenen Zentren

(Staatsarchiv Wien und Archiv in Triest), Handelsregister und Containerverzeichnisse von Schiffsladungen (Archive in Triest und Venedig), Papyri, Traktate, Predigten und Bibeldeutungen, Arbeiten pharmazeutischen, medizinischen und botanischen sowie ökologischen Wissens, Materia-Medica-Literatur, Rezepturen, Arzneibücher (Pharmakopöen) in unterschiedlichen Bibliotheken und digitalisierten Formen (Münchner Digitalisierungszentrum), Nachlassverzeichnisse von Apotheken (in den Landesarchiven), Gesundheitsbücher und Gesundheitsratsgeber sowie das Reiseschrifttum. Besonders wertvoll war es, Annoncen und Feuilletons auszuwerten (ANNO Austrian Newspaper Online, Historische Zeitungen und Zeitschriften der Österreichischen Nationalbibliothek). Über den Weg der Werbung konnten auch Firmen, die Speik prominent verarbeitet haben, ausfindig gemacht werden. In allen Fällen handelte es sich dabei um Primärquellen. Einschlägige Sammlungen zur Neuzeit, wie jene der Forschungsbibliothek Gotha mit ihren einzigartigen Beständen an Manuskripten und Herbarien in Manuskriptform waren im Hinblick auf den Fund des „ältesten Herbariums Deutschlands" entsprechend aufschlussreich. Für diese Recherchen waren umfangreiche Reisen nötig.

Die Longue durée-Perspektive (Braudel, 2001) bietet die Möglichkeit, einzelne Themen in langen Zeitläufen zu betrachten. Erst der Blick auf den Wandel innerhalb von großen Zeiträumen macht wesentliche Zäsuren bezüglich der medizinischen Nutzung und des Handels deutlich, wobei die medizinische Anwendung im Wandel abhängig von den jeweiligen Herrschaftsverhältnissen gesehen wird. Die Makroperspektive erschließt sich gekreuzt hinsichtlich des Wurzelgrabens und Wurzelnutzens als eine Mikroebene, die kleine Einheiten oder Gemeinschaften, die bäuerliche oder auch die der Händler und Monopolträger, in einzelnen Momenten eben nicht nur strukturell oder abstrakt, sondern konkret und narrativ anhand einzelner Akteur:innen erfasst. Sie ist nicht komplementär zur Makrogeschichte, sondern als ein eigener Forschungsansatz zu verstehen. Wie die nordamerikanische Mikrogeschichte rückt sie Menschen an der Peripherie ins Zentrum, ohne dass sie als Peripherie abgewertet scheint oder dass sie als lediglich regionales Phänomen verstanden wird. Die Handelsgeschichte jedoch weitet den Blick auf Räume jenseits der Region, in der die Wurzel gegraben wird. Diese Geschichte des Speiks verlangt den Nachweis von Handelsmengen, die für die frühe Neuzeit nur aus fragmentarisch überlieferten Befunden rekonstruiert werden kann. Für das 18. Jahrhundert lassen sich Nachweise aus dem Merkantiltabellen (Staatsarchiv) erschließen, die in der Wirtschaftsgeschichte als Ressource wenig Beachtung gefunden haben (Kaps, 2015), da man bisher dem Speik allenfalls für die Frühe Neuzeit Bedeutung als Handelsgut zuschrieb. Im 19. Jahrhundert rückt gleichzeitig eine globale Perspektive ins Blickfeld, denn durch die Analyse der in Triest ankommenden Schiffe aus unterschiedlichen Weltregionen lässt sich der Raum des Exportobjekts als globaler begreifen. Basis dieser Nachweise sind die monatlich herausgegebenen Berichte des Ausfuhrvolumens der größten Schifffahrtsgesellschaft Österreich-Ungarns, dem Österreichischen Lloyd.

Wie unter dem Mikroskop werden einzelne Elemente vergrößert betrachtet und die Fäden zwischen Wissens-, Medizin-, Wissenschafts- Kultur- und Handelsgeschichte verknüpft. Die Wissenschaftsgeschichte ist von neuen Konzepten geleitet, indem sie davon ausgeht, dass Wissen situativ von Menschen gemacht und nicht in der Natur „entdeckt" wird. Infolge dessen scheint die Diskursanalyse angebracht (Landwehr, 2001), die davon ausgeht, dass Strukturen und Prozesse untrennbar mit ihrer Repräsentation verknüpft sind, deren Muster zu erschließen sind. Dieser Ansatz scheint bei der Frage des Wandels der medizinischen Nutzung des Speiks bzw. des Bedeutungsverlustes des Speiks als Heilmittel angebracht. Insgesamt ist die Konnektivität zwischen unterschiedlichen Wissensregimen zu berücksichtigen, Vernakularwissen, explizites und implizites, praktisches und akademisches Wissen.

Eine spezifische Methodenbeschreibung des historischen Forschungszuganges wird im Kapitel 5 zur Geschichte des Speiks geboten. Zusammenfassend ist zu betonen, dass der historische Beitrag sich hauptsächlich auf die intensive Quellenarbeit stützt, die in Archiven in Wien, Graz, Klagenfurt, Salzburg, Triest und Venedig durchgeführt wurde. Einzelne Stichproben in Manuskriptsammlungen wie etwa in der Forschungsbibliothek Gotha und in Herbariensammlungen (Natural History Museum London) komplettieren das Bild ebenso wie die Suche nach dinglichen Quellen (Gefäßen für die Speikpomade) in Museen des Orients (Nationalmuseum von Saudi-Arabien in Riad) und das Aufsuchen von Kräuterhändlern in Dschidda/Jeddah (Saudi Arabien).

3.4.9. Gegenwart

Im Rahmen der Analyse der Gegenwart war es das Ziel, sich dem Status quo der Nutzung des Echten Speiks wie auch dem regional verfügbaren Wissen über die Pflanze anzunähern. Eine im Juli 2023 in der Biosphärenparkverwaltung durchgeführte Veranstaltung sollte als Gelegenheit genutzt werden, um Interviewpartner:innen zu diesen Themen zu gewinnen. Der erhoffte Erfolg stellte sich aus verschiedenen im Kapitel 6 näher erläuterten Gründen nicht ein. Von Herbst 2023 bis Frühling 2024 wurden insgesamt vierzehn Interviews mit zuvor als im Zusammenhang mit dem Speik als bedeutend identifizierten Akteur:innen geführt. Die Auswahl erfolgte im Rahmen einer Stakeholder-Analyse im Projektteam (Wissenschaftler:innen und Biosphärenparkmanagement). Der Erstkontakt wurde in einigen Fällen durch das Biosphärenparkmanagement hergestellt; weitere Gesprächspartner:innen ergaben sich aus den Interviews und zu den im Projektverlauf angesprochenen Themen. Die Interviewpartner:innen erhielten seitens des Forschungsteams Informationen zum Projekt SPEIK sowie zu Zweck und Rahmenbedingungen der Interviews. Die Gespräche wurden als offene qualitative Interviews geführt. Die Gesprächspartner:innen wurden vorab über den geplanten Ablauf des Gespräches und der Auswertung informiert. Es wurde besonders darauf hingewiesen, dass sämtliche Informationen in anonymisierter Form in die Ergebnisse eingearbeitet würden. Dreizehn Interviews wurden als persönliche Gespräche geführt, eines auf der Online-Plattform Zoom. Neun dieser Gespräche wurden aufgezeichnet und wörtlich transkribiert. Einige Gesprächspartner:innen baten darum, von einer Audioaufnahme abzusehen; in diesen Fällen wurde schriftlich ein inhaltliches Protokoll verfasst.

Auch die Diskussions- und Reflexionsrunden im Rahmen der Study Circles (siehe Kapitel 3.4 Projektablauf) im Jänner und Februar 2024 wurden (mit Einverständnis der Teilnehmer:innen) aufgezeichnet und transkribiert. An diesen 30- bis 60-minütigen Gesprächsrunden nahmen zwischen acht und 25 Personen teil. Das Projektteam unternahm im Zeitraum Juli 2023 bis Mai 2024 sechs Exkursionen und Besichtigungen um den Forschungsgegenstand Speik besser kennenzulernen (siehe Abschnitt Spurensuche und Vorort-Befunde). Diese Unternehmungen wurden mit schriftlichen Notizen und Bildmaterial dokumentiert und jeweils in Reflexionsrunden im Projektteam diskutiert. Auch diese Diskussionen wurden aufgezeichnet und transkribiert und lieferten so weiteres Datenmaterial, um ein aktuelles Bild zum Wissen, zum Schutz und zur aktuellen Nutzung des Echten Speik zu skizzieren.

Sämtliche Transkripte und Protokolle stellten das Ausgangsmaterial für eine qualitative Inhaltsanalyse dar. Die Teammitglieder der Fachhochschule Kärnten und von E.C.O. Institut für Ökologie lasen und analysierten die anonymisierten Transkripte bzw. die Gesprächsprotokolle, auffällige Passagen wurden mit einem Schlagwort markiert. In einem Reflexions-Workshop wurden diese Passagen nochmals beleuchtet und diskutiert. Die Schlagworte bzw. Kategorien wurden verschiedenen Themengebieten zugeordnet, die im Kapitel 6 zum Speik in der Gegenwart im Detail behandelt werden. Bei dieser Art der qualitativen Inhaltsanalyse wurde in Anlehnung an eine induktive Kategorienbildung gearbeitet, d.h. es wurden direkt in den Transkripten an den Textstellen, die gemäß der Kategoriendefinition ausgewertet werden sollen, Kategorien formuliert (Mayring & Fenzl, 2019). Um die Zuverlässigkeit der Ergebnisse aus dem qualitativen Datenmaterial zu gewährleisten, wurde eine sogenannte Intercoder-Übereinstimmung bestimmt, was bedeutet, das weitere Kodierer herangezogen wurden. Übereinstimmungen können ein Kriterium für die Objektivität des Auswertungsverfahrens sein, jedoch ist zu beachten, dass vollständige Intercoder-Übereinstimmung unrealistisch ist, da eine induktive Kategorienbildung immer auch interpretative Bestandteile beinhaltet (Mayring & Fenzl, 2019).

Entlang der so gebildeten Kategorien wird im Kapitel 6 der Versuch unternommen, die Bedeutung des Speiks und seiner Nutzung in der Gegenwart darzustellen und gleichzeitig ein Bild der gesellschaftlichen Dynamiken, die dabei zum Tragen kommen, zu gewinnen. Bei diesem Unterfangen wurde sehr eng an den Primärquellen gearbeitet, um die beteiligten Akteur:innen im O-Ton zu Wort kommen zu lassen.

3.4.10. Zukunftsperspektiven

Ursprünglich sollten die Zukunftsbilder und Vorstellungen zur zukünftigen Entnahme, Verwertung und Nutzung des Echten Speiks in einem eigenen Workshop-Format, einem Zukunftslabor erarbeitet werden. Die möglichen Zukünfte sollten in einem moderierten Co-Creation-Prozess erarbeitet werden. Daraus sollten konkrete Aktivitäten und Schritte erwachsen. Im Zuge der Erarbeitung zeigte sich, dass die Zukunftsperspektiven permanenter Bestandteil von Gesprächen, Interviews und Veranstaltungen waren und so kontinuierlich in die Projektergebnisse Eingang fanden. Vor diesem Hintergrund wurde das Zukunftslabor als Bereisung der Region (27.–28.6.2024) durchgeführt. Ein Vertreter des Biosphärenparks und ein Vertreter des Forschungsteams besuchten ausgewählte Entscheidungsträger:innen der Region, um die weitere Vorgangsweise zu konkretisieren.

3.5. Reflexion

Zur Zeit der Vorbereitung beziehungsweise der Planung des heutigen Biosphärenparks Nockberge wurde das transdisziplinäre Projekt part_B[12] umgesetzt. In einer Rückschau auf dieses Projekt zehn Jahre später (Jungmeier et al., 2019) zeigte sich, dass viele der Forschungsbeteiligten sich an das Projekt, besonders an einzelne Personen oder Veranstaltungen erinnern konnten. Die inhaltlichen Ergebnisse des Projektes waren mehrheitlich jedoch nicht erinnerlich. Dennoch scheint das Projekt „Wirkung" gezeigt zu haben, also in weiterer Folge die Entwicklung der Region und ausgewählte Entscheidungen (z.B. die für die Einrichtung des Biosphärenparks) beeinflusst zu haben. Diese „Wirkung" ist jedoch diffus, kaum in eine Kausalität zu stellen und zudem zeitverzögert. Auch Effekte der Interventionen im Projekt SPEIK werden sich erst aus einiger zeitlicher Distanz beurteilen lassen. Im Rahmen der Reflexion von part_B wurden Schlüsse gezogen (Jungmeier et al., 2019 hier kursiv gesetzt), die sich wohl auch auf das Projekt SPEIK übertragen lassen.

Stimmungsbild – Neues ermöglichen, ohne es direkt anzusteuern. Tatsächlich hatten weder das wissenschaftliche Team noch die Region eine konkrete Vorstellung, was aus dem Forschungsvorhaben erwachsen sollte, da es als ergebnisoffener Prozess angelegt war. Es ist denkbar, erwartbar, jedenfalls aber nicht auszuschließen, dass verschiedene Akteur:innen, neue Möglichkeiten der Nutzung des Speiks, die im Projektverlauf sichtbar wurden, weiterentwickeln und für sich und die Region nutzen werden.

Wertschätzung, Netzwerk und Brückenschlag – „So was ist auch ein Resultat". Im Projekt sind Personen, Interessen und auch Institutionen auf einander getroffen, die ohne das Forschungsvorhaben keinen Kontakt gehabt oder gefunden hätten. Das Projekt SPEIK war darauf ausgerichtet einen wertschätzenden Austausch zu initiieren. Es ist zu erwarten, dass dieser in der ein oder anderen Weise Fortsetzung findet.

Man kann nicht nicht intervenieren – das Paradoxe transdisziplinärer Forschung. Es hat sich auch im Fall des Projektes SPEIK gezeigt, dass bereits das sichtbare Auftreten eines Forschungsteams, das Aufwerfen von Forschungsfragen und natürlich auch Aktivitäten wie Interviews oder Veranstaltungen Reaktionen hervorrufen. Wie diese Reaktionen ausfallen, affirmativ oder ablehnend, unmittelbar oder verzögert, ob sie kurzfristig oder von Dauer sind, lässt sich nicht vorhersagen. Jedoch lässt sich bereits der Forschungsprozess an sich, auch ohne Ergebnisse zu zeitigen, als Intervention beschreiben.

Partizipation als großes Versprechen – „handle with care". Nicht zuletzt von Seiten der Forschenden ist der Begriff „Partizipation", also Teilhabe und Beteiligung am Forschungsvorhaben, positiv konnotiert. Partizipation erfordert jedoch zeitliche Ressourcen auf Seiten der Beteiligten, fordert bestimmte Beiträge ein und macht nicht zuletzt die Beteiligten zu (unbezahlten, unbedankten) Co-Produzent:innen von Wissen. Im Projekt SPEIK konnten nicht alle Eingeladenen dazu gewonnen werden, sich am Prozess zu beteiligen.

12 Forschungsprojekt: „part_B: Partizipationsprozesse in Biosphärenparks – Interventionstheorie, Strategieanalyse und Prozessethik am Beispiel der Biosphärenparks Wienerwald, Großes Walsertal und des Nationalpark Nockberge", 2008 bis 2009, finanziert durch die Österreichischen Akademie der Wissenschaften.

Insgesamt erwies sich das Projekt als durchaus dynamisch; dies betraf nicht nur die Zusammenarbeit zwischen Forschenden und Beteiligten. Auch innerhalb des komplementären und interdisziplinären Forschungsteams gab es hohe Dynamik und einen laufenden Abstimmungsbedarf.

3.5.1. Plan und Realität

Im Sinne des oben Dargestellten sind transdisziplinäre Forschungsprozesse dynamisch und nicht leicht ex-ante planbar. So verhielt es sich auch beim Projekt SPEIK. Ursprünglich war geplant, die „Speikgraberfamilien" als zentrale Akteur:innen permanent in den Forschungsprozess miteinzubeziehen. Dies gestaltete sich schwieriger als erwartet. Bereits im Rahmen eine ersten Informationsveranstaltung trat Skepsis gegenüber dem Forschungsvorhaben zu Tage. Das Forschungsteam anerkannte diese Skepsis als systemisch bedingte Kritik, da ein konkretisiertes Projektziel zu diesem Zeitpunkt nicht zu definieren war.

Die Stakeholder-Analyse (siehe Kapitel 3.4 Projektablauf im Überblick) diente als Grundlage für die Erhebung der qualitativen Daten. Geplant waren initial etwa 20 bis 30 Interviews mit Stakeholdern. Diese Auswahl wurde im Rahmen des Projektverlaufs stetig überarbeitet, da einige der Personen des ausgewählten Samples für ein Gespräch mit dem Projektteam nicht zur Verfügung standen.

Für die Durchführung der „Kamingespräche – Marianne erzählt" war geplant, einen auswählten Kreis an Stakeholdern sowie interessierte Personen aus der Öffentlichkeit einzuladen. Die Resonanz auf diesen Workshop war gering, wodurch sich nur eine kleine Gruppe an Gästen in den Austausch zu den historischen Aspekten zum Speik integrierte. Dennoch lieferte dieser Austausch wertvolle Statements seitens der regionalen Bevölkerung und ein weiterer Schritt, das Projekt sichtbar zu machen, konnte mit diesem Format erfolgen. Die allgemeine Sichtbarmachung des Projekts SPEIK in der Region sowie die damit verbundene Vermittlungsarbeit brachten für das Projektteam erhebliche Herausforderungen mit sich.

3.5.2. Herausforderungen

Bereits in der Planungsphase des Projekts SPEIK wurden seitens des Forschungsteams intensive Überlegungen angestellt, wie ein Miteinbeziehen der regionalen Bevölkerung des Biosphärenparks optimal gelingen könnte. Nach dem Prinzip der transdisziplinären Forschung war es das Ziel, die relevanten Akteur:innen aus der Praxis in möglichst viele Phasen des Projektes miteinzubeziehen (Ritter et al., 2010), damit die zentralen Forschungsfragen aus sämtlichen Perspektiven beleuchtet werden können.

Obwohl im Zuge der Kick-off Veranstaltung zum Projekt SPEIK im Juli 2023 anregende Diskussionen mit den Anwohner:innen aus der Nockregion – darunter auch mit Mitgliedern der „Speikgraber"-Familien – entstanden und durchaus Interessensbekundungen seitens der Anwohner:innen getätigt wurden, wurde klar, dass gewisse „Geheimnisse" rund um die Speikentnahme existieren, die dem Projektteam nicht leicht zugänglich waren.

Bei Gesprächen im Nachgang äußerten einige Personen aus der Region, die als mögliche Interviewpartner:innen für die qualitative Datenerhebung angefragt wurden, ihre Skepsis dem Projekt gegenüber. Nicht zuletzt deshalb, weil das konkrete Ziel des Projektes zu unklar schien und sich die Personen nicht hinreichend über die Zwecke und die – noch offene Zukunftsvision im Hinblick auf die weitere Speikentnahme – aufgeklärt fühlten. Die Herausforderung in dieser ersten Projektphase bestand nun darin, die Euphorie seitens des Projektteams auf die regionale Bevölkerung des Biosphärenparks Nockberge zu übertragen, schließlich bildete der partizipative Projektcharakter einen wesentlichen Teil des gesamten Forschungsvorhabens. Seitens der „Speikgraber"-Familien wurde der Wunsch geäußert, dass „alles so bleiben soll, wie es ist." Außerdem wiesen sie darauf hin, dass sie im Rahmen einer Speikernte keine ökonomischen Ziele verfolgen, vielmehr kam zum Ausdruck, dass die Speikernte von den „Speikgraber"-Familien als kulturelles Gut gesehen wird, dessen Erhalt auch einen persönlichen Wert für die Personen hat.

Das Projektteam war gefordert, die bestmögliche Lösung für alle beteiligten Akteur:innen zu finden. Die anfängliche Skepsis wurde durch die offenen Diskussionsrunden etwas gemindert. Die durchgeführten Online-Workshops (Study Circles) zeigten, dass die Beziehungsarbeit mit den Stakeholdern im Rahmen einer partizipativen Forschung ein zentrales Element ist, um den Bezug zu den Bedürfnissen der involvierten Personen aufrechtzuerhalten. Schließlich sollen eben diese Bedürfnisse und Erwartungen in den Zukunftsprozess einfließen.

Um diese Vision in die Region zu transportieren, wurden im ersten Schritt sämtliche Bürgermeister:innen der Region persönlich besucht und zur Mitwirkung eingeladen. Die Kernidee war eine Vereinsgründung; diese war bereits in den 1990er Jahren im Gespräch gewesen (siehe Novak, 1999). Auch jetzt standen alle Bürgermeister:innen der Idee sehr positiv gegenüber. Die Auftaktveranstaltung für die Vereinsgründung musste mehrfach verschoben werden. Nach abschließendem Stand der Überlegungen seitens des Biosphärenparks sollte die Vereinsgründung im Zuge der Präsentation des vorliegenden Buches erfolgen.

Abbildung 16: Seifenproduktion.
Gemeinsam mit Vertreter:innen der Biosphärenparkregion unternimmt das Projektteam einen Ortausaugenschein in den Produktionshallen der Firma Speick Naturkosmetik (Stuttgart).
© Michael Jungmeier

Literaturverzeichnis

Athanasiadis, S. E. Wissens- und Bewusstseinsbildung für nachhaltige Entwicklung durch zivilgesellschaftliches Engagement im Biosphärenpark Kärntner Nockberge [Bachelorarbeit]. Alpen-Adria-Universität, Klagenfurt.

Auinger, M. (2022). SCiENCE_LINK[nockberge] research cooperation. In Eberswalde University for Sustainable Development (Vorsitz), Science and Research in, for and with UNESCO Biosphere Reserves conference 2022, Schorfheide-Chorin.

Auinger, M., Jungmeier, M. & Hilgarther, K. (2023). Mallnitz: Landwirtschaft im Wandel: In der Reihe expedition. nationalpark.2022 (1. Auflage). Verlag Johannes Heyn.

Aurenhammer, S., Komposch, C., Glatz-Jorde, S. & Jungmeier, M. (2020). Biodiversität im UNESCO Biosphärenpark Salzburger Lungau & Kärntner Nockberge. Ergebnisse des 4. GEO-Tages der Natur 2019 – Vielfalt an den Ufern und Berghängen des Millstätter Sees. Carinthia II, 210_130, 7–44.

Begusch, K., Pirkl, H., Prinz, M., Smoliner, C. & Wrbka, T. (1995). Forschungskonzept Kulturlandschaftsforschung.

Borrini-Feyerabend, G., Dudley, N., Jaeger, T., Lassen, B., Broome, N. P., Phillips, A. & Sandwith, T. (2013). Governance of Protected Areas: From understanding to action. Best Practice Protected Area Guidelines Series: Bd. 20. The World Conservation Union (IUCN). https://portals.iucn.org/library/sites/library/files/documents/PAG-020.pdf

Borsdorf, A. & Jungmeier, M. (2020). Das Weltnetz der Biosphere Reserves (U expedition NESCO WNBR) im Spiegel des Nachhaltigkeitskonzeptes: Stand und Perspektiven. In A. Borsdorf, M. Jungmeier, V. Braun & K. Heinrich (Hrsg.), Biosphäre 4. 0: UNESCO Biosphere Reserves als Modellregionen einer nachhaltigen Entwicklung (S. 3–33). Springer.

Braudel, F. (2001). Geschichte und Sozialwissenschaften. Die longue durée. In C. Honegger, M. Bloch, F. Braudel & L. Febvre (Hrsg.), Schrift und Materie der Geschichte. Vorschläge zu einer systematischen Aneignung historischer Prozesse (S. 47–85). Suhrkamp.

Braun, V., Aichholzer, G., Auinger, M., Arnberger, A., Eder, R., Jungmeier, M., Klenovec, C., Pichler-Koban, C., Rauch, F., Rossmann, D., Schaflechner, M., Weiss, A. & Wolf, L. (2022). Transdisciplinary research on virtual participation processes in Austrian mountain UNESCO Biosphere Reserves - Digitalisation for sustainable development as a relevant research field. Der öffentliche Sektor - The Public Sector, 48(1), 9–16. https://oes.tuwien.ac.at/article/625/galley/646/view/

Brunner, P. & Oberholzer, T. (2022). Interdisziplinarität in der angewandten Forschung. Eine Analyse am Beispiel der ACR-Institute. Austrian Cooperative Research.

Convention on Biological Biodiversity (2011). Introduction to access and benefit-sharing: Factsheets in the ABS series.

Dabard, C. H., Gohr, C., Weiss, F., Wehrden, H. von, Neumann, F., Hordasevych, S., Arieta, B., Hammerich, J., Meier, C., Jargow, J., Luthardt, V., Ibisch, P. L. & Ferreira, A. F. (2024). Biosphere Reserves as model regions for transdisciplinarity? A literature review. Sustainability Science, 19(6), 2065–2081. https://doi.org/10.1007/s11625-024-01542-1

Dowie, M. (2011). Conservation refugees: The hundred - year conflict between global conservation and native peoples. MIT Press.

Eberhard, A. (2023). Almwirtschaft im Biosphärenpark Nockberge - Bedeutender Faktor für nachhaltige Entwicklung? [Masterarbeit]. Alpen-Adria-Universität, Klagenfurt.

Egner, H., Falkner, J., Jungmeier, M. & Zollner, D. (2017). Institutionalizing cooperation between biosphere reserves and universities – the example of Science_Link[nockberge]. eco.mont (Journal on Protected Mountain Areas Research), 9(2), 77–80. https://doi.org/10.1553/eco.mont-9-2s77

Eisenmann, M. (2022). Soziotechnische Optimierungs- und Anpassungsfaktoren im Arbeitssystem Smart Maintenance. Dissertation. Research [XVII, 403 Seiten]. Springer Fachmedien Wiesbaden. https://doi.org/10.1007/978-3-658-41135-0

Fheodoroff, B. (2004). Der Kärntner Nationalpark Nockberge im Spannungsfeld zwischen Nutzung und Naturschutz [Dissertation]. Universität für Bodenkultur Wien, Wien.

Fheodoroff, B. (2007). Speiknutzung im Bereich Sauereggen in Kärnten: Wissenschaftliche Begleituntersuchung – Endbericht.

Gavin, M., McCarter, J., Berkes, F., Mead, A., Sterling, E., Tang, R. & Turner, N. (2018). Effective Biodiversity Conservation Requires Dynamic, Pluralistic, Partnership-Based Approaches. Sustainability, 10(6), 1846. https://doi.org/10.3390/su10061846

Glatz-Jorde, S., Jungmeier, M., Aurenhammer, S. & Komposch, C. (2021). Biodiversität im UNESCO Biosphärenpark Salzburger Lungau & Kärntner Nockberge. Ergebnisse des 5. GEO-Tages der Natur 2020 – Rund um die Grundalm. Carinthia II, 211_131, 19–54.

Gräbner, H. (2014). Die Kärntner Nockberge. Vom Ringen um ein Schutzgebiet (1980) bis zum Biosphärenpark (2013). Fachbeiträge des Oesterreichischen Alpenvereins, Serie: Alpine Raumordnung: Nr. 39.

Grober, U. (2010). Die Entdeckung der Nachhaltigkeit: Kulturgeschichte eines Begriffs. Kunstmann.

Grober, U. (2014). Modewort mit tiefen Wurzeln: Über die langsame Entdeckung der Nachhaltigkeit. In K. Mitschele & S. Scharff (Hrsg.), Werkbegriff Nachhaltigkeit (S. 13–38). transcript. https://doi.org/10.14361/transcript.9783839424223.13

Hellbrück, J. & Kals, E. (2012). Umweltpsychologie. VS Verlag für Sozialwissenschaften. https://doi.org/10.1007/978-3-531-93246-0

Helming, K., Ferretti, J., Daedlow, K., Podhora, A., Kopfmüller, J., Winkelmann, M., Bertling, J. & Walz, R. (2016). Forschen für nachhaltige Entwicklung: Kriterien für gesellschaftlich verantwortliche Forschungsprozesse. GAIA - Ecological Perspectives for Science and Society, 25(3), 161–165. https://doi.org/10.14512/gaia.25.3.6

Huber, M. & Arnberger, A. (2016). Opponents, waverers or supporters: the influence of place-attachment dimensions on local residents' acceptance of a planned biosphere reserve in Austria. Journal of Environmental Planning and Management, 59(9), 1610–1628. https://doi.org/10.1080/09640568.2015.1083415

Jahn, T. (Hrsg.). (2021). Nachhaltige Entwicklung in einer Gesellschaft des Umbruchs. Transdisziplinäre Nachhaltigkeitsforschung - Methoden, Kriterien gesellschaftliche Relevanz. Springer Fachmedien Wiesbaden.

Janisch, J. (2024). Erhaltungsgrad unterschiedlich intensiv bewirtschafteter Berg-Mähwiesen (LRT 6520) am Beispiel der Nockberge [Masterthesis]. Universität für Bodenkultur, Wien.

Jeronen, E., Keinonen, T. & Kärkkäinen, S. (2024). Visioning Transformative Science Education for Sustainability. Discourse and Communication for Sustainable Education, 15(1), 19–38. https://doi.org/10.2478/dcse-2024-0003

Jungmeier, M., Auinger, M., Pulvermacher, R. & Straßer, S. (2022). Transdisziplinäre Bildung als FH-Auftrag: Das Beispiel Science_Link Nockberge. In 15. Forschungsforum der Österreichischen Fachhochschulen, Villach.

Jungmeier, M. & Huber, M. (2021). A low-cost BRIM (Biosphere reserve integrated monitoring)? The example of the Salzburger Lungau & Kärntner Nockberge BR (Austria). In EGU General Assembly, Online.

Jungmeier, M., Köstl, T., Lange, S. & Bliem, M. (2013). The art of omission: BRIMNockberge – designing a Biosphere Reserve Integrated Monitoring for the Carinthian part of the Biosphere Reserve Salzburger Lungau & Kärntner Nockberge. eco.mont, 5 (2), 15–22. https://doi.org/10.1553/ecomont-5-2s15

Jungmeier, M., Paul-Horn, I., Pichler-Koban, C. & Zollner, D. (2019). Was bleibt? Partizipationsprozesse in Biosphärenparks – ein Forschungsprojekt in der Nachschau. In M. Ukowitz & R. Hübner (Hrsg.), Interventionsforschung: Band 3: Wege der Vermittlung. Intervention - Partizipation (S. 137–155).

Jungmeier, M., Pichler-Koban, C. & Zollner, D. (2008). Biosphärenparkentwicklung Nockberge – Tätigkeitsbericht. Studie im Auftrag von: Nationalparkverwaltung Nockberge.

Kaps, K. (2015). Ein Messinstrument für Güterströme. Die Merkantiltabellen der Habsburgermonarchie unter besonderer Berücksichtigung des galizischen Außenhandels im späten 18. und 19. Jahrhundert. In P. Rauscher & A. Serles (Hrsg.), Wiegen – Zählen – Registrieren. Handelsgeschichtliche Massenquellen und die Erforschung mitteleuropäischer Märkte (13.-18. Jahrhundert) (S. 481–505). Studienverlag.

Koch, M. (2010). Schlüsselakteure im Entstehungsprozess des Biosphärenparks Lungau – Ene quantitative regionale Netzwerkanalyse [Masterthesis]. Universität Salzburg, Salzburg.

Komposch, C., Glatz-Jorde, S., Jungmeier, M. & Lamprecht, J. (2024). Biodiversität im Biosphärenpark Kärntner Nockberge. Ergebnisse des 8. GEO-Tages der Natur 2023 – Auf der Suche nach zoologischen & botanischen Bären in der Bärengrube. Carinthia II, 214_134, 61–132.

Komposch, C., Glatz-Jorde, S., Jungmeier, M. & Wagner, C. H. (2022). Biodiversität im Biosphärenpark Kärntner Nockberge. Ergebnisse des 6. GEO-Tages der Natur 2021 – Am Fuß der Zunderwand. Carinthia II, 212_132(1), 53–132.

Krainer, L. & Heintel, P. (2014). Geschichtlich-Kulturelle Nachhaltigkeit. In Erwägen Wissen Ethik (Bd. 4, S. 435–446).

Krainer, L. & Lerchster, R. E. (2012). Interventionsforschung Band 1. Springer Fachmedien Wiesbaden. https://doi.org/10.1007/978-3-531-19113-3

Landwehr, A. (2001). Geschichte des Sagbaren: Einführung in die Diskursanalyse. Edition Discord.

Larsson, S. (2023). Study Circles. In S. Larsson (Hrsg.), Oxford Research Encyclopedia of Education. Oxford University Press. https://doi.org/10.1093/acrefore/9780190264093.013.1887

Mayring, P. & Fenzl, T. (2019). Qualitative Inhaltsanalyse. In N. Baur & J. Blasius (Hrsg.), Handbuch Methoden der empirischen Sozialforschung (S. 633–648). Springer Fachmedien Wiesbaden. https://doi.org/10.1007/978-3-658-21308-4_42

Montanari, B., Handaine, M. & Id Bourrous, J. (2023). Argan Oil Trade and Access to Benefit Sharing: A Matter of Economic Survival for Rural Women of the Souss Massa, Morocco. Human Ecology, 51(5), 995–1007. https://doi.org/10.1007/s10745-023-00453-6

Nationalparkverwaltung Nockberge (Hrsg.). Speikfibel: Das Gold der Nockberge.

Novak, S. (1992). Auswirkungen der Nutzung einer naturgeschützten Pflanze (*Valeriana celtica* ssp. *norica*) auf ihren Bestand. Nationalparkverwaltung Nockberge.

Novak, S. (1993). Auswirkungen der Nutzung einer naturgeschützen Pflanze (*Valeriana celtica*) auf ihren Bestand: 1. Teilbericht. Forschungsauftrag der Kärntner Landesregierung.

Novak, S. (1994). Auswirkungen der Nutzung einer naturgeschützen Pflanze (*Valeriana celtica*) auf ihren Bestand: 2. Teilbericht. Forschungsauftrag der Kärntner Landesregierung.

Novak, S. (1995). Auswirkungen der Nutzung einer naturgeschützen Pflanze (*Valeriana celtica*) auf ihren Bestand: 3. Teilbericht. Forschungsauftrag der Kärntner Landesregierung.

Novak, S. (1996). Auswirkungen der Nutzung einer naturgeschützen Pflanze (*Valeriana celtica*) auf ihren Bestand: 4. Teilbericht. Forschungsauftrag der Kärntner Landesregierung.

Novak, S. (1999). *Valeriana Celtica* - der echte Speik. Ein altes Naturprodukt als alternativer Erwerbszweig. Forschungsstudie im Auftrag des Bundesministeriums für Land- und Forstwirtschaft.

Pettibone, L., Vohland, K., Bonn, A., Richter, A., Bauhus, W., Behrisch, B., Borcherding, R., Brandt, M., Bry, F., Dörler, D., Elbertse, I., Glöckler, F., Göbel, C., Hecker, S., Heigl, F., Herdick, M., Kiefer, S., Kluttig, T., Kühn, E. & Ziegler, D. (2016). Citizen science for all. A guide for citizen science practitioners: Bürger schaffen Wissen.

Pichler-Koban, C. & Jungmeier, M. (2022). Von der Verlegenheitslösung zur internationalen Modellregion. Die Nutzungs- und Konfliktgeschichte der Nockberge zwischen Hoteldorf und Biosphärenpark (1970-2020). In R. Aschwanden, M. Buck, P. Kupper & K. J. Schmidt (Hrsg.), Histoire des Alpes Storia delle Alpi Geschichte der Alpen: 27 (2022). Conflits d'usage depuis 1950: Conflitti d'uso dal 1950 = Nutzungskonflikte seit 1950 (S. 113–132).

Ritter, F., Muhar, A. & Fiebig, M. (2010). Transdisziplinärer Dialog: Fachwissen und Erfahrungswissen im Austausch über Sommer-Bergtourismus und KlimawandelTransdisciplinary Dialogue: Expert and Experiential Knowledge in a Discourse on Summer Mountain Tourism and Climate Change. GAIA - Ecological Perspectives for Science and Society, 19(3), 194–203. https://doi.org/10.14512/gaia.19.3.9

Straßer, S. (2023). Informal learning through nature experience – the educational practice of rangers in a biosphere reserve. In Research and Practices in Science, Mathematics and Technology Education. APEduC Journal (4 (1), S. 78–86). https://api.semanticscholar.org/CorpusID:271165158

Tolksdorf, M., Scheunpflug, A., Frieters, N., Franz, J. & Antz, E.-M. (2009). Generationen lernen gemeinsam: Theorie und Praxis intergenerationeller Bildung (Bd. 28). W. Bertelsmann. https://doi.org/10.3278/6001987w

Ukowitz, M. & Hübner, R. (Hrsg.). (2019). Interventionsforschung: Wege der Vermittlung. Intervention – Partizipation. Springer. https://doi.org/10.1007/978-3-658-22048-8

UNESCO (Hrsg.). (2016). Lima Action Plan for UNESCO's Man and the Biosphere (MAB) Programme and its World Network of Biosphere Reserves (2016-2025): International Coordinating Council of the Programme on Man and the Biosphere, 28th, Lima, 2016.

UNESCO. (2025). What are biosphere reserves? https://www.unesco.org/en/mab/wnbr/about

Vincent, E. (2023). Sustainable Food Procurement: An Analysis of Food Sourcing by Hotel Restaurants in the Kärnten Nockberge Biosphere Reserve [Masterthesis]. Fachhochschule Kärnten, Villach.

von Unger, H. (2023). Partizipative Forschung. In S. Selke, O. Neun, R. Jende, S. Lessenich & H. Bude (Hrsg.), Öffentliche Wissenschaft und gesellschaftlicher Wandel. Handbuch Öffentliche Soziologie (S. 229–236). Springer VS.

Winiwarter, V., Bürkner, M., Gingrich, S., Groß, R., Haidvogl, G., Hohensinner, S., Schmid, M. & Krausmann, F. (2019). Environmental Histories of Contemporary Austria. In M. Landry, P. Kupper & V. Winiwarter (Hrsg.), Austrian Environmental History (S. 25–48). University of New Orleans Press. https://doi.org/10.2307/j.ctvjz826g.4

Zeidler, D. L., Herman, B. C. & Sadler, T. D. (2019). New directions in socioscientific issues research. Disciplinary and Interdisciplinary Science Education Research, 1(1). https://doi.org/10.1186/s43031-019-0008-7

Zheng, X. (2023). The Complementarity Between the Nagoya Protocol and Human Rights. Springer Nature Singapore. https://doi.org/10.1007/978-981-99-3513-0

4 Wissenschaftliche Perspektiven auf den Speik

4. Wissenschaftliche Perspektiven auf den Speik

4.1. Speik – Systematik, Morphologie und Anatomie

Roland K. Eberwein

Speik wurde seit Jahrtausenden als wohlriechende und exklusive Zutat für Salböle, Räucherwerk und heilkräftige Mixturen (z.B. Theriak) geschätzt, gesammelt, gehandelt und auch verfälscht (Gentner, 1932; Ricordel et al., 2021). Daraus resultieren eine Vielzahl an (Handels-)Namen (siehe z.B. Kalezić, 2012), aber auch Verwechslungen, da Händlern und Schreibern wie auch Wissenschaftlern die Drogen entweder gar nicht vorlagen oder die darin enthaltenen Pflanzen nicht bekannt waren. Tabernaemontanus et al. (1731, S. 1256 ff.) verweisen auf ältere Autoren und bilden drei unterschiedliche Pflanzen ab (Celtischer Nardus, Nardus Celtica; Celtischer Nard, Hirculus; Marien Magdalenenblum, Spica Celtica). Diesem Dreigespann stellen sie noch eine „Bergnarde oder falsche Französische Narde" (Nardus montana) voran, deren Abbildung einen Vertreter der Gattung *Valeriana* (Baldrian) zeigen könnte. Ihr Versuch, Klarheit in die verwirrende Vielfalt zu bringen, scheiterte jedoch. Interessant ist, dass sie die genannten Arten nicht im Kapitel über Baldriane abhandeln (Tabernaemontanus et al., 1731, S. 454–461), zu denen der Echt-Speik (*Valeriana celtica*) gehört. Diese Verwirrung auf die Rahmenbedingungen älterer Autoren zu reduzieren, greift zu kurz. Auch in aktuellen Arbeiten spiegeln sich unterschiedliche Auffassungen, Fehlbestimmungen, die immer noch ungeklärten Verwandtschaftsverhältnisse, aber auch Schlamperei wider. Als Beispiel sei hier die Arbeit von Ouasti et al. (2023) genannt, in der die Autoren für die Beschreibung des Echt-Speiks (*Valeriana celtica*) aus einer korrekten, linguistischen Arbeit Textteile der Charakterisierung des Arznei-Baldrians (*Valeriana officinalis*) verwenden (Kalezić, 2012, S. 134), ohne dass dies beim Reviewing auffiel. In Anbetracht der hohen Wertschätzung des Speiks sowie der langen wirtschaftlichen Nutzung ist es erstaunlich, dass die Erforschung des Speiks vielerlei Lücken offenbart (Hidalgo et al., 2004; Klemun, 2021).

Auch in Kärnten wurde und wird Speik genutzt, wobei dieser Name im volkstümlichen Gebrauch abgewandelt wird und so auch für andere Pflanzenarten Verwendung findet (Zwanziger, 1887). Bei der hier im Fokus stehenden Art handelt es sich um den Echt-Speik (*Valeriana celtica*), die sich in zwei Unterarten aufgliedert, den in Kärnten vorkommenden Östlichen Echt-Speik (*V. celtica* subsp. *norica*) und den Westlichen Echt-Speik (*V. celtica* subsp. *celtica*). Unterschiedliche wissenschaftliche Auffassungen sowie neuere Forschungsergebnisse ergeben folgende aktuelle **Taxonomie**:

Valeriana celtica L.

Valeriana celtica subsp. *celtica* (syn. *Valeriana celtica* subsp. *pennina* Vierh.) (Franz Vierhapper, 1925a; Zangheri, 1976) mit 1–8 mm breiten Blättern mit drei Längsnerven

Valeriana celtica subsp. *norica* Vierh. (syn. *Valeriana norica* Landolt) mit 3–12 mm breiten Blättern mit fünf Längsnerven

Die Auffassung von Weberling et al. (1971), dass *V. pancicii*, endemisch in Montenegro, eine Unterart von *V. celtica* sei, konnte nicht bestätigt werden (Bánki et al., 2023; IPNI International Plant Names Index, 2023).

Valeriana celtica subsp. *pancicii* (Hal. & Bald.) Weberling (syn. *Valeriana pancicii* Halácsy & Bald.) = *Valeriana saxatilis* subsp. *pancicii* (Halácsy & Bald.) Ockendon (Bánki et al., 2023; IPNI International Plant Names Index, 2023)

Linnaeus (1753) zitiert in seiner Erstbeschreibung von *Valeriana celtica* mehrere Belege und vermerkt als Habitat „in alpibus Helvetiae, Valesiae". Dieser Vermerk wurde zitiert, um die westalpine Unterart *V. celtica* subsp. *celtica* als nomenklatorische Basis heranzuziehen und die ostalpine Unterart *V. celtica* subsp. *norica* abzutrennen. Im Zuge der nachträglichen Typifizierung der Namen, die von Linnaeus vergeben wurden, wiesen die Autoren zwar auf diesen Umstand hin, wählten jedoch einen Beleg von Burser aus dem Herbarium UPS (Stockholm) als Typus aus, auf dessen Etikett eindeutig lesbar steht: „In monte Reichenstein prope oppidum Eisenertz Austria" (Iamonico et al., 2019). Dies sollte bei künftigen Bearbeitungen beachtet werden.

Die **Verwandtschaft** der Baldriane (*Valeriana*), und damit auch des Echt-Speiks (*V. celtica*), ist aktuell Thema spannender Untersuchungen. Die Unterfamilie der Valerianoideae (Fam. Caprifoliaceae: Lee et al., 2021; Stevens, 2017; Weberling & Bittrich, 2016 als eigene Familie Valerianaceae) umfasst sieben Gattungen (*Centranthus, Fedia, Nardostachys, Patrinia, Plectritis, Valeriana, Valerianella:* Bánki et al., 2023) mit knapp 400 Arten, von denen die Gattung *Valeriana* mit mehr als 270 Arten die größte ist. Neuere Arbeiten zeigen, dass die Gattung *Valeriana* in der derzeitigen Abgrenzung nicht auf eine Entwicklungslinie zurückgeführt werden kann und daher polyphyletisch ist. Das bedeutet, dass sich in aktuellen Stammbäumen andere Gattungen, wie *Centranthus* und *Fedia*, innerhalb der Gattung *Valeriana* gruppieren (Bell et al., 2015; Hidalgo et al., 2004; Jacobs et al., 2010). Bemerkenswert ist, dass die Arten *V. celtica, V. saxatilis* und *V. elongata* deutlich isoliert stehen und einen eigenen Celtica Clade bilden (Bell et al., 2015; Hidalgo et al., 2010). Weitere Untersuchungen sind dringend notwendig.

Der Östliche Echt-Speik (*V. celtica* subsp. *norica)* meidet Kalk und wächst in tiefgründigen Rasen der subalpinen bis alpinen Höhenstufe. Sein **Vorkommen** beschränkt sich auf die Bundesländer Kärnten, Oberösterreich, Salzburg, Steiermark und Tirol (Osttirol). Er ist in Österreich endemisch (Fischer et al., 2008).

Der Echt-Speik ist eine ausdauernde Halbrosettenpflanze mit einer **Wuchs**höhe von (2)5–15(20) cm. Die Sprossachse bildet ein kaum verzweigtes, dicht mit Blattscheidenresten umhülltes, stark riechendes Rhizom (Novak et al., 2000). Es ist leicht verdickt und verläuft waagrecht, knapp unter der Erdoberfläche. Am Rhizom entspringen zahlreiche dünne und ebenfalls stark riechende Wurzeln, die den Boden erschließen, siehe nachstehende Abbildung 17.

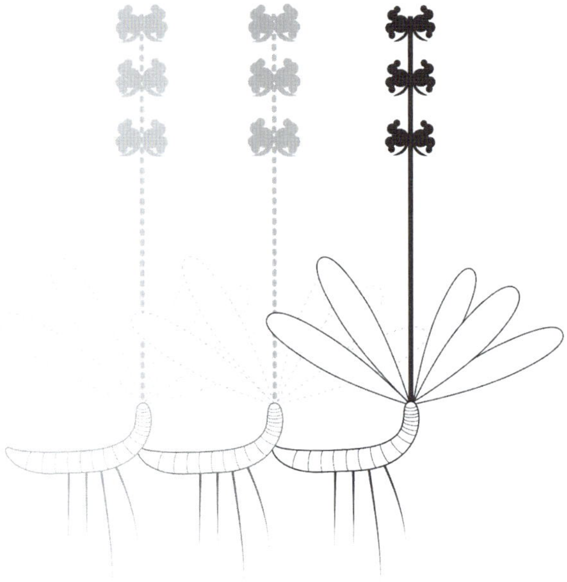

Abbildung 17: Schema der Wuchsform von Valeriana celtica subsp. norica.
An einem knapp unter der Erdoberfläche wachsenden, waagrechten Rhizom (Spross) entspringen dünne, sprossbürtige Wurzeln. Reste der jährlich gebildeten Blattrosette verbleiben am Rhizom.

Rhizom und Wurzeln besitzen jedoch eine deutlich unterschiedliche Zusammensetzung der Geruchskomponenten (Novak et al., 1998). An der Triebspitze sitzen grundständige, einfache, 3–12 mm breite Blätter mit fünf Längsnerven (Fischer et al., 2008). Im Unterschied dazu sind die Blätter von *V. celtica* subsp. *celtica* 1–8mm breit und besitzen nur drei Längsnerven. Erneuerungssprosse entstehen aus den Achseln jener Grundblätter, die dem Blütenstand (Infloreszenz) am nächsten stehen (Höck, 1897). Eine detaillierte Analyse des Wurzelstocks liegt nicht vor (Monika Sobotik, pers. Mitt.).

Die **Infloreszenz** von *V. celtica* basiert auf dichasialer Verzweigung (Verzweigung aus den beiden Vorblättern) der an der Hauptachse sitzenden Teilblütenstände (Partialinfloreszenzen) und bildet daher eine Synfloreszenz. Es handelt sich dabei um einen Thyrsus ohne Endblüte (offener Thyrsus). Die Partialinfloreszenzen (= Parakladien) sind als Dichasien (Cymen) mit Endblüte ausgebildet, deren weitere Verzweigung aufgrund von Reduktionen in Wickel übergeht (Höck, 1882, 1897; Troll, 1969) siehe nachstehende Abbildung 18.

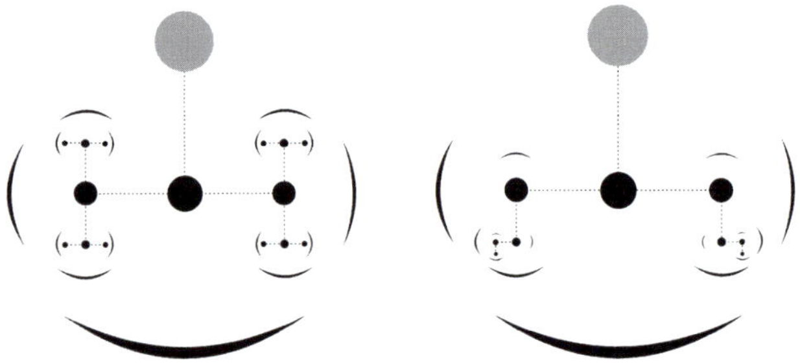

Abbildung 18: Verzweigungsschema des Speiks.
Schema einer cymösen Verzweigung (links) und der daraus abgeleiteten Wickel (rechts). Die Verzweigung erfolgt strikt aus den Achseln der beiden transversal stehenden Vorblätter. Bei der Wickel (abgebildet ist die beim Speik vorkommende Doppelwickel) fällt jeweils eine Vorblattverzweigung pro Achse aus.

Eine Bildung von Spezialthyrsen unterbleibt, die Gesamtinfloreszenz ist daher ein gutes Beispiel für einen homöokladischen Thyrsus. Im Gegensatz zur ähnlichen *V. saxatilis* (Felsen-Baldrian) mit lockerer Infloreszenz, sind die Achsen der Cymen bei *V. celtica* verkürzt, sodass die Infloreszenz dadurch einen ährenartigen Habitus erhält und daher deskriptiv als „Thyrsus spiciformis" bezeichnet wird (Troll, 1969).

Die **Blüten** sind 5-zählig und besitzen einen oberständigen, zur Blütezeit kaum entwickelten Kelch. Die Kronblätter sind am Grunde verwachsen und weiß bis hellgelb, seltener rötlichbraun überlaufen. Von fünf auf Lücke stehenden Staubblättern sind zwei abortiert. Die Antheren sind intrors. Der Stempel wird aus drei verwachsenen Fruchtblättern gebildet, von denen nur eines fertil ist und eine Samenanlage enthält (Höck, 1897; Vierhapper, 1925). Durch Reduktion treten sowohl funktionell weibliche wie auch funktionell männliche Blüten sowie ihre Zwischenform (Zwitterblüten) auf. Männliche Blüten sind deutlich größer als die weiblichen und die Zwischenform, die ihre vermittelnde Stellung auch anhand der Größe zeigt (Weberling, 1981). Der Pollen ist mittelgroß (26–50 µm), mehr oder weniger rund, mit Stacheln besetzt (echinat) und besitzt drei längliche Keimöffnungen (tricolpat) (Halbritter et al., 2021).

Zur **Frucht**reife vergrößert sich der Kelch zu einem federartigen Pappus (Vierhapper, 1925). Die Früchte sind dadurch in der Lage vom Wind als Schirmflieger weit ausgebreitet zu werden (Anemochorie) (Vogler, 1901). Es handelt sich dabei um einsamige Schließfrüchte (Achänen; Cypsela nach Spjut, 1994), bei denen die zwei degenerierten Fruchtblätter im Querschnitt nicht zu sehen sind. Anatomische Untersuchungen an ausgewählten Achänen der Gattung *Valeriana* zeigen in der Mehrheit ein zweischichtiges, aus Exo- und Endokarp bestehendes Perikarp und eine dünne, zweischichtige Testa (Jacobs et al., 2010). Ein Endosperm fehlt (Weberling & Bittrich, 2016). Morphologische und anatomische Merkmale der Achänen der Valerianoideen sind taxonomisch und systematisch relevant (z.B. Al-dabbagh & Saeed, 2020; Jacobs et al., 2010; Tsarenko et al., 2021) und werden auch zur Unterscheidung von *V. celtica* subsp. *celtica* mit behaarten Achänen und *V. celtica* subsp. *norica* mit glatten Achänen herangezogen (Vierhapper, 1925).

Eine aktuelle Abfrage in der „Global database of living plant, seed and tissue collections" (BGCI Botanic Gardens Conservation International, 2024) ergab für *V. celtica* keinen Treffer. Auch wenn dies nicht bedeutet, dass das Taxon nicht in botanischen Gärten kultiviert wird, so sind erfolgreiche **Kulturversuche** offensichtlich selten und keine Kultur wurde in die Datenbank eingetragen. Auch mehrfache Hinweise, dass *V. celtica* schwierig zu kultivieren sei (pers. Komm.) scheinen diese Schlussfolgerung zu unterstützen (siehe Kapitel 4.3 zur Speiknutzung). Dem sprechen jedoch zahlreiche historische Angaben zu erfolgreichen Kulturversuchen entgegen (z.B. Gentner, 1932; Goebel, 1902; Heynhold, 1840). Der bemerkenswerteste Beleg findet sich wohl in einem der ältesten Herbarien, dem Herbarium Harder, aufgesammelt von 1574–1576. Das dort erhaltene Exemplar von *V. celtica* (als „Spica celtica, Eselshew" bezeichnet) wird einer Gartenkultur zugeschrieben (Schorler, 1907). Speik wurde nicht nur über Jahrhunderte gesammelt und verkauft, sondern auch kultiviert.

Abbildung 19: Herbarbeleg von Valeriana celtica L. subsp. norica Vierh.
Linke Etikette: Sammler: Hans Sabidussi, Steueramtsdirektor in Klagenfurt und zeitweise Leiter des Botanischen Gartens in Klagenfurt; er vermachte sein Herbar, das Belege aus ganz Kärnten beinhaltete, dem Landesherbar schon zeitlebens. Ort der Auffindung: „Kienberg (Sau-Alpe) 2000 m. Gneißboden. Im Halbschatten von Felsen üppiger. 22. Juli 1894". Landesmuseum für Kärnten, Kärntner Landesherbar KL-BP 013135.
© Roland K. Eberwein

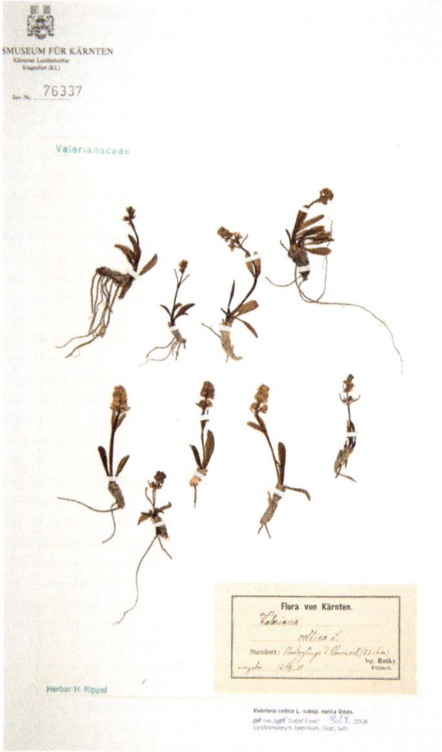

Abbildung 20: Herbarbeleg von Valeriana celtica L. subsp. norica Vierh.
Rechte Etikette: Sammler: Karl Rotky, Finanzwachebeamter in Tarvis und Villach und zeitweise Leiter des botanischen Gartens am Villacher Gymnasium. Der Beleg gelangte in das Herbarium von Heinrich Rippel, Hauptschuldirektor in Landskron, der ehrenamtlich das Kärntner Landesherbar bearbeitete und diesem auch sein Herbar überließ. Ort der Auffindung: „Nordgehänge d.[es] Klomnock (2326m) einzeln. 12. VIII 1888". Landesmuseum für Kärnten, Kärntner Landesherbar KL-BP 076337.
© Roland K. Eberwein

Literaturverzeichnis

Al-dabbagh, S. T. & Saeed, J. F. (2020). Morphological and anatomical variations of fruits in some taxa of Valerianaceae Batsch familiy. Iraqi Journal of agricultural sciences, 51(Special). https://doi.org/10.36103/ijas.v51iSpecial.887

Bánki, O., Roskov, Y., Döring, M., Ower, G., Hernández Robles, D. R., Plata Corredor, C. A., Stjernegaard Jeppesen, T., Örn, A., Vandepitte, L., Hobern, D., Schalk, P., DeWalt, R. E., Ma, K., Miller, J., Orrell, T., Aalbu, R., Abbott, J., Adlard, R., Adriaenssens, E. M., . . . Paleobiology Database contributors. (2023). Catalogue of Life Checklist. https://www.catalogueoflife.org https://doi.org/10.48580/dfgnm

Bell, C. D., Calderon, G., Gonzalez, L., Scholz, A. & Liede-Schumann, S. (2015). Resolving relationships within Valerianaceae (Dipsacales): New insights and hypotheses from low-copy nuclear regions. Systematic Botany, 40(1), 327–335. https://doi.org/10.1600/036364415X686611

BGCI Botanic Gardens Conservation International. (2024, 2. März). PlantSearch. https://plantsearch.bgci.org/

Fischer, M. A., Oswald, K. & Adler, W. (2008). Exkursionsflora für Österreich, Liechtenstein und Südtirol (3. Aufl.). Land Oberösterreich, Biologiezentrum der Oberösterreichischen Landesmuseen.

Gentner, G. (1932). Einiges über den Speik. In Jahrbuch des Vereins zum Schutze der Alpenpflanzen (Bd. 4, S. 63–75).

Goebel, K. (1902). Bericht über den Alpengarten auf dem Schachen für das Jahr 1902. In Bericht des Vereins zum Schutze und zur Pflege der Alpenpflanzen (Bd. 2, S. 10–14).

Halbritter, H., Auer, W. & Berger, A. (2021). *Valeriana celtica*. PalDat – A palynological database. https://www.paldat.org/pub/Valeriana_celtica/305118

Heynhold, G. (1840). Nomenclator botanicus hortensis oder alphabetische und synonymische Aufzählung der in den Gärten Europa's cultivirten Gewächse. Arnoldische Buchhandlung. https://www.biodiversitylibrary.org/bibliography/127506 https://doi.org/10.5962/bhl.title.127506

Hidalgo, O., Garnatje, T., Susanna, A. & Mathez, J [Joel] (2004). Phylogeny of Valerianaceae based on *mat*K and ITS markers, with reference to *mat*K individual polymorphism. Annals of botany, 93(3), 283–293. https://doi.org/10.1093/aob/mch042

Hidalgo, O., Mathez, J [Joël], Garcia, S., Garnatje, T., Pellicer, J. & Vallès, J. (2010). Genome size study in the Valerianaceae: First results and new hypotheses. Journal of Botany, 2010, 1–19. https://doi.org/10.1155/2010/797246

Höck, F. (1882). Beiträge zur Morphologie, Gruppirung und geographischen Verbreitung der Valerianaceen. In Botanische Jahrbücher für Systematik, Pflanzengeschichte und Pflanzengeographie (Bd. 3, S. 1–73).

Höck, F. (1897). Valerianaceae. In H. G. Engler & K. A. Prantl (Hrsg.), Die natürlichen Pflanzenfamilien (IV. Theil, Abteilung 4 S. 172–182). Wilhelm Engelman.

Iamonico, D., Fortini, P. & Di Pietro, R. (2019). Lectotypification of *Valeriana celtica, V. saxatilis* and *V. sibirica* (Caprifoliaceae) proposed by Linnaeus. TAXON, 68(1), 156–159. https://doi.org/10.1002/tax.12015

IPNI International Plant Names Index. (2023). The Royal Botanic Gardens: Kew, Harvard University Herbaria & Libraries and Australian National Herbarium. https://www.ipni.org/

Jacobs, B., Bell, C. & Smets, E. (2010). Fruits and Seeds of the Valeriana Clade (Dipsacales): Diversity and Evolution. International Journal of Plant Sciences, 171(4), 421–434. https://doi.org/10.1086/651243

Kalezić, M. (2012). S.-Cr. odoljen '*Valeriana celtica*' (an etymological note). In I. Janyšková & H. Karlíková (Hrsg.), Studia etymologica Brunensia: Bd. 15. Theory and empiricism in Slavonic Diachronic Linguistics (S. 127–141). Lidové noviny.

Klemun, M. (2021). Speik: Verschränkte Wege einer Wildpflanze zwischen Wissenschaft und Ökonomie. In T. Lumetsberger & A. Höltl (Vorsitz), 19. Österreichische Botanik-Tagung. Symposium im Rahmen der Tagung von Donau-Universität Krems.

Lee, A. K., Gilman, I. S., Srivastav, M., Lerner, A. D., Donoghue, M. J. & Clement, W. L. (2021). Reconstructing Dipsacales phylogeny using Angiosperms353: issues and insights. American journal of botany, 108(7), 1122–1142. https://doi.org/10.1002/ajb2.1695

Linnaeus, C. (1753). Species plantarum (Vol. I). Laurentius Salvius. http://www.botanicus.org/page/358012

Novak, J., Franz, C. M & Novak, S. (1998). Essential oils of rhizomes and rootlets of *Valeriana celtica* L. ssp. *norica* Vierh. from Austria. Journal of Essential Oil Research, 10(6), 637–640. https://doi.org/10.1080/10412905.1998.9700993

Novak, J., Novak, S., Bitsch, C. & Franz, C. M (2000). Essential oil composition of underground parts of *Valeriana celtica* ssp. from Austria and Italy. Flavour and Fragrance Journal, 15(1), 40–42. https://doi.org/10.1002/(SICI)1099-1026(200001/02)15:1<40::AID-FFJ863>3.0.CO;2-B

Ouasti, M., Idrissi, A., Bussmann, R. W. & Elachouri, M. (2023). *Valeriana celtica* L., *Valeriana officinalis* L., *Valeriana tuberosa* L. Caprifoliaceae. In R. W. Bussmann, M. Elachouri & Z. Kikvidze (Hrsg.), Ethnobotany of Mountain Regions. Ethnobotany of Northern Africa and Levant (S. 1–18). Springer International Publishing. https://doi.org/10.1007/978-3-031-13933-8_216-1

Ricordel, I., Milan, N., Sibille, P., Boillot, M., Vaugelade, S. de & Pirnay, S. (2021). Study of a more than a hundred years old theriac jar' content: A famous thousand-year-old counter-poison. Toxicology reports, 8, 1336–1345. https://doi.org/10.1016/j.toxrep.2021.06.009

Schorler, B. (1907). VII. Über Herbarien aus dem 16. Jahrhundert. Sitzungsberichte und Abhandlungen der Naturwissenschaftlichen Gesellschaft Isis in Dresden, 1073–1091.

Spjut, R. W. (1994). A systematic treatment of fruit types. Memoirs of the New York Botanical Garden: Bd. 70. The New York Botanical Garden.

Stevens, P. F. (2017). Angiosperm Phylogeny Website: APG III Version 14, July 2017. University of Missouri, St Louis, Missouri Botanical Garden. http://www.mobot.org/MOBOT/research/APweb/

Tabernaemontanus, J. T., Bauhinus, C. & Bauhinus, H. (1731). Neu vollkommen Kräuter=Buch, mit schönen und künstlichen Figuren aller Gewächs der Bäumen, Stauden und Kräutern, so in denen Teutschen und Welschen Landen auch in Hispanien, Ost- und West-Indien oder in der Neuen Welt wachsen (4. Aufl.). Johann Ludwig König.

Troll, W. (1969). §2 Monotele Rumpfsynfloreszenzen. 2. Valerianaceae. In W. Troll (Hrsg.), Die Infloreszenzen. Typologie und Stellung im Aufbau des Vegetationskörpers (Vol. II/1, S. 260–267). VEB Gustav Fischer.

Tsarenko, O., Shikhaleyeva, G., Minarchenko, V., Tymchenko, I. & Bulakh, O. (2021). Micromorphological characteristics of fruit surfaces of some usable species of the genus *Valeriana* (Valerianaceae) among Ukrainian flora. Acta Agrobotanica, 74, Artikel 7414. https://doi.org/10.5586/aa.7414

Vierhapper, F. (1925). Zur Kenntnis der geographischen Verbreitung und Gliederung der *Valeriana celtica*. Veröffentlichungen des Geobotanischen Institutes Rübel in Zürich(3), 241–252.

Vogler, P. (1901). Über die Verbreitungsmittel der schweizerischen Alpenpflanzen. Flora(89), 1–137.

Weberling, F. (1981). Morphologie der Blüten und der Blütenstände. Ulmer.

Weberling, F. & Bittrich, V. (2016). Valerianaceae. In J. W. Kadereit & V. Bittrich (Hrsg.), Flowering plants. Eudicots (S. 385–401). Springer International Publishing. https://doi.org/10.1007/978-3-319-28534-4_35

Weberling, F., Endlich, B. & Engel, K. (1971). Zur systematischen Stellung von *Valeriana pancicii* Halácsy & Baldacci und *V. bertiscea* Pančić. Österreichische Botanische Zeitschrift, 119(1-3), 94–101. https://doi.org/10.1007/BF01373111

Zangheri, P. (1976). Flora Italica (Vol 1, 2). Cedam.

Zwanziger, G. A. (1887). Verzeichnis der in Kärnten volkstümlichen deutschen Pflanzennamen. In Jahrbuch des Naturhistorischen Landesmuseums von Kärnten (Bd. 19, S. 55–83).

4.2. Speik – rechtlicher Schutzstatus der Alpenpflanze

Raphael Süßenbacher

Abbildung 21: Speikvorkommen in alpinem Rasen. Die unterirdischen Organe des Echten Speiks (Valeriana celtica subsp. norica) sind nach dem Naturschutzgesetz geschützt. Im Forschungsprojekt werden die Geschichte, die Auswirkungen und die Bedeutung dieses Schutzes untersucht. © Michael Jungmeier

4.2.1. Gesetzlicher Schutzstatus

Das Naturschutzrecht beinhaltet allgemein neben dem Gebietsschutz (Schutzgebiete) den Artenschutz als Instrument zum Schutz seltener und gefährdeter Tiere und Pflanzen. Die wesentliche Rechtsvorschrift zur Umsetzung des Artenschutzes in Österreich sind die Naturschutzgesetze der Bundesländer, in Kärnten umgesetzt durch das Kärntner Naturschutzgesetz. Konkret regelt § 17 die allgemeinen Schutzbestimmungen, wonach wildwachsende Pflanzen grundsätzlich nicht mutwillig beschädigt oder vernichtet werden dürfen. In § 18 ist der besondere Pflanzenartenschutz geregelt. Jene Arten wildwachsender Pflanzen, deren Bestand gefährdet oder die aus Gründen der Erhaltung eines ausgeglichenen Naturhaushaltes zu sichern sind, können von der Landesregierung durch Verordnung vollkommen oder teilweise geschützt werden.

Diese Regelung ist durch die Kärntner Pflanzenartenschutzverordnung (Verordnung der Kärntner Landesregierung vom 30. Jänner 2007, über den Schutz wildwachsender Pflanzen) (2007) (PflanzenschutzVO) umgesetzt. Die Pflanzenschutzverordnung unterscheidet grundsätzlich zwischen

- vollkommen geschützten, heimischen Pflanzen,
- vollkommen geschützten, nicht heimischen Pflanzen und
- teilweise geschützten Pflanzen.

Diese drei Kategorien weisen auch eine unterschiedlich strenge Schutzkategorie auf. Vollkommen geschützte, heimische Pflanzen sind ganzjährig geschützt. Sie dürfen weder ausgegraben, von ihrem Standort entfernt, beschädigt oder vernichtet, noch in frischem oder getrocknetem Zustand erworben, weitergegeben, befördert oder feilgeboten werden.

Der Schutz bezieht sich auf sämtliche unter- und oberirdische Pflanzenteile sowie auf alle Lebensstadien der Pflanzen (§ 1 PflanzenschutzVO). Vollkommen geschützte, nicht heimische Pflanzen dürfen weder im frischen noch im getrockneten Zustand erworben oder weitergegeben, befördert oder feilgeboten werden. Der Schutz bezieht sich auf sämtliche unter- und oberirdische Pflanzenteile sowie auf alle Lebensstadien der Pflanzen (§ 2 PflanzenschutzVO).

Bei teilweise geschützten Pflanzen ist der Schutz weniger stark ausgeprägt. So dürfen solche Pflanzen von ihrem Standort nicht entfernt werden. Jedoch dürfen oberirdische Teile teilweise geschützter Pflanzen pro Person und Tag bis zu drei Stück – bei Zweigen drei Stück bis zu einer Länge von 50 cm – gepflückt oder abgeschnitten (von ihrem Standort entfernt), erworben, weitergegeben, befördert oder feilgeboten werden (§ 3 PflanzenschutzVO).

Der Echte Speik (*Valeriana celtica* subsp. *norica*) ist in der Kärntner Pflanzenschutzverordnung in der Anlage III enthalten und daher teilweise geschützt. Eine Nutzung des Speiks ist demnach für die Allgemeinheit in Kärnten eingeschränkt möglich. Die unterirdischen Teile, also Rhizom und Wurzel, dürfen weder genommen noch genutzt werden. Jedoch liegen Nutzwert und Bedeutung des Speiks in den Inhaltsstoffen seiner unterirdischen Teile.

Ein solcher Schutz des Speiks als teilweise geschützte Pflanze ist bereits in der Naturschutzverordnung von 1954 (Naturschutzgesetz (Verordnung der Kärntner Landesregierung vom 18. Mai 1954, zur Durchführung des Gesetzes vom 18. Dezember 1952 über den Schutz und die Pflege der Natur), 1954/LGBl Nr 7/1954) enthalten. Der Speik ist daher seit nunmehr 70 Jahren in durch in Kärnten erlassene Verordnungen naturschutzrechtlich unter Schutz gestellt. In der Naturschutzverordnung von 1932 ist der Speik in der Aufzählung der geschützten Pflanzen nicht angeführt. Auch in der Reichsnaturschutzverordnung von 1936 ist der Speik nicht in der Liste der vollkommenen oder teilweise geschützten Pflanzenarten enthalten. Mit der diesbezüglichen Verordnung des Reichsministerium für Inneres von 1939 zur Einführung des Reichsnaturschutzrechts im Lande Österreich (RGBl. I. S. 217, GBl. F. Ö. Nr. 245/1939; Verordnung zur Einführung, Monografien Naturschutz 9, 1939, S. 1-57, verkündet am 17.2. 1939) trat es auch in Österreich in Kraft trat. Entsprechende Regelungen zum Schutz von Pflanzenarten gibt es in Kärnten seit dem Jahr 1908. Mit einem entsprechenden kaiserlichen Gesetz wurden in diesem Jahr das Edelweiß und die Edelraute unter Schutz gestellt. Schon damals gab es jedoch die Ausnahmeregelung zu wissenschaftlichen Zwecken.

Der Speik ist in Kärnten durch die Kärntner Pflanzenschutzverordnung explizit geschützt. Er ist jedoch als endemische Pflanze nicht in der europäischen Flora-Fauna-Habitat Richtlinie als Schutzgut angeführt und steht demnach nicht europarechtlich unter Schutz.

Die Liste der in Kärnten teilweise geschützten heimischen Farn- und Blütenpflanzen umfasst 57 Taxa, jene der vollkommen geschützten Arten sogar 574 Taxa. Damit sind rund 28 % der derzeit bekannten Arten der autochthonen Kärntner Flora vollkommen oder teilweise geschützt. In rein quantitativer Hinsicht liegt Kärnten im Bundesländervergleich damit im Spitzenfeld. Viele, wenn auch nicht alle der in der Roten Liste der gefährdeten

Farn- und Blütenpflanzen Kärntens (Franz et al., 2023) aufscheinenden Rote-Listen-Arten finden sich auch in der Liste der geschützten Pflanzenarten der Pflanzenschutzverordnung wieder. Die Artenliste der Roten Liste der gefährdeten Farn- und Blütenpflanzen Kärntens und die Artenliste der Pflanzenschutzverordnung korrelieren demnach nicht zwingend miteinander.

So weist der Echte Speik in der aktuellen Roten Liste Kärnten die Gefährdungskategorie LC (least concern – ungefährdet) auf. Gemäß der aktuellen Roten Liste ist seine Bestandssituation in den Zentralalpen zerstreut (3) und in den Südalpen sehr selten (1). Betreffend der Bestandsentwicklung ist weder in den Zentralalpen noch in den Südalpen ein Rückgang feststellbar (0). Auch sind in beiden Gebieten keine Risikofaktoren erkennbar. Wonach gemäß der aktuellen Roten Liste Kärntens (Franz et al., 2023) von einem stabilen Verbreitungsgebiet bzw. von einer stabilen Population auszugehen ist.

Die Liste der geschützten Arten gemäß der Pflanzenschutzverordnung kann allerdings auch verändert werden. So wurden im Rahmen der Novelle im Jahr 2015 insgesamt 38 Arten neu in die Verordnung aufgenommen bzw. unter Schutz gestellt und ebenso 38 Arten aus der Verordnung entfernt.

Auch in der Steiermark ist der Echte Speik gemäß § 2 der Steiermärkischen Artenschutzverordnung (Verordnung der Steiermärkischen Landesregierung vom 14. Mai 2007 über den Schutz von wild wachsenden Pflanzen, von Natur aus wild lebenden Tieren einschließlich Vögel) (2007) als teilweise geschützte Pflanze gelistet. Ebenso steht der Östliche Echt-Speik[13] in Salzburg gemäß § 1 Salzburger Pflanzen- und Tierarten-Schutzverordnung (Verordnung der Salzburger Landesregierung vom 12. Oktober 2017 über den besonderen Schutz bestimmter Pflanzen- und Tierarten und über verbotene Fang- oder Tötungsmethoden) (2017) als teilweise geschützte Pflanze unter Schutz.

In der Steiermark erstreckt sich der teilweise Schutz auf die am Boden aufliegenden Blattrosetten sowie auf die unterirdischen Teile. Für diese Pflanzenteile sind Pflücken, Sammeln, Abschneiden, Ausgraben oder Vernichten der Pflanze in der Natur sowie der Besitz, Transport, Handel oder Tausch und das Angebot zum Verkauf oder Tausch von aus der Natur entnommenen Exemplaren oder Teilen von ihnen verboten. Von den nicht geschützten Pflanzenteilen darf nicht mehr als ein Handstrauß entnommen werden.

In Salzburg verbietet es der teilweise Schutz, unterirdische Teile der Pflanzen von ihrem Standort zu entnehmen und oberirdische Teile der Pflanzen von ihrem Standort in einer Menge zu entfernen, die über einzelne Stücke, über einen Handstrauß oder über einzelne Zweige hinausgeht.

Es zeigt sich, dass der Schutzstatus des Echten Speiks in Kärnten, Salzburg und der Steiermark als teilweise geschützte Pflanze gleich geregelt ist. Auch sind die Regelungsinhalte inhaltlich beinahe identisch ausgestaltet. Alle drei Gesetze unterscheiden zwischen den ober- und unterirdischen Pflanzenteilen. Für die unterirdischen Pflanzenteile gilt in allen

13 Selbst die Gesetzestexte der Bundesländer bedienen sich unterschiedlicher Bezeichnungen und Schreibwesen für ein- und dieselbe Art (siehe Vorwort der Autor:innen).

drei Bundesländern ein vollständiges Entnahmeverbot. Für die oberirdischen Pflanzenteile besteht dieses Verbot eingeschränkt. So dürfen in Salzburg und in der Steiermark maximal ein Handstrauß und in Kärnten maximal drei Stück gepflückt werden.

4.2.2. Nutzung

Für den Speik ist als teilweise geschützte Pflanze eine Nutzung, wie oben bereits ausgeführt, grundsätzlich nicht ausgeschlossen. Im Folgenden sollen nunmehr zwei Nutzungsrechte beleuchtet werden, welche auch auf die zum Teil historisch intensive Nutzung dieser Alpenpflanze in Kärnten Bezug nehmen.

Historisch tradierte Nutzung

In der Vergangenheit spielte der Speik eine wesentliche wirtschaftliche Rolle als Nutzpflanze. Er wurde über eine lange Historie hinweg geerntet und genutzt bzw. weiterverkauft. Bei solchen historischen Nutzungen fällt oft der Satz „Das haben wir schon immer so gemacht. Warum soll das verboten sein?". Aufgrund dieser Annahme könnte man ein historisches, tradiertes Nutzungsrecht zur Sammlung bzw. Nutzung des Speiks in Kärnten annehmen.

Das Sammeln von wilden Pflanzen kann rechtlich als Zueignung (Okkupation) gesehen werden. Bereits das römische Recht in der Antike kannte das Recht der Okkupation. Konkret stellt die Zueignung die Besitzergreifung einer herrenlosen Sache dar, um ihr Eigentum zu erwerben (§ 381 ABGB). Das damit verbundene Okkupationsrecht steht nach herrschender Ansicht jeder Person zu (Riedler, 2010). Damit vergleichbar ist auch das Sammeln von Pilzen: Jede Person kann grundsätzlich wilde Pilze sammeln und als Eigentum mitnehmen. Wilde Pflanzen gehören aus zivilrechtlicher Sicht, einfach gesagt, niemandem und allen zugleich.

Jedoch gilt dieser Grundsatz nicht unbeschränkt bzw. kann seine Gültigkeit vom Staat beschränkt werden. In Form der klassischen Eingriffsverwaltung greift der Staat zur Verwirklichung bestimmter Ziele und Prinzipien unmittelbar regelnd ein. Der Naturschutz stellt ein solches Staatsziel dar, das durch hoheitliche Instrumente garantiert werden soll. Verbote und Beschränkungen werden vom Gesetzgeber dann eingesetzt, wenn bestimmte belastende Verhaltensweisen unterbunden bzw. eingeschränkt werden sollen (Schnedl, 2020).

Im konkreten Fall stellen die Unterschutzstellung des Speiks in Kärnten und das damit einhergehende Sammelverbot eine solche Einschränkung privater Rechte zur Durchsetzung staatlicher beziehungsweise öffentlicher Ziele dar. Eine intensive nachhaltig schädliche Übernutzung der Speikbestände soll damit verhindert werden. Da es diese Eingriffsregelung gibt, kann auch kein uneingeschränktes tradiertes Nutzungsrecht bestehen.

Nutzung durch Ausnahmegenehmigung

Die artenschutzrechtlichen Bestimmungen des Kärntner Naturschutzgesetzes kennen in § 22 die Möglichkeit von Ausnahmeregelungen. Insbesondere sind gemäß § 22 Absatz 2 Ausnahmegenehmigungen von der Kärntner Tier- und Pflanzenschutzverordnung möglich, wenn die Populationen der natürlichen Arten in ihrem natürlichen Verbreitungsgebiet trotz Nutzung in einem günstigen Erhaltungszustand verbleiben.

Eine solche Ausnahmebewilligung besteht im Einzelfall für die Entnahme von Speikpflanzen im Bereich des Schoberriegels. Bescheidinhaber ist in diesem Fall die Biosphärenparkverwaltung Nockberge.

Begründet ist die Erteilung dieser Ausnahmebewilligung mit der begrenzten kleinflächigen Entnahme unter wissenschaftlicher Begleitung. Damit soll die Entwicklung der Regenerationsflächen langfristig dokumentiert werden. Zur Beurteilung der Entwicklung ist eine wissenschaftliche Begleituntersuchung (Monitoring) vorgeschrieben. Weiters ist die Bewilligung örtlich und zeitlich befristet, die Entnahme darf jährlich nur zwischen dem 15. August und dem 08. September erfolgen. Ebenso sind die Entnahmemengen mit maximal 27 kg getrocknete Speikwurzeln festgelegt. Allgemein darf die Entnahme nur in unbeweideten Gebieten aus stabilen Beständen erfolgen.

Dieses Praxisbeispiel zeigt, unter welchen Auflagen eine Ausnahme von den Schutzbestimmungen möglich ist. Der primäre Fokus liegt in diesem Fall auf der wissenschaftlichen Untersuchung der Regenerationsfähigkeit des Speiks im Bereich des Schoberriegels.

Literaturverzeichnis

Franz, W. R., Köstl, T., Keusch, C. & Stöhr, O. (2023). *Rote Liste gefährdeter Farn- und Blütenpflanzen Kärntens* (2., vollkommen überarbeitete Auflage). Naturwissenschaftlicher Verein für Kärnten.

Kärntner Naturschutzgesetz (Verordnung der Kärntner Landesregierung vom 18. Mai 1954, zur Durchführung des Gesetzes vom 18. Dezember 1952 über den Schutz und die Pflege der Natur) (1954 & i.d.F.v. LGBl Nr 7/1954).

Kärntner Naturschutzgesetz (2002 & i.d.F.v. StF: LGBl Nr 79/2002 (WV), zuletzt geändert durch LGBl Nr 36/2022).

Kärntner Pflanzenartenschutzverordnung (Verordnung der Kärntner Landesregierung vom 30. Jänner 2007, über den Schutz wildwachsender Pflanzen) (2007 & i.d.F.v. StF: LGBl. Nr. 9/2007, zuletzt geändert durch LGBl Nr 72/2015).

Riedler, A. (2010). *Zivilrecht V: Sachenrecht* (3. Aufl.). *Studienkonzept Zivilrecht*. LexisNexis.

Pflanzen- und Tierarten-Schutzverordnung (Verordnung der Salzburger Landesregierung vom 12. Oktober 2017 über den besonderen Schutz bestimmter Pflanzen- und Tierarten und über verbotene Fang- oder Tötungsmethoden) (2017 & i.d.F.v. LGBl Nr. 93/2017).

Schnedl, G. (2020). *Umweltrecht* (1. Auflage). Facultas.

Steiermärkische Artenschutzverordnung (Verordnung der Steiermärkischen Landesregierung vom 14. Mai 2007 über den Schutz von wild wachsenden Pflanzen, von Natur aus wild lebenden Tieren einschließlich Vögel) (2007 & i.d.F.v. LGBl. Nr. 40/2007).

4.3. Speik – Nutzung einer geschützten Pflanze

Stefan Novak

Als graduierender Landschaftsplanungsstudent wurde ich 1991, im Rahmen meiner Diplomarbeit zu den Ertragsermittlungen von Almweidebeständen in den Nockbergen, betreut von Erwin Lichtenegger, Franz Solar und Karl Heinrich Hülbusch, mit der Frage konfrontiert, ob der Echte Speik (*Valeriana celtica* subsp. *norica*) an seinem natürlichen Standort Nutzung verträgt oder nicht.

Das war keine „akademische" Frage, um die Pflanzensoziologie um ein Detail reicher zu machen. Der Grund für diese Frage war ein sehr praktischer. Es gab eine Firma, einen Traditionsbetrieb, der nie aufgehört hat, Speikseifen herzustellen und der dazu Jahr für Jahr den Grundstoff Speik benötigte. Dieser Betrieb hatte sich mutig an die Kärntner Landesregierung gewandt, mit der Frage, „Wie können wir offiziell Speik einkaufen?"

Die Frage war seit Jahrzehnten, seit der Unterschutzstellung des Speiks in den 1930er Jahren anhängig. Es wurden ja weiterhin Speikprodukte produziert. Irgendwoher musste der Speik kommen, die Wahrscheinlichkeit, dass es einen florierenden Schwarzmarkt gab, ist groß.

Speikgärtchen neben den Höfen

Ende der 1980er Jahre war auf zwei Höfen in Sauereggen ein bemerkenswertes Projekt ins Leben gerufen worden. Zwei Bauernfamilien durften dazu einmalig auf den Almen Speik entnehmen, um diesen auf ca. zehn mal zehn Meter großen Flächen in ihren Hausgärten wieder einzupflanzen. Diese Speikgärtchen (auf ca. 1550 mSH) sollten nach entsprechender Anwuchszeit beerntet werden. Auf diesen Versuch hatte man sich mit der Kärntner Landesregierung geeinigt, um auszuprobieren, wie Speik wieder als Ware handelsfähig gemacht werden könnte.

Als ich zu diesem Projekt stieß, nahm man gerade die ernüchternden Ergebnisse zur Kenntnis. Es war hoher Aufwand nötig um der Verunkrautung Herr zu werden. Falsches Substrat, ungünstiges Klima, Wühlmäuse und weitere Unbill machten den kümmerlichen Speikpflanzen zu schaffen. Die Aussichten auf den Ertrag waren mehr als enttäuschend. Das Projekt war am Scheitern. Mir standen Bäur:innen gegenüber, die wussten, dass eine ertragreiche Beerntung auf diese Art und Weise niemals erfolgen konnte. Sie sahen, wie viel Speik auf ihren Almen wuchs. Es widersprach ihrem Hausverstand zutiefst, dass sie nicht einfach ein paar Tage im Jahr auf die Almen gehen könnten, um dort Speik zu ernten, und auf diese Weise ihre Abnehmer beliefern zu können.

Feldversuche auf der Kaseralm

Der folgende Schritt war entscheidend. Wir etablierten ein neues und größeres, mehrjähriges Forschungsprojekt (1991 bis 1996): „Auswirkungen der Nutzung einer naturgeschützten Pflanze (*Valeriana celtica*) auf ihren Bestand" (Novak, 1992, 1993, 1994, 1995, 1996). Das Projekt hatte zum Inhalt, den Speik dort zu nutzen, wo er zu Hause ist, und genau zu beobachten, was diese Nutzung für Auswirkungen hat. Wir stellten also die Fragen: Gibt es eine Nutzung, die dem Speik nicht schadet? Gibt es eine Nutzung, die zu seiner Verbreitung beiträgt? Welche Art der Nutzung verträgt der Speik?

Es wurde eine naturschutzrechtliche Ausnahmegenehmigung erwirkt, dank der die Bäurinnen und Bauern, meine Projektpartner vor Ort, auf den Almen Speik klauben durften und somit ausreichende Mengen an die Firma liefern konnten. Dabei konnte ich ihnen über die Schulter schauen, um die traditionelle Beerntungsmethode kennenzulernen und meine Untersuchungen durchzuführen.

Die Naturschutzabteilung der Kärntner Landesregierung willigte in diese praktische Feldforschung, die sich über fünf Jahre erstrecken sollte, ein – wohl auch deswegen, weil noch nie wirklich untersucht worden war, wie sich unterschiedliche Formen der Speiknutzung tatsächlich auswirkten. Bis jetzt gab es keine evidenzbasierten Belege, sondern nur aufgrund von Meinungen und Annahmen getroffene Übereinkünfte. Diese Studie sollte mit möglichst objektiven wissenschaftlichen Methoden endlich verlässliche Ergebnisse liefern.

Im Gebiet der Kaseralm/Hohe Gruft legte ich in der Höhenlage zwischen 1950 und 2200 mSH 16 Untersuchungsflächen in unterschiedlichen Vegetationsbeständen an, jede hundert mal hundert Zentimeter groß und in vier 25 Zentimeter breite Streifen unterteilt. Im ersten Jahr habe ich im jeweiligen Streifen A hundert Prozent aller Speikpflanzen entnommen, im Streifen B fünfzig Prozent, im Streifen C 25 Prozent und in Streifen D null Prozent. In den folgenden vier Jahren untersuchte ich das Regenerationsverhalten der Speikpflanzen auf diesen Flächen.

Gleichzeitig durften die Bauern einige Kilogramm Speik auf den Almen sammeln. Ich begleitete sie dabei und gemeinsam probierten wir verschiedene Werkzeuge, wie verschieden gestaltete Gartenkramperln und Fugenritzer, aus, um festzustellen, wie Speik möglichst effizient gesammelt werden kann, ohne die Bodenkrume zu sehr zu beeinträchtigen. Kleine Pflanzkellen stellten sich dabei sehr schnell als das falsche Werkzeug heraus.

Selbstredend, dass jetzt für die Bauern in relativ kurzer Zeit endlich ein sichtbarer Ertrag erwirtschaftbar war. Das Hinauffahren bis zur Almhütte, das Gehen bis zu den reichen Speikbeständen, das mehrere Stunden dauernde Sammeln, in Beutel und Rucksäcke Füllen und Hinuntertragen, das alles erinnerte sie an alte Zeiten und an Erzählungen darüber, wie es früher zugegangen war.

Nach und nach entdeckten die Bauern wieder, wie das Sammeln am besten geht: Welche der Caricitea-curvula- und Loiseleuria-Vaccinion-Bestände sich denn gut beernten lassen; wie sie stehen, sitzen oder liegen müssen, um effizient zu sammeln; wie sie sich auf 2000 mSH gegen Wind und Wetter schützen müssen; welches Werkzeug in den Rucksack muss und wieviel Stauraum nötig ist; wie stark oder behutsam sie die Kramperln einsetzen müssen oder ob sie sie überhaupt einsetzen müssen; wie sie die Hände schützen müssen, damit sie nicht frieren; was unter Knie und Hintern zu legen ist, um nicht nass zu werden.

Zu all dem entwickelten sie das professionelle Auge, wo Pflanzen mit langen Rhizomteilen zu vermuten und leicht entnehmbar sind, das Gespür, wie viele der Pflanzen eines Standortes zu entnehmen und wie viele stehen zu lassen sind. Und nach der Beerntung schauten sie immer wieder auf die Flächen, um zu kontrollieren, wie stark alleine optisch der Einfluss der Beerntung auf den Standort war.

Wir waren erstaunt: Oft habe ich eine Woche nach der Beerntung einer bestimmten Fläche keine oder sehr marginale Spuren des Sammelns gefunden. Fand ich Spuren, so waren sie so, als ob ein Weide- oder Wildtier hier etwas ausgerupft oder mit seinen Hufen eine Irritiation der Vegetation hervorgerufen hätte.

Von einer evidenzbasierten Forschung war das natürlich noch weit entfernt. Von Beginn an war aber zu sehen, dass ein sehr kleiner Eingriff, der für Laien und manchmal auch für uns selber nicht sichtbar war, reichte, um ausreichend ertragreich zu sammeln.

<u>Eindeutige Ergebnisse nach fünf Jahren Projektlaufzeit</u>

Vergleich Nachwuchs auf den Streifen A - D						
Versuchsflächen 1 - 12						
In den Jahren 1992 - 1996						
	Stückzahl insgesamt	Entnom. Stückzahl	Nicht entnom. Stückzahl	Stückzahl Stand Ende 1996	Stückz. Differenz 1992 - 1996	Zuwachs in % 1992 - 1996
Streifen A	1045	1045	0	683	-362	-34,6
Streifen B	856	428	428	1060	204	23,8
Streifen C	976	244	732	1010	34	-3,5
Streifen D	1000	0	1000	871	-129	-12,9
Summe	3877	1717	2160	3624	-253	-6,5

Abbildung 22: Historische Dokumentation der Versuchsflächen.
Die Versuchsflächen an den Abhängen des Schoberriegels waren fix verortet und unterschiedlich genutzt. Die Entwicklung der Bestände wurde genau beobachtet. Die Abbildung zeigt die originale Dokumentation der Jahre 1992-1996.
© Stefan Novak

„Aus den Ergebnissen der Untersuchung geht deutlich hervor, dass überall dort, wo durch die Bewirtschaftung offene Bodenstellen erzeugt werden, sehr viele Speikpflanzen wieder nachwachsen konnten. Die offenen Bodenstellen geben dem Samen ein sehr gutes Keimbett. Selbst das Herausziehen der oft in wenigen Zentimeter waagrecht wachsenden Hauptwurzel reicht, um den Boden ausreichend aufzulockern. *Valeriana celtica* kann als Lückenbesiedler der subalpinen und alpinen Stufe an solchen Standorten gut keimen und aus den im Erdreich verbliebenen Sprossen neu austreiben" (Novak, 1999).

Abbildung 23: Auf der Suche nach den Versuchsflächen.
Der Landschaftsökologe Stefan Novak besucht die Forschungsflächen, die er vor über 30 Jahren an den Abhängen des Schoberriegels angelegt hat (Monika Auinger und Stefan Novak).
© Michael Jungmeier

Die Feldforschung zeigt: Der Naturschutz irrt

Dieses Forschungsergebnis war beides, sehr überraschend und auch erstaunlich normal. Es bedeutete, dass bei sachgemäßer Speiknutzung, also wenn dreißig bis sechzig Prozent der Speikpflanzen eines Standortes entnommen werden, die Speikbestände nicht nur erhalten, sondern stark gefördert werden (Zunahme um ca. 20-25 Prozent). Gleichzeitig werden bei Entnahme aller Speikpflanzen die Bestände deutlich dezimiert (Abnahme um bis zu 35 Prozent).

Dies sind soweit die Aussagen zu den beernteten Flächen. Aber was passierte in den vier Jahren auf den Referenzflächen, den sozusagen Naturschutzflächen – auf jenen Streifen, auf denen null Prozent der Pflanzen geerntet wurden? Jahr für Jahr habe ich die Pflanzen gezählt und die Ergebnisse verglichen. Die Kernaussage: Dort sind die Bestände zurückgegangen. Statt den, der Zufall wollte es so, genau 1.000 Pflanzen zu Beginn standen dort nach fünf Jahren nur noch 871 Stück, ein Rückgang von 10-15 Prozent innerhalb von beobachteten fünf Jahren.

Nicht Schutz, sondern Nutzung trägt zur Stabilisierung der Bestände bei

So konnte nachgewiesen werden, sachgemäße Nutzung vermehrt die Bestände deutlich, trägt zur Stabilisierung und zur Ausbreitung der Bestände bei. Die Unterschutzstellung führt zu einem Bestandesrückgang. Im klassischen Sinne müsste man sagen, dass der Naturschutz mit seiner Maßnahme der Unterschutzstellung seine Ziele nicht erreicht hat. Er kann sogar das Gegenteil bewirken und zur Gefährdung einer Art beitragen.

Warum der Speik aber nicht gänzlich verschwindet, ist darauf zurückzuführen, dass er auf jenen stark, Wind und Wetter ausgesetzten Flächen, wo natürliche und oft auch durch Vieh und Wildtritt begründete Bodenerosion erfolgt, immer einen für ihn günstigen Standort finden wird. In diesen Vegetationsbeständen ist er in den Nockbergen sowie weiten Teilen der Niederen Tauern stabil vorhanden. Aufgrund dieser Ergebnisse ist davon auszugehen, dass der Speik vor der Unterschutzstellung viel stärker verbreitet war und in dichteren Beständen auftrat.

Nach dieser ersten fünf Jahre dauernden Studie konnte ich weiterforschen und ein weiteres, noch größeres Forschungsprojekt (Stefan Novak, 1999) realisieren.

Wie kam es zur Unterschutzstellung und wie ist mit den neuen Erkenntnissen zum Regenerationsverhalten des Speiks umzugehen?

Ausgangslage war, dass geernteter Speik historisch in großen Mengen und über Jahrhunderte (wenn nicht Jahrtausende), vor allem via Judenburg und Triest in den Orient ging. Dort wurde er zu einem einzigartigen Duftöl weiterverarbeitet. Lokal wurde er unter anderem als Rauchwerk und zum Vertreiben von Motten verwendet. Dass es in Judenburg ein eigenes Monopol um Speikhandel gab, deutet auf eine Nutzung und Wertschöpfung im sehr großen Stil hin. Gleichzeitig wurde der Speik in den 1930er-Jahren zur geschützten Art erklärt (siehe Kap. 5 Geschichte), was jede Nutzung ausschließt. Grund für eine solche Unterschutzstellung ist, dass die Art gefährdet ist und jede weitere Nutzung die Bestände weiter gefährdet. Der Naturschutz schützt die Art, um den Erhalt für künftige Generationen zu sichern.

Wie passen diese beiden Bilder zusammen?

Eine für mich damals sehr spannende Forschungsfrage. Ich formuliere sie hier auf eine andere Art noch einmal.

Wie ich in meiner zweiten Studie für das Landwirtschaftsministerium (Novak, 1999) nachweisen konnte, wurde der Speik über Jahrhunderte in bestimmten Regionen an seinem natürlichen Standort in erheblichen Mengen geerntet. Auch heute noch finden wir dort sehr große Speikbestände. Ein deutliches Indiz dafür, dass er auf eine Art und Weise genutzt wurde, die nutzungsverträglich war. Die Flächen, auf denen er geerntet wurde, blieben immer dieselben. Er kam von denselben Almweiden. Es handelt sich offenbar um eine Nutzungsform, die sich um die Ernte aber auch um die Erneuerung der Bestände gekümmert hat. Klassische Almweidesymbiose könnte man sagen: Nutzung, Pflege, Ertrag bedingen sich und befruchten sich.

Vielleicht gab es Phasen der intensiven oder beängstigenden Speiknutzung, so dass so etwas wie ein Gefährdungsgedanke aufkam. Indizien dafür konnte ich trotz über 80 Geländetagen in den gesamten Niederen Tauern, den Wölzer Tauern, Schladminger Tauern, Seckauer Alpen, Gurktaler Aplen, Seetaler Alpen und der Saualpe nicht finden.

Einmal auf der Liste immer auf der Liste

In den 1930er-Jahren wurde über denselben Speik auf denselben Standorten ein generelles, das heißt ausnahmsloses, Nutzungsverbot verhängt, um ihn vor dem Aussterben zu bewahren. Was hatte sich verändert, das bewirkte, dass eine über Jahrhunderte genutzte Art, jetzt so bedroht war, so dass sie einem ausnahmslosen Schutz unterworfen wurde?

Die Antwort ist einfach. Der Schutzgedanke hielt in einer anderen Form Einzug. Er war viel mehr in Mode gekommen. Es gab auch die rechtliche Handhabe der Unterschutzstellung von einzelnen Arten. Und damit, dass der Speik auf diese Liste der gefährdeten oder zu schützenden Arten kam, war er der Nutzung dauerhaft entzogen. Es gab nie eine evidenzbasierte Untersuchung, ob dem Speik und seinen Nutzer:innen recht getan wurde (siehe Kap. 5 Geschichte). Es gab keine Lobby die ausreichend etabliert war, um den Speik einer gewissenhaften Feldforschung zu unterziehen. Es dauerte von 1935 bis 1992, also fast 60 Jahre, um die aus dem Handel aufkeimende Frage zu stellen „Stimmen die Parameter der Unterschutzstellung denn überhaupt?". Bis dahin wurde niemals (und das betrifft nicht nur den Speik) gefragt, ob eine Unterschutzstellung überhaupt gerechtfertigt ist.

Nutzung ist schützender als Schutz

Anhand der Ergebnisse aus den Feldversuchen und den Forschungen zum zweiten Speikprojekt wurde klar, dass, wenn die Frage „Wie schütze ich die Pflanze?" wirklich ernst genommen wird, sie lauten sollte: „Welche Nutzungsformen muss ich einführen, damit ich den Speik möglichst fördere?" Eine Nichtnutzung dezimiert die Bestände, ich muss ihn nutzen, um ihn erstens zu stabilisieren und zweitens zu verbreiten. Die Bestände sind so riesig, dass an ein Aussterben der Art gar nicht zu denken ist. Sachkundige ertragreiche Nutzung würde die Speikbestände verdichten, würde mehr Speik bedeuten. Dem Naturschutz wäre im Sinne des Pflanzenschutzes damit gedient.

Wenn der Schutzgedanke aber mit „Ja nicht eingreifen!" gleichgesetzt wird, dann ist das, was die Förderung des Speiks betrifft, schlichtweg falsch. Diese Geschichte, auch wenn ich sie mehr als 30 Jahre später nochmals aufgreife, hat sich nicht geändert. Am Beispiel des Speiks wird deutlich, dass der Schutzgedanke, so wie er hier gehandhabt wird, kontraproduktiv ist.

Die, die eine Speiknutzung unmöglich machen, sind nicht seine Retter, sondern diejenigen, die zur Dezimierung der Speikbestände beitragen. Und jene, die den Speik nutzen sind nicht seine Gefährder, sondern diejenigen, die den Speik fördern. Es ist eine Rollenumkehr. Warum seitens des amtlichen Naturschutzes trotz der ihm bekannten Ergebnisse kein Interesse besteht, etwas an den Vorschriften zu ändern, bleibt unklar.

Nachhaltige Nutzung fördert die Bestände – das war schon immer so

Genauso wie das Weidevieh und die dazugehörige bäuerliche pflegende Arbeit auf den Weiden wesentlich zur Qualität der Almweidebestände beiträgt, so verhält es sich auch mit der sachkundigen Speiknutzung. Die Nutzung formt die Landschaft mit und sichert den Bestand. Wir alle kennen die Bilder, wie Weiden vergrasen, verbuschen, verwalden, weil sie nicht mehr bestoßen und gepflegt werden. Um Almweidebestände zu erhalten, müssen sie ausreichend beweidet werden. Das gleiche gilt für die Speikbestände. Das ist ein Prinzip.

Das erklärt sich aus der Historie des Speiks, aus seinen pflanzenphysiologischen Merkmalen, aus den Ergebnissen der Feldforschung und aus vielen anderen Befunden. Es ist Teil eines Denkens, in dem Nutzung *und* Schutz, also Nachhaltigkeit als Grundverständnis einen Platz haben.

Im Hinblick auf den Schutz der Pflanze sind das für mich Gründe, den Speik aus der Liste der geschützten Arten herauszunehmen und einer nachhaltigen sachkundigen Nutzung zuzuführen.

Organisieren einer klugen, gesicherten Wertschöpfungkette

Es sind kluge Konzepte und Überlegungen anzustellen, wie man für die Region den Speik nutzbar machen kann. Einige davon sind in meiner Arbeit aus 1999 bereits ausformuliert. Man könnte den Speik einer gut orchestrierten Wertschöpfung unterziehen. Genauso wie das steirische Kürbiskernöl, der Schilcher, der Tiroler Schinkenspeck und andere regionale Besonderheiten, kann der Speik schon längst als Marke das Seine tun, um in einer Region zur Wertschöpfung beizutragen. Es ist auch nicht zu spät, das anzugehen. Durch sein geringes Verbreitungsgebiet, in dem er aber in Massen auftritt, ist eine solche Vermarktung sogar noch viel einfacher. Man muss die Besonderheit erst gar nicht erfinden, sie ist einfach schon da, ein Naturgeschenk, das durch Nutzung immer schon gefördert wurde.

Der Naturschutz hat die Möglichkeit sich neu zu definieren

Würde man den Speik einer sachkundigen Nutzung und Vermarktung unterziehen, würde es eine Änderung seines Schutzstatus bedeuten. Es würden neue Player auf der Bildfläche erscheinen. Ein Wirtschaftszweig könnte wachsen. Der Speik müsste professionell geklaubt, getrocknet, aufbereitet werden, der Vertrieb organisiert etc., alles müsste kontrolliert werden und in geordnete Bahnen kommen. Damit würde auch dem Naturschutz neue Aufgaben zuteilwerden: mittels Klaubgenehmigungen, Kontingenten und ähnlichen Regelungen darauf zu schauen, dass eine sachgemäße Nutzung erfolgt; sich darüber zu freuen, dass die Speikbestände stetig wachsen, dass neu gewonnene Partner (Sammler) sich um die Ausbreitung der Speikbestände kümmern; dass die Flächen genutzt und wieder betreten werden, was bei einer Rohbodenpionierart wie dem Speik zu zusätzlicher Verbreitung beitragen wird. Damit könnte auch den Anforderungen eines modernen Artenschutzes Genüge geleistet werden.

Ein Rückblick über 35 Jahre Speiknutzung

Nach zehn Jahren intensiver Beschäftigung mit dem Speik habe ich im Jahr 2000 unsere Forschungsergebnisse im Landwirtschaftsministerium und auf der BOKU präsentiert, den Bericht auch dem damaligen Nationalpark Nockberge und der Kärntner Naturschutzbehörde übergeben. Auf Anfrage tagesaktueller Medien konnte ich eine erfreulich große Zahl an Interviews für Zeitungen und das Fernsehen geben. All die Jahre war ich in engem Austausch mit den Bauern, um unsere Erkenntnisse miteinander zu teilen.

Abbildung 24: Forschung mit Impact. Stefan Novak mit seinem Forschungsbericht aus den 1990er Jahren vor der Niederkaser Alm. © Michael Jungmeier

Ich werte es als Erfolg, dass bis heute, also 35 Jahre später, dieselben Bauern nach wie vor im Rahmen eines gemonitorten Projektes Speik klauben dürfen, und dass es nach wie vor Handelspartner gibt, die Speik kaufen und Speikprodukte produzieren.

Im Nationalpark Nockberge wurde das Thema Speik aufgegriffen, es wurden Speikwanderungen angeboten, um das Wissen zum Speik zu verbreiten, die lokale Hotellerie hat die regionale Spezialität genutzt, um spezielle Angebote zu erstellen.

Der erwünschte Schwung, um mit dieser einzigartigen Pflanze ausreichend Wertschöpfung zu erzielen, ist aber bei weitem ausgeblieben, das Potenzial, das im Speik steckt, in keinster Weise genutzt. Der Impuls, den ich setzen konnte, war zu gering, um langfristig etwas zu bewegen.

Jetzt, 35 (!) Jahre später, gibt es wieder Interesse das Wissen bezüglich des Speiks zu sammeln und aufzubereiten. Vielleicht ist es diesmal der richtige Zeitpunkt und es finden sich die richtigen Menschen, um dem Speik und den Menschen vor Ort zu einem „Mehr" zu verhelfen, das relativ leicht organisierbar wäre: einem Mehr an Erkenntnissen, einem Richtigstellen seiner Nutzungstauglichkeit, einer Änderung seines Schutzstatus von Seiten des amtlichen Naturschutzes, einem wirtschaftlichen Mehrwert für eine ganze Region.

Abbildung 25: Schützen durch Nützen.
Die langjährige Untersuchung der Speikbestände erbringt den Nachweis, dass der Echte Speik (Valeriana celtica subsp. norica) durch eine maßvolle Nutzung in traditioneller Weise nicht gefährdet sondern vielmehr gefördert wird.
© Helmut Moik

Literaturverzeichnis

Novak, S. (1992). Auswirkungen der Nutzung einer naturgeschützten Pflanze (*Valeriana celtica* ssp. *norica*) auf ihren Bestand. Nationalparkverwaltung Nockberge.

Novak, S. (1993). Auswirkungen der Nutzung einer naturgeschützen Pflanze (*Valeriana celtica*) auf ihren Bestand: 1. Teilbericht. Forschungsauftrag der Kärntner Landesregierung.

Novak, S. (1994). Auswirkungen der Nutzung einer naturgeschützen Pflanze (*Valeriana celtica*) auf ihren Bestand: 2. Teilbericht. Forschungsauftrag der Kärntner Landesregierung.

Novak, S. (1995). Auswirkungen der Nutzung einer naturgeschützen Pflanze (*Valeriana celtica*) auf ihren Bestand: 3. Teilbericht. Forschungsauftrag der Kärntner Landesregierung.

Novak, S. (1996). Auswirkungen der Nutzung einer naturgeschützen Pflanze (*Valeriana celtica*) auf ihren Bestand: 4. Teilbericht. Forschungsauftrag der Kärntner Landesregierung.

Novak, S. (1999). *Valeriana Celtica* - der echte Speik. Ein altes Naturprodukt als alternativer Erwerbszweig. Forschungsstudie im Auftrag des Bundesministeriums für Land- und Forstwirtschaft.

4.4. Speik – Pharmazie und Medizin

Daniela Litscher

Der sogenannte Echte Speik ist eine Pflanzenart aus der Familie der Baldriangewächse und wird seit langem in der traditionellen Medizin eingesetzt. *Valeriana celtica* kommt u.a. in Österreich, Italien, Frankreich und der Schweiz vor. Es gibt zwei Unterarten (siehe Kapitel 4.1 zur Systematik).

Abbildung 26: Speik in den Nockbergen.
Der Biosphärenpark Nockberge bildet die Heimat dieser Pflanze mit Potenzial für vielfältige Anwendungen im Arzneibereich. Gegen Ende der Vegetationsperiode bildet der Echte Speik Samen und die Blattrosetten verfärben sich gelb wie im Bild links.
© Daniela Litscher

<u>Pharmazeutische Anwendung</u>

Im Mittelalter, als die Naturwissenschaften noch wenig entwickelt waren, taucht der Name Speik in medizinischen Werken vor allem dann auf, wenn antike römische Autoren abgeschrieben oder exzerpiert wurden. So findet sich in dem um das Jahr 1000 entstandenen Werk Simplicibus medicamentibus ad Paternianum der Name Salvicula, die Saliunca des Plinius und damit war der Echte Speik gemeint. Vielfach scheint man in dieser Zeit an Stelle des Echten Speiks die Wurzel des Lavendels, unter dem Namen Pseudonardus, Spicanardus oder Spica, Nardus italica, Saliunca, dem Echten Speik untergeschoben und medizinisch verwendet zu haben (Meyer, 1854).

Die Pflanze hat eine lange Tradition in der Parfümerie. Aufgrund der besonderen Zusammensetzung des Öls wurde *Valeriana celtica* subsp. *norica* seit dem Mittelalter bis etwa 1930 kommerziell gehandelt, insbesondere nach Ägypten, Sudan, Jordanien, Türkei und Marokko. Die Art und Weise, auf welche die Viehhirten die Pflanzen im Dreijahreszyklus ausgruben, garantierte, dass sich die Pflanzen in den folgenden Jahren gut regenerieren konnten. Die Pflanze ist als traditionelles Heilmittel gegen unerwünschte Wirkungen auf das Nervensystem bekannt (siehe Kapitel 5.3 Von der Medizin zur modernen Hygiene). Aus ihren Wurzeln hergestellte Seifen, Cremes und Tees wurden wegen ihrer nervenstärkenden Eigenschaften vielfach verwendet. Außerdem wurden die getrockneten Pflanzen in

Leinenpressen gepresst und als Insektenschutzmittel verwendet (Andritsch, 1990; Bass, 1946; Endlich, 1963; Gentner, 1932; Novak, 1992; Tremel, 1960).

4.4.1. Methoden

Botanische Identifikation und Sammlung

Der erste Schritt besteht in der korrekten Identifikation und Sammlung von *Valeriana celtica*. Dies erfordert die Zusammenarbeit mit erfahrenen Botanikern, um die Pflanze zweifelsfrei zu erkennen und von anderen Valeriana-Arten zu unterscheiden. Die Pflanzenproben werden in den alpinen Regionen gesammelt, in denen die Pflanze heimisch ist, um sicherzustellen, dass sie in ihrer natürlichen Umgebung erfasst wurden.

Extraktion von bioaktiven Verbindungen

Um die medizinisch relevanten Verbindungen der *Valeriana celtica* zu erfassen, werden Extraktionsmethoden angewendet. Die Wurzeln der Pflanze, deren Wirkungen geschätzt wird, werden getrocknet und gemahlen, bevor sie mit geeigneten Lösungsmitteln wie Ethanol oder Wasser extrahiert werden. Die Extrakte werden anschließend analysiert, um die Konzentrationen der bioaktiven Verbindungen wie Valtrate, ätherische Öle und Flavonoide zu bestimmen.

In-vitro-Studien

In-vitro-Tests werden durchgeführt, um die pharmakologischen Eigenschaften der extrahierten Verbindungen zu untersuchen. Hierbei werden Zellkulturen verwendet, um die Wirkungen auf das zentrale Nervensystem zu simulieren. Verschiedene Assays werden angewandt, um die beruhigenden und angstlösenden Eigenschaften der Verbindungen zu messen und ihre Wirkungsmechanismen auf molekularer Ebene zu verstehen.

Klinische Studien

Um die Anwendungen von Arten der Gattung *Valeriana* in der Medizin zu untersuchen, wurden und werden klinische Studien durchgeführt. Diese Studien involvierten bislang meist Probandinnen und Probanden mit Schlafstörungen, Angstzuständen oder stressbedingten Beschwerden. Die Patientinnen und Patienten erhielten standardisierte Valeriana-Präparate, während ihre Schlafqualität, Stressniveaus und allgemeine Befindlichkeit überwacht wurden. Placebo-kontrollierte Studien wurden verwendet, um die Wirksamkeit der Behandlungen zu bewerten.

Sicherheitsbewertung

Die Sicherheit der Verwendung von Arten der Gattung *Valeriana* wurde ebenfalls bereits wissenschaftlich bewertet. Hierbei wurden toxikologische Tests durchgeführt, um potenzielle Nebenwirkungen oder Wechselwirkungen mit anderen Medikamenten zu identifizieren. Die Sicherheit und Verträglichkeit der Pflanze wurden sowohl in Tierversuchen als auch in klinischen Studien überprüft.

Qualitätskontrolle

Um die Konsistenz und Qualität von Valeriana-Produkten in der Pharmazie sicherzustellen, wurden strenge Qualitätskontrollverfahren etabliert. Diese umfassen die Überprüfung der botanischen Identität, die Quantifizierung der Hauptinhaltsstoffe, die Prüfung auf Verunreinigungen und die Standardisierung der Herstellungsprozesse.

Die Kombination dieser vielfältigen Forschungsmethoden ermöglicht es, ein erstes Verständnis für die pharmazeutische und medizinische Bedeutung von *Valeriana celtica* zu gewinnen.

Von der Identifizierung der Pflanze über die Extraktion und Charakterisierung von bioaktiven Verbindungen bis hin zu in-vitro- und klinischen Studien haben diese Ansätze also dazu beigetragen, die lange bestehenden Anwendungen dieser Pflanze zu bestätigen und ihr Potenzial für die moderne Pharmazie und Medizin zu erweitern.

Von alten Heilpraktiken zu modernen Forschungsansätzen hat sich die Kräutermedizin kontinuierlich weiterentwickelt. Zu den begehrtesten Heilpflanzen in der europäischen Kräutermedizin zählen eben die Baldrianwurzeln, die seit Jahrhunderten für ihre beruhigenden und angstlösenden Eigenschaften geschätzt werden. Die Wurzeln des Echten Speiks sind ebenfalls reich an bioaktiven Verbindungen, die direkt auf das zentrale Nervensystem einwirken können und möglicherweise eine sedierende Wirkung entfalten. In Zeiten von Stress, Angst und Schlafstörungen gewinnt die Suche nach natürlichen und sanften Heilmitteln zunehmend an Bedeutung. Pflanzenarten, die für positive Wirkungen auf Schlafqualität, Stressbewältigung und Entspannung bekannt sind, rücken daher verstärkt in den Fokus wissenschaftlicher Untersuchungen und klinischer Anwendungen.

Ein Forscherteam aus Österreich befasste sich im Jahr 1998 unter anderem mit den Unterschieden im Gehalt an Isovaleriansäure und Patschulialkohol. Dafür wurden in Österreich gesammelte Pflanzen von *Valeriana celtica L.* subsp. *norica* Vierh. getrocknet und in zwei Fraktionen unterteilt. Eine Fraktion enthielt die Wurzeln, die andere Rhizome, sowie den Rest der Stängel und Blätter. Die Wurzeln wiesen einen höheren Ölgehalt und höhere Mengen an Patschulialkohol und einem unbekannten sauerstoffhaltigen Sesquiterpen auf als die Rhizome. Die Rhizome enthielten mehr Aromadendren. Das österreichische Öl von *Valeriana celtica* subsp. *norica* unterscheidet sich im Vergleich zum italienischen Blattöl von *V. celtica* aus dem Aostatal vor allem im Gehalt an Isovaleriansäure und Patschulialkohol[14] (Novak et al., 1998).

In einer Nachfolgestudie, die zwei Jahre später veröffentlicht wurde, kamen die Forscher zu dem Ergebnis, dass es große Unterschiede zwischen den Rhizomen und den Wurzeln von *Valeriana celtica* gibt (Novak et al., 1998). Ein Einfluss des Rhizom-/Wurzelverhältnisses bezüglich des Gewichts (und damit verbunden der Zusammensetzung des ätherischen Öls) der entnommenen Proben kann aufgrund der dafür verantwortlichen Verbindungen ausgeschlossen werden (Novak et al., 2000).

14 Zur Erklärung: Isovaleriansäure (3-Methylbuttersäure) ist eine methylverzweigte, kurzkettige und gesättigte Fettsäure, die Monocarbonsäure gehört zu den Hemiterpenen. Der Name rührt daher, dass sie eines der vier Konstitutionsisomere der Valeriansäure ist und damit zu den Pentansäuren zählt. Patschuli (Pogostemon) ist eine Pflanzengattung in der Familie der Lippenblütengewächse (Lamiaceae). Die 40 bis 90 Arten sind in der Paläotropis weitverbreitet. Ihre bekanntesten Vertreter sind das Indische und das Javanische Patschuli, die zur Erzeugung des bekannten Patschuliduftes dienen.

Einige Studien haben gezeigt, dass Pflanzen aus der Valeriana-Gruppe eine entzündungshemmende Wirkung haben könnten und bei der Behandlung von Hauterkrankungen wie Psoriasis und Ekzemen nützlich sein könnten. Darüber hinaus haben die Pflanzen eine beruhigende Wirkung und werden traditionell zur Behandlung von Schlafstörungen eingesetzt. Einige Valeriana-Arten wurden als traditionelle Arzneimittel verwendet. Pharmakologische Studien haben die Wirkungen von Valeriana-Arten als u.a. beruhigend, hypnotisch, krampflösend, schmerzlindernd, antidepressiv, neuroprotektiv, antibakteriell, antiviral gezeigt und sogar zytotoxische und antitumorale Wirkungen werden einigen Baldrianarten nachgesagt (Li et al., 2022).

Aufgrund der antimikrobiellen Wirkung gegen eine Reihe von Bakterien und Pilzen, einschließlich solcher, die für Infektionen der Haut und der Atemwege verantwortlich sind, könnten Extrakte aus *Valeriana celtica* als potenzielle natürliche Wirkstoffe in der Behandlung von Infektionen eingesetzt werden. Die Forschungen ergaben auch, dass antioxidative und entzündungshemmende Eigenschaften vorhanden sind. Somit könnte *Valeriana celtica* auch als potenzielles therapeutische Mittel bei Erkrankungen verwendet werden, bei denen oxidativer Stress und Entzündungen eine Rolle spielen, wie beispielsweise bei neurodegenerativen Erkrankungen. Die Forscher aus China sind zu der Konklusion gekommen, dass noch viel wissenschaftliche Aktivität auf diesem interessanten Gebiet nötig ist (Li et al., 2022).

Insgesamt hat sich bei der Anwendung von *Valeriana* in Studien eine mögliche antidepressive Wirkungsweise ergeben. Darüber hinaus verbessert Valeriana die Blutzirkulation, was ebenfalls zu ihren vielseitigen gesundheitsfördernden Eigenschaften beiträgt. Diese positiven Effekte werfen die Frage auf, in welchem Umfang diese Wirkungen auch für die spezifische Art *Valeriana celtica* ssp. *norica* gelten können. Weitere Forschung ist notwendig, um das Potenzial dieser Variante der Baldrianpflanze vollständig zu verstehen und ihren möglichen Wert für die moderne Medizin zu erschließen.

Abschließend soll noch auf den Aspekt Tee als Forschungsbereich kurz eingegangen werden. Hierbei stehen nicht nur geschmackliche oder kulturelle Aspekte im Vordergrund, sondern auch Fragen zur optimalen Dosierung und deren Auswirkungen auf den gesundheitlichen Nutzen. Es kann festgestellt werden, dass es vielfältige Ansichten und Empfehlungen gibt, die von der Dosierung, der Zubereitungsart und individuellen Präferenzen abhängen. Leider fehlen relevante, evidenzbasierte Studien zu den Fragen der Dosierung und Herstellung von Tee. Gerade die Dosierung von Tee ist eine komplexe Thematik, die von verschiedenen Faktoren beeinflusst wird. Eine mögliche Tee-Studie könnte durch eine detaillierte quantitative Analyse ein tieferes Verständnis für Teetrinkgewohnheiten und deren Zusammenhang mit gesundheitlichen Parametern gewinnen. Eine zentrale Frage wäre dabei, welche Auswirkungen die Menge und Art des konsumierten Tees auf Gesundheitsparameter wie metabolische Gesundheit, kardiovaskuläre Gesundheit und allgemeines Wohlbefinden hat.

Speikseife ist beispielsweise nicht nur ein traditionelles Produkt, sondern könnte auch ein weiteres Forschungsfeld mit potenziellen gesundheitlichen Vorteilen sein.

Schlussfolgerung und Diskussion

Die Untersuchung von *Valeriana celtica* hat zweifelsfrei bestätigt, dass diese Pflanze nicht nur eine wichtige Rolle in der traditionellen europäischen Medizin gespielt hat und spielt, sondern auch ein großes Potenzial für moderne medizinische Anwendungen birgt. Die botanische Identifikation und die Extraktion von bioaktiven Verbindungen haben gezeigt, dass die Pflanze reich an Valtraten, ätherischen Ölen und Flavonoiden ist, die für ihre beruhigenden und angstlösenden Eigenschaften verantwortlich sind.

Es gibt allerdings noch enormen Forschungsbedarf, um die pharmazeutischen Eigenschaften des Echten Speiks vollständig zu verstehen und seine potenzielle Verwendung in der Medizin zu erschließen. Die Sicherheit und Verträglichkeit der Pflanze machen sie zu einer attraktiven Option für diejenigen, die nach natürlichen Alternativen zu konventionellen Medikamenten suchen. Weitere Studien sind erforderlich, um die Wirkmechanismen der Pflanzeninhaltsstoffe zu untersuchen und die Wirksamkeit und Sicherheit bei verschiedenen Erkrankungen zu bewerten.

Insgesamt deuten einige der oben erwähnten Studien darauf hin, dass bestimmte Inhaltsstoffe aus *Valeriana celtica* aufgrund ihrer chemischen Zusammensetzung und ihrer bioaktiven Eigenschaften ein großes Potenzial als natürliche Wirkstoffe in der Medizin haben könnten. Die Pflanze könnte eine vielversprechende Ressource für die Entwicklung von natürlichen Beruhigungsmitteln, Schlafhilfen und Stressmanagement-Produkten sein.

Literaturverzeichnis

Andritsch, J. (1990). Judenburg. Der erste urkundlich genannte Markt der Steiermark. Judenburg als Verkehrsknotenpunkt. In Schöpfer (Hg.) 1990 – Menschen, Münzen, Märkte: Steirische Landesausstellung in Judenburg vom 29. April bis 19. Oktober 1989, 27–37. http://opac.regesta-imperii.de/id/866702

Bass, H. (1946). Murtaler Zeitung.

Endlich, B. (1963). *Valeriana celtica* L.: Ein Beitrag zur Drogengeschichte, Biologie, morphologische und chemische Charakterisierung der Pflanze unter besonderer Berücksichtigung des ätherischen Öles [Dissertation]. Justus-Liebig-Universität, Giessen.

Gentner, G. (1932). Einiges über den Speik. In Jahrbuch des Vereins zum Schutze der Alpenpflanzen (Bd. 4, S. 63–75).

Li, J., Li, X., Wang, C., Zhang, M., Ye, M. & Wang, Q. (2022). The potential of *Valeriana* as a traditional Chinese medicine: traditional clinical applications, bioactivities, and phytochemistry. Frontiers in Pharmacology, 13. https://doi.org/10.3389/fphar.2022.973138

Meyer, E. H. F. (1854). Geschichte der Botanik. Book from the collections of Harvard University. Publisher Königsberg, Gebrüder Bornträger.

Novak, J., Franz, C. M. & Novak, S. (1998). Essential oils of rhizomes and rootlets of *Valeriana celtica* L. ssp. *norica* Vierh. from Austria. Journal of Essential Oil Research, 10(6), 637–640. https://doi.org/10.1080/10412905.1998.9700993

Novak, J., Novak, S., Bitsch, C. & Franz, M. F. C. (2000). Essential oil composition of underground parts of *Valeriana celtica* ssp. from Austria and Italy. Flavour and Fragrance Journal, 15(1), 40–42. https://doi.org/10.1002/(SICI)1099-1026(200001/02)15:1<40::AID-FFJ863>3.0.CO;2-B

Novak, S. (1992). Auswirkungen der Nutzung einer naturgeschützten Pflanze (*Valeriana celtica* ssp. *norica*) auf ihren Bestand. Nationalparkverwaltung Nockberge.

Tremel, F. (1960). Das Handelsbuch des Judenburger Kaufmannes Clemens Körbler.

4.5. Speik – die Seifenproduktion

Karina Wimmer

Die Herstellung von Seifen als Reinigungsmittel für Haushalt oder Wirtschaftsräume war früher im ländlichen Raum gang und gäbe. Die Grundzutaten für eine Seife, Lauge und Fett, waren im bäuerlichen Umfeld meist ohnehin vorhanden oder konnten ohne große Umstände erworben werden. Die Natronlauge, NaOH, in Tablettenform erhältlich als „Natroletten", wurde in den 1930er Jahren bereits als anerkanntes Mittel gegen Maul- und Klauenseuche eingesetzt, und auch heute ist die Natronlauge vielfach in der Landwirtschaft (z.B. bei Imkern, Winzern, Rinder- und Schafbauern) für verschiedenste Reinigungs- und Desinfektionszwecke in Verwendung. Das Fett war ebenfalls ein Rohstoff, der in der Landwirtschaft in großer Menge anfiel. Rinderfett, Schaffett, Schweineschmalz oder das Fett von Wildtieren wurde für die Seifenherstellung verwendet und viele alte Kochbücher von Bäuerinnen enthalten zusätzlich zu den Kochrezepten, ein Rezept für die Zubereitung einer Seife. Verseift wurde üblicherweise im Heißverfahren mit Natronlauge. Dazu brachte man die Zutaten Fett und Lauge in einem Behältnis auf Temperatur, was die Verbindung der beiden Stoffe beschleunigte und die Verseifung vorantrieb. Große Obacht musste bei dieser Herstellungsweise auf die Temperatur gegeben werden. Man durfte die Seife nicht aus den Augen lassen, da sie zum Überkochen neigte. Der gesamte Vorgang nahm einige Stunden in Anspruch. Hernach wurde die Seifenmasse in eine Form gegossen, wo sie zum Erkalten gebracht wurde. Ausgekühlt und erhärtet wurde die Seife in Stücke geschnitten und noch für eine Weile zum Übertrocknen an einem luftigen Ort aufgestellt, bevor sie in Verwendung kam.

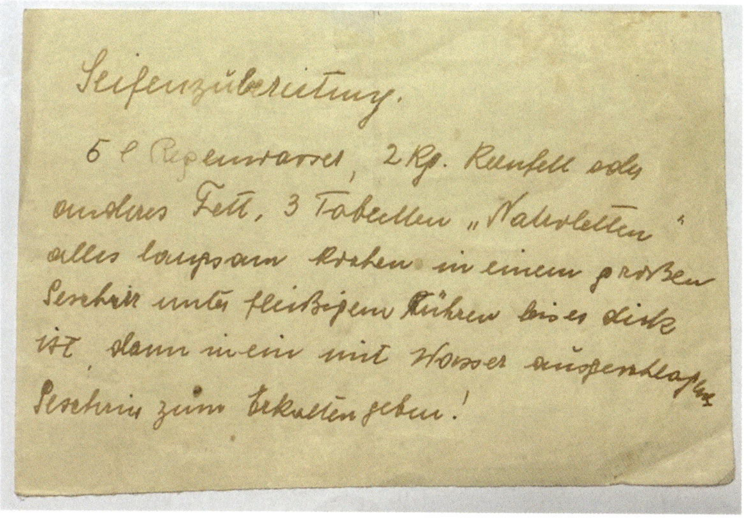
Seifenzubereitung.
5 l Regenwasser, 2 Kg. Kernfett oder anderes Fett, 3 Tabletten „Natroletten" alles langsam kochen in einem großen Geschirr unter fleißigem Rühren bis es dick ist, dann in ein mit Wasser ausgeschlagenes Geschirr zum Erkalten geben!

Abbildung 27: Seifenrezeptur. „Seifenzubereitung – 5l Regenwasser, 2kg Kernfett oder anderes Fett, 3 Tabletten „Natroletten", alles langsam kochen in einem großen Geschirr unter fleißigem Rühren bis es dick ist. Dann in ein mit Wasser ausgeschlagenes Geschirr zum Erkalten geben!"

Altes Rezept für die Zubereitung von Seife aus dem Salzkammergut, vermutlich von einer Bäuerin, Alter leider unklar. Die Schrift verweist auf die erste Hälfte des 20. Jahrhunderts.

© Karina Wimmer

Diese Seifen waren keine Kernseifen im klassischen Sinn, da der Arbeitsschritt des Aussalzens meist nicht vollzogen wurde. Im Hinblick auf den Einsatzbereich waren diese Seifen jedoch den Kernseifen sehr ähnlich, da sie für die Reinigung sämtlicher Oberflächen, Böden, Textilien und auch für die Reinigung von Haut und Haar verwendet wurden. Nicht selten wurden diesen Seifenrezepturen, wenn vorhanden und verfügbar, auch noch Harze oder Pech hinzugefügt, da diese Zusätze die Reinigungskraft erhöhten und sich positiv auf das Schaumverhalten auswirkten (Deite, 1906). Es wurde danach getrachtet, dass das eingesetzte Fett vollständig verseift wurde und die Seife neutral war, sprich weder einen Überschuss an Lauge aufwies noch Fett unverseift übrig blieb.

Eine Seife aus Rinderfett oder Schaffett ergibt nicht grundsätzlich eine Putzseife. Zwar beeinflusst die Auswahl der Fette und Öle die Konsistenz, die Farbe, den Geruch und auch das Schaumverhalten der Seife, aber ob diese nun zu den Reinigungsseifen zählt oder den Toiletteseifen zuzuordnen ist, bestimmen andere Kriterien.

Toiletteseifen sollen Haut und Haar reinigen, den guten Zustand von Haut und Haar erhalten und im besten Fall positiv beeinflussen. Bei der Erzeugung solcher Seifen ist ein Überschuss an ätzender Lauge zu vermeiden, die Seifen sollten frei von Füllstoffen (Stärkemehl, etc.) sein (Braun & Klug, 1953) und idealerweise Zusatzstoffe enthalten, die die Haut in ihrer Schutzfunktion für den menschlichen Körper unterstützen.

Lässt man für die Herstellung von Toiletteseifen die industrielle Fertigung aus Grundseife mit Hilfe von Piliermaschine und Stangenpresse (Lehmann/Dresden) außer Acht, bietet sich die Herstellung von Seifen im Kaltverfahren eventuell auch eine Herstellung im Heißverfahren, ähnlich jenem der alten, bäuerlichen Seifenrezepte an.

Neben der kosmetischen haben Seifen auch eine hygienische und medizinische Bedeutung. Medizinische Seifen haben den Zweck, Stoffe auf die Haut zu bringen, die in Folge von dieser aufgenommen werden können. Transdermale Applikation von Substanzen ist bekannt in Form von Salben, Cremen oder Pflastern, aber auch Seifen können dafür genutzt werden. Da es sich bei Seifen um sogenannte Rinse-off-Produkte handelt, also Produkte, die nach der Anwendung von der Haut abgewaschen werden, ist die Wirkung selbstredend nicht so ausgeprägt wie bei Produkten, die auf der Haut verbleiben, sogenannte, Leave-on-Produkte. Klassische Zusätze von althergebrachten medizinischen Seifen sind beispielsweise Teer, Schwefel, Jodkalium oder Zink (Deite, 1912).

Neben den angeführten Stoffen kann die Haut bzw. der Organismus noch mit einer Reihe weiterer Stoffe positiv beeinflusst werden. So macht beispielsweise alleine das natürliche Glycerin, das in der nicht ausgesalzenen Seife noch vorhanden ist, einen großen Unterschied im Hinblick auf das Feuchthalten der Haut. Auch eine natürliche Überfettung der Seife, d.h. ein Überschuss an Fett und Öl am Ende der Verseifung, trägt zur Hautgesundheit bei, hält diese elastisch und wirkt einem Gefühl von Trockenheit entgegen. Pflanzenmaterial (Blüten, Blätter und Wurzeln) lassen sich in Öl oder Glycerin ausziehen und diese wirkstoffreichen Auszüge können ebenfalls den Seifen zugesetzt und über die Haut vom Körper aufgenommen werden.

Ein nicht unwesentlicher Bereich, gerade im Hinblick auf die Toiletteseifen, ist die Beduftung. Abgesehen von wirtschaftlichen Aspekten (beduftete Seifen verkaufen sich meist besser) kommen in diesem Zusammenhang die Wirkungen der Aromatherapie zum Tragen. Tatsächlich ist es so, dass Duftstoffe, die auf die Haut aufgetragen wurden, innerhalb kürzester Zeit den gesamten Körper durchwandern. Dabei macht es einen Unterschied, ob Düfte an behaarten Hautstellen aufgetragen werden oder nicht, denn Haare fungieren als Leiter und transportieren die Duftstoffe noch schneller in den Körper (Werner & Braunschweig, 2006). Ätherische Öle, d.h. natürlich gewonnene Duftöle, können auch in Seifen verarbeitet den Körper äußerst positiv beeinflussen.

Am Beispiel Speik lasst sich zeigen, dass die Pflanze in vielerlei Hinsicht zu nutzen und in Seifen zu verarbeiten ist. Das Pflanzenmaterial lässt sich in Öl sowie in Glycerin ausziehen und der Seifenmasse zusetzen. Auch eine CO2-Extraktion der Inhaltsstoffe ist möglich, jedoch ist dieses Verfahren nur in einem Labor mit entsprechender Ausrüstung umsetzbar. Um die wertvollen Inhaltsstoffe bestmöglich zu erhalten, empfiehlt sich die Kaltverseifung. Auch die Herstellung pilierter Seifen[15] ist vorstellbar, jedoch aufgrund der dafür notwendigen Gerätschaften nicht unbedingt für die Herstellung von Seife für den Eigenbedarf geeignet.

Hinsichtlich der Beduftung von Seifen mit Speik ist festzuhalten, dass aus dem Speik nur äußerst wenig ätherisches Öl gewonnen werden kann. Dazu kommt, dass es einer relativ großen Menge an wenig flüchtigem Duftöl bedarf, um eine Seife ausreichend und langanhaltend zu beduften. Im Zuge der Verseifung verändern sich Düfte bzw. gehen viele davon verloren. Flüchtige Duftkomponenten sind in diesem Zusammenhang problematisch, weil sie wenig beständig bei Hitze (Heißverseifung) oder längerer Reifezeit (Kaltverseifung) sind (Kasper, 2022). Um das kostbare Duftöl so schonend wie möglich zu verarbeiten, empfiehlt sich die Kaltverseifung bzw. die Herstellung von pilierten Seifen.

Abbildung 28: Seifenherstellung. Seifensiederin Karina Wimmer führt in der Alten Seifensiederei Zopf gerade die letzten Handgriffe im Prozess der Seifenherstellung durch: Mit dem Seifenschneider zerteilt sie den Seifenblock in handgerechte Stücke für den Verkauf. © Klaus Krumböck

15 Dabei werden Grundseifenspäne mit Farbe und Parfum gemischt, homogenisiert d.h. piliert, in Stangen gepresst und anschließend in Stücke geschnitten.

Gelingt es, den echten, charakteristischen Duft des Speiks in einer Seife einzufangen und so dem Körper zur Aufnahme zur Verfügung zu stellen, dann profitiert der Organismus in vielerlei Hinsicht. Das kleine, eher unscheinbar anmutende Pflänzchen Speik beinhaltet unter vielen anderen Komponenten einen nicht unbeträchtlichen Anteil an Patchoulol, wie Johannes Novak in seinem Beitrag über die Zusammensetzung des ätherischen Öls der unter der Erde liegenden Teile der *Valeriana celtica* subsp aus Österreich und Italien schrieb (Novak et al., 2000) (vgl. auch das folgende Kapitel 4.6 zu den Inhaltsstoffen). Patchoulol zählt zu den Sesquiterpenalkoholen, die eine sehr pflegende Wirkung auf die Haut haben (Werner & Braunschweig, 2006). Körperlich wirken sie regenerierend und sind selbst bei krankhaften Hautveränderungen aufgrund ihrer immunmodulierenden Eigenschaft empfehlenswert. Auf der psychischen Ebene punkten diese Stoffe damit, dass sie beruhigend wirken, die Nerven stärken, Spannungszustände abbauen und für mehr Gelassenheit sorgen. Eben diese Eigenschaften kennt man von anderen Baldrian-Pflanzen. Das rauchig-zarte Patchoulol, das natürlich auch zu großen Teilen im ätherischen Patchouliöl vorkommt, liebt man oder hasst man. Wie die Geschichte des Speiks zeigt, gibt es sehr viele Liebhaber dieser Duftrichtung, denn aus diesem Grund wurde das kostbare Öl lange Zeit für Parfums und andere Kosmetikartikel eingesetzt. Aufgrund seiner Zusammensetzung darf auch eine insekten- und parasitenabweisende Wirkung vermutet werden (siehe Kapitel 6.7 Speikwirkung).

Zusammenfassend kann gesagt werden, dass der Einsatz von Speik in Seifen der Haut und dem gesamten Organismus äußerst dienlich ist und eine Vielzahl von positiven Eigenschaften mitbringt. Leave-on-Produkten wäre angesichts der begrenzten Rohstoffmenge klar der Vorzug zu geben, da bei diesen das volle Potenzial des Speiks besser zur Geltung kommt als bei Rinse-off-Produkten wie Seife.

Die größte Hürde in der Verwendung von Speik in Seifen liegt jedoch darin, dass die Pflanze in Österreich unter Naturschutz steht und folglich derzeit nicht für die Herstellung von Seifen zur Verfügung steht. Demzufolge ist der Bezug des Pflanzenmaterials aktuell nicht möglich, weder für Auszüge in Öl oder Glycerin noch für die Gewinnung von ätherischem Speiköl.

Die Entwicklung in den letzten Jahren hat gezeigt, dass Stress (physischer, psychischer aber auch durch Stressoren wie Chemikalien) der Haut immer mehr zusetzt. Über alle Altersschichten ist zu beobachten, dass Hautprobleme (Ekzeme, Neurodermitis, Hautpilz, etc.) stetig zunehmen. Gleichzeitig ist in den vergangenen Jahren das Interesse an selbst hergestellter Kosmetik (Cremen, Salben und auch Seifen) gestiegen. Konsument:innen legen immer mehr Wert auf hochwertige Rohstoffe, werden immer kritischer und auch informierter, was die Inhaltsstoffe anbelangt. Sie entscheiden sich oftmals ganz bewusst für regionale Produkte, bei denen sie sicher sind, dass die verwendeten Rohstoffe direkt aus der Region kommen. Beim Beispiel Seife können dies Fette, Milchprodukte oder auch ausgewählte Kräuter sein. Auch der Aspekt, dass das Geld beim Kauf der regionalen Produkte in der Region bleibt, ist nicht von der Hand zu weisen. Ebenfalls steigend ist die Anzahl der Kleinunternehmen, die Kosmetik herstellen (vorwiegend Einpersonenunternehmen mit einer weiblichen Inhaberin). Auch auf Märkten (Handwerks-, Wochen- oder Bauernmarkt) stehen handgefertigte Produkte wie Seifen immer häufiger zum Verkauf. Da der Speik in der Nockbergeregion stark verwurzelt ist, ist davon auszugehen, dass die Pflanze auf jeden Fall für die Verarbeitung in kosmetischen Produkten herangezogen werden würde, wenn die Nutzung nicht mehr eingeschränkt wäre.

Literaturverzeichnis

Braun, K. & Klug, T. (Hrsg.) (1953). Sammlung Göschen: Bd. 336. Die Seifenfabrikation. De Gruyter. https://doi.org/10.1515/9783111632810

Deite, C. (1906). Handbuch der Seifenfabrikation: Erster Band: Hausseifen und Textilseifen. Springer.

Deite, C. (1912). Handbuch der Seifenfabrikation: Zweiter Band: Toiletteseifen, medizinische Seifen und andere Spezialitäten. Springer.

Kasper, C. (2022). Naturseife, das reine Vergnügen: Die Herstellung feiner Pflanzenseifen in der eigenen Küche. Freya.

Novak, J., Novak, S., Bitsch, C. & Franz, C. M. (2000). Essential oil composition of underground parts of *Valeriana celtica* ssp. *norica* from Austria and Italy. Flavour and Fragrance Journal, 15(1), 40–42. https://doi.org/10.1002/(SICI)1099-1026(200001/02)15:1<40::AID-FFJ863>3.0.CO;2-B

Werner, M. & Braunschweig, R. von. (2006). Praxis Aromatherapie: Grundlagen – Steckbriefe – Indikationen. Karl F. Haug.

4.6. Speik – pflanzliche Inhaltsstoffe

Johannes Novak

Der Keltische Speik (*Valeriana celtica*) war neben seiner regionalen Nutzung auch überregional von außerordentlich großer Bedeutung, da er als Arznei- und Parfümeriepflanze einer der bedeutendsten Exportartikel der Alpen war und wir ihn im modernen Sinne durchaus als eine *alpine cash crop* vergangener Tage bezeichnen können (siehe Kapitel 5, Ausführungen von Klemun). Gemeinsam ist Pflanzen, die als Arznei-, Gewürz-, Parfümpflanzen verwendet werden, nicht nur das Vorkommen von speziellen sekundären Inhaltsstoffen, sondern oft auch deren Anreicherung. Einzelne dieser Substanzen können für die Pflanze selbst sehr wichtige Vorteile gegenüber ihrer Umwelt bringen. Bei *V. celtica* selbst hat man dies noch nicht untersucht. Aber in der nahe verwandten Art *V. jatamansi* hat man z.B. schon die insektizide Aktivität von Inhaltsstoffen nachgewiesen, die auch in relevanten Mengen in *V. celtica* vorkommen (Liu et al., 2013).

Die Inhaltsstoffe des Keltischen Speiks sind wenig untersucht. Möglicherweise steht dies im Zusammenhang mit der Unterschutzstellung, da damit die Pflanze aus dem Interesse der Naturstoffforschung entschwunden war, deren Hochblüte erst durch die Entwicklung moderner analytischer Verfahren zu Beginn der zweiten Hälfte des 20. Jahrhunderts einsetzte. Daher wird in diesem Kapitel auch auf Inhaltsstoffe eingegangen, die in anderen Baldrianarten bewiesen sind und die in Speik nachgewiesen oder sehr wahrscheinlich sind, wobei aber genaue Daten zu Zusammensetzung und Gehalten fehlen. Am Ende wird noch auf drei andere Arten eingegangen, die ähnlich wie der Keltische Speik in früheren Zeiten genutzt werden und die heute herausragende Bedeutung haben.

Die wertvollen Pflanzenteile des Speiks sind die unterirdischen Teile (das Rhizom und die Wurzeln). Seit der Antike, wenn nicht schon früher, wude der Speik in den Alpen gesammelt, getrocknet und selbst verwendet oder regional und überregional gehandelt. Eine weitere Veredelung, wie etwa Destillation und Extraktion, wurde in den Alpen nicht im größeren Ausmaß durchgeführt. Da an der Handelsware noch Erde anhaftete, wurde sie in früheren Zeiten mit 80 % gewichtet. Außerdem gab es Qualitätsprobleme mit der Handelsware durch beabsichtigte oder unbeabsichtigte Vermischungen, oft mit dem Felsenbaldrian (*V. saxatilis*), einer ebenfalls in den Alpen heimischen Baldrianart, die aber kein ätherisches Öl enthält (Sawyer, 1892).

Der typische Baldriangeruch ist bedingt durch die Isovaleriansäure (1) (Sawyer, 1892), ein enzymatisches Abbauprodukt einiger Inhaltsstoffe, ein Abbau, der sich durch längere Lagerung noch verstärkt (Houghton, 1997).

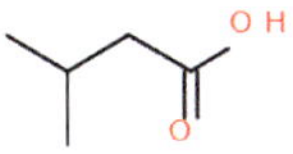

(1)

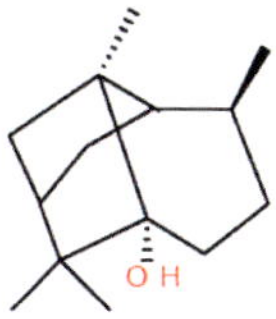

(2)

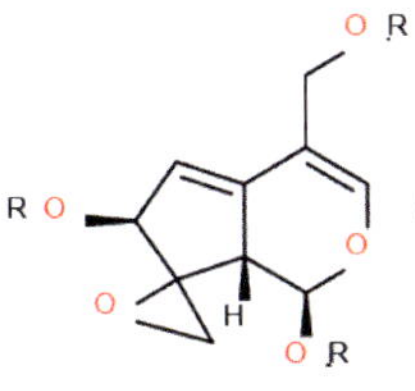

(3)

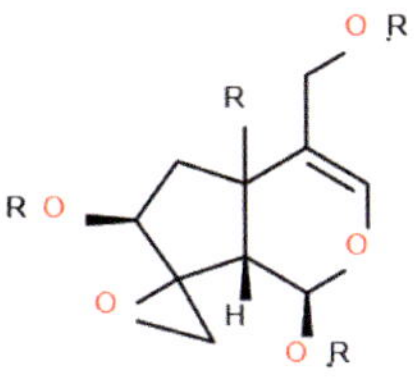

(4)

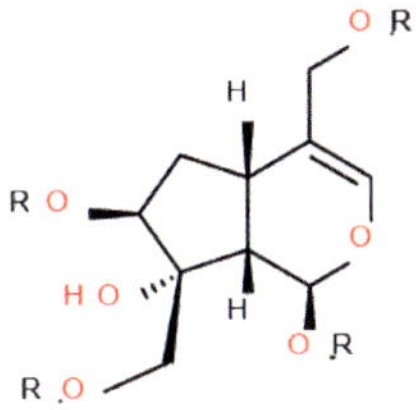

(5)

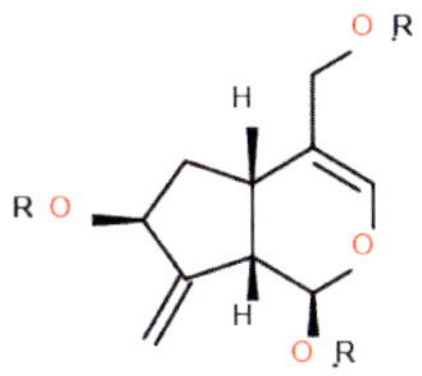

(6)

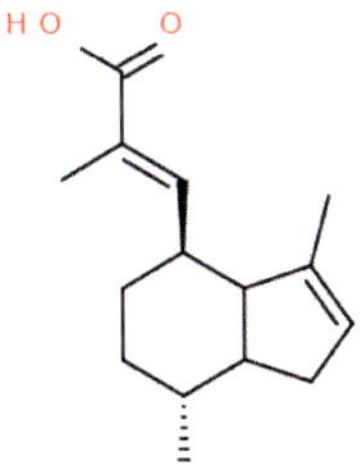

(7)

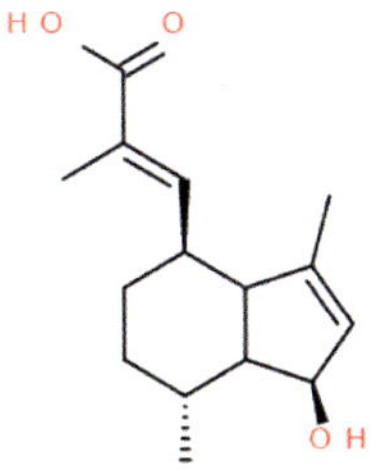

(8)

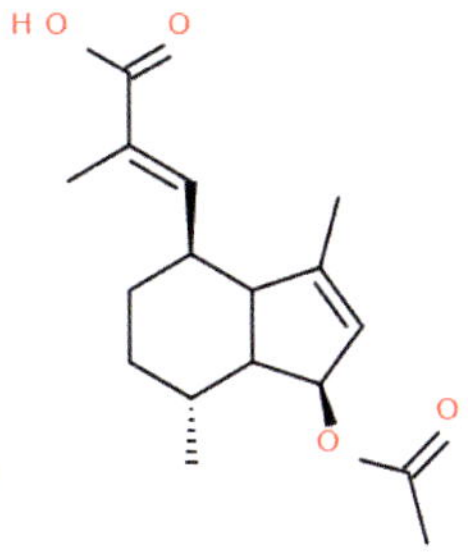

(9)

Abbildung 29: Inhaltsstoffe des Speiks.
Strukturformeln wichtiger Inhaltsstoffe bzw. Inhaltsstoffgruppen des Keltischen Speik (1) Isovaleriansäure, (2) Patchouli Alkohol, (3) bis (6) die vier Grundgerüste für die Gruppe der Valepotriate, (7) Valerensäure, (8) Hydroxyvalerensäure, (9) Acetoxyvalerensäure.
© Johannes Novak

4.6.1. Inhaltsstoffe, die für die arzneiliche Verwendung von Bedeutung sind

Die beruhigende, sedative und angstlösende Aktivität von Baldrianarten ist hauptsächlich auf zwei Inhaltsstoffgruppen zurückzuführen, die Valepotriate bzw. deren Abbauprodukte (3)-(6) (Veith et al., 1986) und die Sesquiterpene Valerensäure (7) (nicht zu verwechseln mit der Isovaleriansäure (siehe oben)), Hydroxyvalerensäure (8), Acetoxyvalerensäure (9) und Valeranon (Khom et al., 2010). Das Gesamtpotenzial der Wirkung ergibt sich durch das Zusammenspiel der einzelnen Wirkstoffgruppen.

Die Valepotriate sind Triester von frei nicht stabilen, iridoiden Polyalkoholen mit verschiedenen aliphatischen Carbonsäuren und mit einem Epoxidring (**Val**eriana-**epo**xy-**tri**ester), die auf vier Grundgerüste zurückzuführen sind (3)-(6). Die Gruppe der Valepotriate war die erste Stoffgruppe, die man im Baldrian als wirksam erkannte. Im Tierversuch mit

Valepotriaten wurde die Verringerung von Unruhe, Angst und Aggressivität ohne Beeinträchtigung der Reaktivität festgestellt. Den Valepotriaten werden auch mutagene Eigenschaften zugeschrieben, wobei aber bei peroraler Aufnahme kanzerogene Effekte nicht zu erwarten sind. Da sich die Valepotriate aber rasch in einer wässrigen Lösung zersetzen, man aber doch auch sedative Eigenschaften in wässrigen Extrakten gefunden hatte, setzte man die Suche nach den wirksamen Inhaltsstoffen fort und wurde in den oben erwähnten Sesquiterpenen fündig. Heute gilt es als belegt, dass Präparate von Echtem Baldrian (*V. officinalis*) aufgrund der genannten Inhaltsstoffe gute Wirksamkeit bei Ein- oder Durchschlafstörungen haben (Länger & Kubelka, 2001).

Das Vorkommen der Gruppe der Valepotriate wurde bereits im Speik nachgewiesen (Hegnauer, 1973), wobei aber noch unbekannt ist, um welche Valepotriate es sich im Einzelnen handelt. Valeranon wurde im ätherischen Öl von Speik in einem Anteil von 1,2 % gefunden (Bos et al., 1997).

4.6.2. Geruchsstoffe des Keltischen Speiks

Eine der bedeutendsten Arten zur Gewinnung natürlicher Geruchsstoffe aus pflanzlichen Rohmaterialien ist die Wasserdampfdestillation, auch Trägerdampf-Destillation genannt. Dabei werden in Wasser unlösliche Stoffe mit dem Wasserdampf als Schleppmittel vom Pflanzenmaterial abgetrennt. Die leichter flüchtigen Anteile des Pflanzenmaterials verdampfen, das Gas wird zum Kühler geleitet, wo es wieder verflüssigt und in der Florentiner Flasche die leicht flüchtigen Komponenten vom Wasser abgetrennt werden. Das abgetrennte, flüssige Produkt aus diesem Verfahren wird als ätherisches Öl bezeichnet.

Als Nebennutzung der Wasserdampfdestillation kann aber auch das Hydrolat Verwendung finden. Dabei handelt es sich um den kondensierten Wasserdampf nach der Destillation, der flüchtige, aber wasserlösliche Komponenten sowie Spuren ätherischen Öles enthält.

*Abbildung 30: Kostbare Essenz.
Das Bild zeigt Stefan Singer (Pflanzner Naturkosmetik & Stefan Singer Landwirtschaft) bei der Wasserdampfdestillation zur Gewinnung wertvoller ätherischer Öle. Als Nebenprodukt fällt ebenfalls nutzbares Hydrolat an.
© Christina Pichler-Koban*

Der Gehalt an ätherischem Öl in den unterirdischen Teilen des Keltischen Speiks liegt bei 1 % bei einer spezifischen Dichte bei 15°C von 0,967. Das ätherische Öl liegt als Öltröpfchen im Rhizom und in den dünnen Wurzeln, die entlang des Rhizoms hervorgehen, vor, wobei im Rhizom mit 0,75 % wesentlich geringere Gehalte als in den dünnen Wurzeln vorkommen, in denen der Gehalt an ätherischem Öl bei 2,3 % liegt (Novak et al., 1998). In Analogie zu *V. officinalis* (Penzkofer et al., 2018) dürften sich die meisten Öltröpfchen beim Speik ebenfalls nahe der Wurzeloberfläche befinden.

Das ätherische Öl erinnert an Baldrian und Patschuli (siehe unten) und besteht aus einer Reihe von Mono- und Sesquiterpenen. Die Hauptkomponenten waren in der westlichen Unterart des Keltischen Speiks (*Valeriana celtica* subsp. *pennina*) 15 % Isovaleriansäure, 1,3 % Nepetalacton, 1,6 % beta-Patchoulen, 3,4 % Patchoulon und 26,2 % Patchouli-Alkohol (Bicchi et al., 1983). Hauptverantwortlich für eine gute Qualität des Öles ist der Anteil an Patchouli-Alkohol, wobei andere Nebenkomponenten, die der Struktur des Patchouli-Alkohols ähneln, ebenfalls für den Gesamteindruck wichtig sind. Während Patchouli-Alkohol zwischen den unterirdischen Teilen der Pflanze nur geringe Unterschiede zeigte (12 % im Rhizom und 15 % in den Wurzeln (Novak et al., 1998)), waren hier größere Unterschiede zwischen Populationen feststellbar. Mit 5.4 % war der Gehalt in der Population von der Gleinalm am geringsten, erreichte mit 16,3 % am Schoberriegel ein recht hohes Niveau. In der Unterart *V. celtica* ssp. *pennina* aus Italien wurden sogar 19,8 % gemessen (Novak et al., 2000).

Sesquiterpene vom Patchouli-Typ sind sehr selten im Pflanzenreich, kommen aber nicht nur in *V. celtica*, sondern auch in anderen Baldrianarten und in einer Arte aus einer anderen Pflanzenfamilie, dem Patschuli (*Pogostemon cablin*, Lippenblütler) vor. Die letztgenannte Art, Patschuli, ist heute einer der wichtigsten Rohstoffe in der Parfümerie.

In der nächstverwandten Art zum Keltischen Speik, *V. pancicii*, einem Balkanendemiten, der früher als dritte Unterart von *V. celtica* gegolten hat (*V. celtica* ssp. *pancicii*) (Weberling et al., 1971), wurde sogar ein Gehalt von 50 % Patchouli-Alkohol festgestellt (Kovacevic et al., 2002).

Das Öl von einer indischen Baldrianart mit Patchouli-Alkohol (*V. jatamansi*, auch *V. wallichii* genannt) wird noch heute vielfältig in den beiden großen traditionellen Medizinsystemen des indischen Subkontinents, Ayurveda und Unani, eingesetzt. Der Gehalt an ätherischem Öl liegt in dieser Art zwischen 0,6 und 1,7 % und der Anteil an Patchouli-Alkohol zwischen 1 % und 54 %, wobei sich drei Chemotypen feststellen ließen, ein Typ mit sehr hohen Gehalten an Patchouli-Alkohol zwischen 48 und 54 %, ein Typ mit mittleren Gehalten von 30 bis 38 % und ein Typ mit sehr niedrigen Gehalten von 1 bis 15 % (Singh et al., 2013). Das ätherische Öl von dieser indischen Baldrianart und das des Speiks haben also sehr große Gemeinsamkeiten.

Der Duft des Keltischen Speiköls und der des Öls nahe verwandter Arten wird als lang anhaltend, holzig-erdig und kampferartig beschrieben (Wu et al., 2011). Dieser spezifische Geruch war vermutlich auch der Grund, warum das ätherische Öl von *V. celtica* im Orient so sehr geschätzt wurde.

4.6.3. Die drei „großen Geschwister" des Keltischen Speiks

Wie eingangs erwähnt, haben drei wichtige Arten mit ähnlichen Inhaltsstoffen und Wirkungen wie der Keltische Speik herausragende Bedeutung in unterschiedlichen Anwendungssektoren erlangt, nämlich der Arzneibaldrian, der indische Speik und Patschuli.

Die wichtigste Arzneipflanze mit beruhigender Wirkung – der Arzneibaldrian (*Valeriana officinalis L.*, Geißblattgewächse)

Der Arzneibaldrian zählt zu den bedeutendsten Arzneipflanzen, dessen sedative, schlaffördernde und beruhigende Wirkung gut bekannt und untersucht ist, wobei viele Inhaltsstoffe zusammen für diesen Effekt verantwortlich gemacht werden. Diese ausdauernde, 1-2 m hohe krautige Pflanze bildet als Überdauerungsorgan ein Rhizom aus. Sehr charakteristisch sind die unpaarig gefiederten, gegenständigen Laubblätter mit eilanzettlichen Blättern.

Die europäische Arzneimittelbehörde EMA stuft für die allgemeinmedizinische Verwendung Baldriantrockenextrakte, die mit 40-70-prozentigem Ethanol extrahiert wurden, als wirksam zur Lösung milder nervöser Anspannungen und gegen Schlafstörungen ein, andere traditionelle Zubereitungsformen sind wirksam gegen milde Formen psychischer Belastungen und wirken schlafunterstützend (Committee on Herbal Medicinal Products [HMPC], 2016).

Der durchschnittliche Preis von Baldrianwurzeln liegt bei fünf Euro je Kilogramm, der durchschnittliche Ertrag bei 1.500 kg je Hektar (Pljevljakusic & Brkić, 2020).

Eine der wichtigsten Arzneipflanzen vieler traditioneller ostasiatischer Medizinsysteme – Indische Narde, Indischer Speik (*Nardostachys jatamansi DC.*, Geißblattgewächse)

Die Indische Narde, wie der Keltische Speik auch „Speik" genannt, ist eine Pflanze im Himalaya, die in traditionellen chinesischen, indischen, tibetanischen, nepalesischen, bhutanischen und japanischen Medizinsystemen von Indien bis Japan nach wie vor intensiv genutzt wird.

Die Pflanze wird ca. 50 cm hoch, hat ganzrandige Laubblätter, die an der Basis spatelförmig ausgebildet sind, während die gegenständigen Stängelblätter klein bleiben. Die doldigen Blütenköpfchen haben fünfzählige, purpurfarbene Blüten. Die Pflanze bildet ein unterirdisches Rhizom aus, an dem die Seitenwurzeln direkt ansitzen (Abbildung 31). Mit dem Keltischen Speik hat sie die äußerliche Ähnlichkeit, das Vorkommen ab einer Seehöhe von 1900 Metern und die Unkultivierbarkeit gemeinsam (Dhiman & Bhattacharya, 2020).

Leider sind die Populationen durch Übernutzung unter starken Druck geraten und sanken in der Einstufung der Roten Liste der IUCN in den letzten 20 Jahren von „potenziell gefährdet" zu „stark gefährdet", in Nepal sogar bis „potenziell vom Aussterben bedroht" ab. Daher haben Bestrebungen, diese Art in Kultur zu nehmen, wieder zugenommen (Dhiman & Bhattacharya, 2020). Sollten sie diesmal erfolgreich sein, könnten sie gute Hinweise zur Inkulturnahme des Keltischen Speiks liefern.

Das ätherische Öl der indischen Narde, englische Handelsbezeichnung „Spikenard essen-

tial oil" wird weltweit zu einem Preis von 64 € je Kilogramm gehandelt[16]. Der Bedarf in Indien alleine lag 2001 bis 2002 bei 675 Tonnen getrockneten unterirdischen Pflanzenteilen, die zu einem durchschnittlichen Preis von 3,1€ je Kilogramm gehandelt wurden (Mullikan & Crofton, 2008).

Die indische Narde wird in der Volksmedizin der oben genannten Medizinsysteme bei einer Vielzahl von Krankheiten und Beschwerden eingesetzt, am häufigsten aufgrund der sedativen (dämpfend, beruhigend) und entspannenden Eigenschaften (Dhiman & Bhattacharya, 2020), ähnlich dem Arzneibaldrian in der europäischen Medizin bzw. dem Keltischen Speik in früheren Zeiten.

Abbildung 31: Indischer Speik (Nardostachys jatamansi).
Aus dieser Pflanze lassen sich Substanzen gewinnen, die ähnlich wie jene des Keltischen Speiks wirken und eingesetzt werden können.
Quelle: Joseph Dalton Hooker (1817-1911) (Curtis et al., 1881, tabl. 6564)

Der „Patschuli-Duft" – Patschuli (*Pogostemon cablin* Benth., Lippenblütler)

Patschuli ist sowohl eine Pflanzengattung aus der Familie der Lippenblütler als auch eine Bezeichnung für einen bestimmten Duft, der vorwiegend aus *Pogostemon cablin*, einer Art der Gattung, gewonnen wird.

Die ausdauernde Pflanze wird 30 bis 100 cm hoch und hat einen filzig behaarten Stängel. Die Blattstiele der Blätter sind bis zu 6 cm lang und die bis zu 10 cm lange und 9 cm breite Blattspreite ist kreis- bis eiförmig. Die Blütenstände sehen ährenförmig aus, die zahlreichen Blüten sind in Scheinquirlen angeordnet.

Das ätherische Patschuliöl wird aus den Blättern der Pflanze gewonnen. Das ätherische Patschuliöl ist unter den Top 10 der Parfumrohstoffe und wird in einer Menge von 1300 Tonnen pro Jahr produziert, wobei das derzeitige Preisniveau zwischen 61 und 63 US$ je Kilogramm Öl liegt (van Beek & Joulain, 2018).

16 Ätherische Öle werden – obwohl es Flüssigkeiten sind – aufgrund unterschiedlicher Dichten in kg gehandelt.

Während das Öl in Indien schon sehr lange bekannt und viel genutzt wurde, wurde es erst Anfang des 19. Jahrhunderts erstmals in Europa (London) importiert. Nachdem die ersten eingelangten Kisten lange Zeit ein Ladenhüter waren, nahmen sich dann französische Parfümeure des Öles an und entwickelten daraus eine Reihe sehr erfolgreicher Parfums. Bekannte Parfums, die heute am Markt sind und auf Patschuli basieren, sind etwa „Mitsouko – Eau de Parfum" (Guerlain), „Patchouli" (Reminescence), „Coco Noir" (Chanel), „Eau Sauvage" (Dior), „Tuxedo" und „Black Opium" (Yves Saint-Laurent), „Aqua di Gio" (Armani), um nur wenige zu nennen.

4.6.4. Zusammenfassende Betrachtungen

Der Keltische Speik hat ähnliche Inhaltsstoffe wie auch andere Baldrianarten, die einerseits seine (volks)arzneiliche Verwendung und seine Anwendung als Duftstoff liefernde Pflanze ausmacht. Vielleicht waren die Duftstoffe des Keltischen Speiks in der Vergangenheit auch deshalb so beliebt, weil sie neben dem Duft auch eine beruhigende, entspannende Wirkung gehabt haben. Insofern würde der Keltische Speik dem heutigen Wellnesstrend und dem Wunsch nach Balance sehr entsprechen.

Die drei „großen Geschwister" des Keltischen Speiks (anwendungsbezogen betrachtet) haben große Bedeutungen in ihren Sektoren erlangt und werden in großen Mengen zu relativ geringen Preisen gehandelt, Rahmenbedingungen, mit denen der wildgesammelte Keltische Speik heute niemals konkurrieren könnte. Man sollte sich vergegenwärtigen, dass der Keltische Speik einstmals aber eine ebenso bedeutsame Rolle im internationalen Handel innehatte (siehe Kapitel 5), wie es diese drei Arten heute haben. Eine nicht zu beantwortende Frage ist, wie und in welchem Ausmaß der Keltische Speik heute genutzt werden würde, wenn er nicht vor fast hundert Jahren unter Naturschutz gestellt worden wäre.

Würde eine Nutzung wieder möglich sein, wird er aufgrund der ökonomischen Rahmenbedingungen und der Schwierigkeiten der Kultivierung nicht mit den großen Drei konkurrieren können. Auch eine Wildsammlung in der Dimension, wie sie beim indischen Speik im Himalaja praktiziert wird, ist für den Keltischen Speik unter den europäischen Rahmenbedingungen nicht möglich, und auch nicht wünschenswert.

Er könnte sich aber interessante, kleine Nischen im hochpreisigen Segment erarbeiten, da die Qualität dieser Pflanzen nicht von einzelnen Inhaltsstoffen abhängt, sondern von dem Gesamtspektrum der Inhaltsstoffe. Durch die leicht abgewandelte Aktivität bzw. Geruch des Keltischen Speiks im Vergleich zu verwandten Baldrianarten bzw. Patschuli wäre dies durchaus vorstellbar.

Literaturverzeichnis

Bicchi, C., Sandra, P., Schelfaut, M. & Verzele, M. (1983). Studies on the essential oil of *Valeriana celtica* L. Journal of High Resolution Chromatography, 6(4), 213–215. https://doi.org/10.1002/jhrc.1240060414

Bos, R., Woerdenbag, H. J., Hendriks, H. & Scheffer, J. J. C. (1997). Composition of the essential oils from underground parts of Valeriana officinalis L.s.l. and several closely related taxa. Flavour and Fragrance Journal, 12(5), 359–370. https://doi.org/10.1002/(SICI)1099-1026(199709/10)12:5<359::AID-FFJ660>3.0.CO;2-G

Committee on Herbal Medicinal Products. (2016). European Union herbal monograph on Valeriana officinalis L., radix (EMA/HMPC/150848/2015, Corr.1). https://www.ema.europa.eu/en/medicines/herbal/valerianae-radix#overview

Curtis, W., Hooker, J. D., Hooker, W. J., Prain, D., Stapf, O., Bentham-Moxon Trust., Royal Botanic Gardens, K., Royal Horticultural Society, Stanley Smith Horticultural Trust & Stanley Smith Horticultural Trust. (1881). Curtis's botanical magazine. 0011-4073, v.107=ser.3:v.37 (1881) [no.6534-6599]. https://www.biodiversitylibrary.org/item/14235#

Dhiman, N. & Bhattacharya, A. (2020). Nardostachys jatamansi (D.Don) DC.-Challenges and opportunities of harnessing the untapped medicinal plant from the Himalayas. Journal of ethnopharmacology, 246, 112211. https://doi.org/10.1016/j.jep.2019.112211

Hegnauer, R. (1973). Chemotaxonomie der Pflanzen: Eine Übersicht über die Verbreitung und die systematische Bedeutung der Pflanzenstoffe (Lehrbücher und Monographien aus dem Gebiete der exakten Wissenschaften, Chemische Reihe). Birkhäuser Basel, 21.

Houghton, P. J. (1997). Valerian: The genus Valeriana. Medicinal and aromatic plants-industrial profiles: v. 1. Harwood Academic Press. https://doi.org/10.1201/9780203734483

Khom, S., Strommer, B., Ramharter, J., Schwarz, T., Schwarzer, C., Erker, T., Ecker, G. F., Mulzer, J. & Hering, S. (2010). Valerenic acid derivatives as novel subunit-selective GABAA receptor ligands – in vitro and in vivo characterization. British journal of pharmacology, 161(1), 65–78. https://doi.org/10.1111/j.1476-5381.2010.00865.x

Kovacevic, N., Pavlovic, M., Menkovic, N., Tzakou, O. & Couladis, M. (2002). Composition of the essential oil from roots and rhizomes of Valeriana pancicii Halácsy & Bald. Flavour and Fragrance Journal, 17(5), 355–357. https://doi.org/10.1002/ffj.1100

Länger, R. & Kubelka, W. (2001). Phytokodex: Pflanzliche Arzneispezialitäten in Österreich (2001/2002). Österr. Apotheker-Verl.; Krause & Pachernegg.

Liu, X. C., Zhou, L. & Liu, Z. L. (2013). Identification of Insecticidal Constituents from the Essential Oil of Valeriana jatamansi Jones against Liposcelis bostrychophila Badonnel. Journal of Chemistry, 2013(1), Artikel 853912. https://doi.org/10.1155/2013/853912

Mullikan, T. A. & Crofton, P. (2008). Review of the Status, Harvest, Trade and Management of Seven Asian CITES-listed Medicinal and Aromatic Plant Species (BfN-Skripten Nr. 227). BfN. https://bfn.bsz-bw.de/files/560/Skript_227.pdf

Novak, J., Franz, C. M. & Novak, S. (1998). Essential oils of rhizomes and rootlets of *Valeriana celtica* L. ssp. *norica* Vierh. from Austria. Journal of Essential Oil Research, 10(6), 637–640. https://doi.org/10.1080/10412905.1998.9700993

Novak, J., Novak, S., Bitsch, C. & Franz, C. M. (2000). Essential oil composition of underground parts of *Valeriana celtica* ssp. from Austria and Italy. Flavour and Fragrance Journal, 15(1), 40–42. https://doi.org/10.1002/(SICI)1099-1026(200001/02)15:1<40::AID-FFJ863>3.0.CO;2-B

Penzkofer, M., Baron, A., Naumann, A., Krähmer, A., Schulz, H. & Heuberger, H. (2018). Characterization of essential oil distribution in the root cross-section of *Valeriana officinalis* L. s.l. by using histological imaging techniques. Plant methods, 14, 41. https://doi.org/10.1186/s13007-018-0309-4

Pljevljakusic, D. & Brkić, S. (2020). Cultivation cost-benefit analysis of some important medicinal plants in Serbia. Lekovite sirovine, 13–21. https://doi.org/10.5937/leksir2040013P

Sawyer, J. C. (1892). Odorographia : a natural history of raw materials and drugs used in the perfume industry: intended to serve growers, manufacturers and consumers. Guerney & Jackson.

Singh, S. K., Katoch, R. & Kapila, R. K. (2013). Chemotypic variation for essential oils in Valeriana jatamansi Jones populations from Himachal Pradesh. Journal of Essential Oil Research, 25(2), 154–159. https://doi.org/10.1080/10412905.2013.767757

van Beek, T. A. & Joulain, D. (2018). The essential oil of patchouli, Pogostemon cablin : A review. Flavour and Fragrance Journal, 33(1), 6–51. https://doi.org/10.1002/ffj.3418

Veith, J., Schneider, G., Lemmer, B. & Willems, M. (1986). Einfluss einiger Abbauprodukte von Valepotriaten auf die Motilität Licht-Dunkel synchronisierter Mäuse [The effect of degradation products of valepotriates on the motor activity of light-dark synchronized mice]. Planta medica(3), 179–183.

Weberling, F., Endlich, B. & Engel, K. (1971). Zur systematischen Stellung von Valeriana pancicii Halcsy &Baldacci und V. bertiscea Panĉić. Österr bot Z (Österreichische Botanische Zeitschrift), 119(1-3), 94–101. https://doi.org/10.1007/BF01373111

Wu, H., Li, B., Wang, X., Jin, M. & Wang, G. (2011). Inhibitory effect and possible mechanism of action of patchouli alcohol against influenza A (H2N2) virus. Molecules, 16(8), 6489–6501. https://doi.org/10.3390/molecules16086489

4.7. Speik – ökonomische Perspektiven auf eine geschützte Pflanze

Michael Getzner

Was ist eine „ökonomische Perspektive"?

Im Zusammenhang mit dem Schutz von Ökosystemen oder einzelnen Tier- und Pflanzenarten werden ökonomische Aspekte sowohl positiv als auch negativ erwähnt. In positiver Hinsicht wird häufig darauf verwiesen, welchen großen ökonomischen Wert der Naturschutz hat, z.B. durch den Schutz von Insekten für die Bestäubung, den Schutz von Infrastrukturen und Siedlungsflächen durch einen funktionierenden Schutzwald, oder die Einrichtung von Schutzgebieten und deren erwartete günstige regionalwirtschaftliche Auswirkungen. Im Zusammenhang mit *Valeriana celtica* subsp. *norica*, der als Speik bezeichneten stark duftenden und aromatischen Pflanze, wird beispielsweise auf den Wert als Heil- und Kosmetikpflanze, aber auch auf ihre (wirtschafts-) historische Bedeutung hingewiesen (vgl. Jungmeier, Klemun et al., 2022).

Der zu den Baldrianpflanzen zählende Speik ist hinsichtlich seiner Wirkungen seit der Antike bekannt und wurde insbesondere seit dem Mittelalter vor allem als Duftpflanze aus der Steiermark in breiten Anwendungsbereichen genutzt. Eingang fand die Pflanze spätestens im 16. Jahrhundert in die staatlichen Heilmittelverzeichnisse (siehe Kapitel 5.2 Substanz und Arzneimittel). Einst wurde die Pflanze aus der Steiermark auch weltweit exportiert, so beispielsweise nach Ägypten, in den Sudan, Marokko, Jordanien, und in die Türkei (Novak et al., 2000). Während in den letzten Jahren fast 30 Kilogramm der Pflanze von einem einzelnen Betrieb geerntet und an einen deutschen Verarbeiter exportiert wurden, waren es zu den Hochzeiten der Speikernte in allen Ernteregionen bis zu 20 Tonnen pro Jahr. Möglich wurde dies durch das Abwechseln jedes Erntejahres mit zwei Ruhejahren. Historisch betrachtet wurde die Pflanze vor allem wegen ihrer beruhigenden Wirkung genutzt (ebd.). In Bezug auf die wirtschaftliche Bedeutung des Speiks gibt es nur wenige Untersuchungen, jedoch deuten die Erntezahlen der Vergangenheit auf eine gewisse historisch große ökonomische Bedeutung für die Regionalwirtschaft hin. Gesichert ist, dass – wie andere Baldrianpflanzen auch – die heimische Variante hunderte verschiedene Substanzen (z.B. ätherische Öle) enthält, die in verschiedener Weise genutzt werden (können) (Huynh et al., 2013; Sarikurkcu et al., 2020). Auch wenn detaillierte Studien fehlen, kann angenommen werden, dass die Pflanze beruhigende und damit nervenstärkende, aber auch antibakterielle Wirkstoffe enthält (Gusain et al., 2021). Die Nutzung von medizinischen Wirkstoffen in Pflanzen ist grundsätzlich weltweit bedeutsam: Es wird davon ausgegangen, dass bis zu 80 % der Bevölkerung v.a. des Globalen Südens Heilpflanzen als Grundlage der Heilung direkt heranziehen. Zumindest 30 % der weltweit erzeugten Arzneimittel enthalten Wirkstoffe aus Heilpflanzen (Asigbaase et al., 2023), wobei geschätzt wird, dass von neu auf den Markt kommenden Arzneimitteln etwa 50 % auf pflanzlichen Wirkstoffen basieren (Wang et al., 2020). Global werden mit Produkten, die Heilpflanzen enthalten, rund 400 Mrd. $ umgesetzt; der Markt für die Pflanzenrohstoffe alleine wird mit 65 Mrd. $ pro Jahr bewertet; die ökonomische Bedeutung kann lokal erheblich sein (Asigbaase et al., 2023).

In einer vergleichenden Betrachtung der Nutzung wildgesammelter (Baldrian-) Pflanzen ist die Sammlung des Speiks unbedeutend, sowohl hinsichtlich der Situation in Österreich als auch in Nachbarländern. Im Wesentlichen wird die Pflanze geerntet und exportiert, ohne dass eine signifikante heimische Veredelung erfolgt (Schunko & Vogl, 2018). Aus betrieblicher und damit regionalwirtschaftlicher Sicht scheint die Pflanze somit einen nur geringen direkten marktlichen Wert zu haben. Dieser Wert korrespondiert mit dem konsumptiven (direkten) Nutzen – weiter unten wird auch auf andere Nutzenkomponenten bzw. Ökosystemleistungen eingegangen. Die Betrachtung dieses marktlichen Wertes alleine reicht jedoch nicht aus, den ökonomischen Wert beispielsweise des Speiks vollständig zu erfassen (Theodoridis et al., 2023).

Im Gegensatz zu den (vermutlich geringen) positiven Aspekten der Speikpflanze fällt „die Wirtschaft" immer dann negativ auf, wenn es um die ressourcenintensive Nutzung von Naturgütern geht, beispielsweise in Form von Konflikten zwischen dem Artenschutz und dem Bau von Infrastrukturen. Und allgemein, wenn Wirtschaftswachstum dazu führt, die Zielkonflikte zwischen dem Ansteigen des Ressourcenverbrauchs (und damit der Gefährdung des Biodiversitätsschutzes) und dem Natur- und Biodiversitätsschutz zu verschärfen (vgl. Hametner, 2022, in Bezug auf die Zielkonflikte der Sustainable Development Goals der Vereinten Nationen; Schirpke et al., 2023, in Bezug auf die Treiber von Landnutzungsveränderungen in Österreich). Hinsichtlich der Pflanzenwirkstoffe, wie sie auch in der Speikpflanze enthalten sind, ist ein deutlicher Konflikt zwischen der Nutzung und dem Schutz der Pflanzen erkennbar: Es wird geschätzt, dass weltweit etwa 50.000-80.000 Pflanzenarten für medizinische Zwecke genutzt werden, wovon etwa 15.000 dieser Arten durch Übernutzung vom Aussterben bedroht sind (Asigbaase et al., 2023). In Europa werden etwa 1.300 Heilpflanzen direkt genutzt, 90 % davon stammen aus Wildsammlung (Gusain et al., 2021). Die Nutzung von Wildpflanzen ist daher nach wie vor bedeutsam, weil die Züchtung aufgrund der komplexen Wirkstoffe die Wissenschaft vor größere Herausforderungen stellt (Wang et al., 2020).

Die „ökonomische Perspektive" enthält all diese Beispiele; zunächst geht es aber nicht primär um die gegenseitigen Wirkungen zwischen dem Naturschutz und der Ökonomie, sondern um grundsätzlichere Fragen: Die Ökonomik ist eine Sozialwissenschaft, die in engerem Sinn menschliche Entscheidungen in Bezug auf die Nutzung knapper Ressourcen analysiert. Dies inkludiert, die Nutzung von Umweltressourcen auch zu unterlassen (d.h. sich für eine Außernutzungsstellung zu entscheiden). Aus dieser Sichtweise werden die Vor- und Nachteile einer Entscheidung (z.B. für oder wider den Naturschutz), also die Kosten und Nutzeffekte der Ressourcennutzung, abgewogen (Getzner, 2018). Im weiteren Sinn umfasst diese Wissenschaft die Analyse von Bereitstellungssystemen, d.h. welche Güter und Dienstleistungen, welche Lebensqualität, werden (und sollen) von wem, unter Inanspruchnahme welcher Ressourcen, in welcher Form und in welcher Governance-Struktur bereitgestellt (werden). Dies bedeutet, es geht auch um die Interaktion zwischen Individuen und der Gesellschaft, und um den gesellschaftlichen (politischen, rechtlichen, institutionellen, instrumentellen) Rahmen individuellen und kollektiven Handelns mit besonderer Berücksichtigung der beschränkten Stoff- und Energieressourcen (z.B. Schaffartzik et al., 2021). Deutlich werden diese Perspektiven marktlicher Sicht, wenn die Knappheit natürlicher Ressourcen, z.B. von wildgesammelten Pflanzen wie dem Speik, auf die internationale Nachfrage trifft, und somit Naturschutz, menschliche Gesundheit und die marktlichen Profitinteressen der beteiligten Industrien und des Handels abgewogen werden (Barata et al., 2016).

Die Ökonomik als Wissenschaft befasst sich somit mit derartigen Entscheidungen, wobei den individuellen Entscheidungen quasi paradigmatisch ein besonderes Gewicht in der Analyse verliehen wird. Dies umfasst insbesondere auch Entscheidungen innerhalb vorgegebener Strukturen und Institutionen. In diesem Sinn hängen die individuellen Entscheidungen von den rechtlichen, ökonomischen, sozialen und institutionellen Rahmenbedingungen ab – und konstituieren diese zur gleichen Zeit. Menschen orientieren sich an diesen Strukturen, und schaffen diese gleichzeitig durch ihre Handlungen (Görg et al., 2023). Im übertragenen anthropozentrischen Sinn bedeutet dies, dass die hier betrachtete Speikpflanze ihren Wert durch die menschliche Wahrnehmung und durch menschliche Entscheidungen erhält, sowohl in direkter Sicht (Ernte und Vermarktung) als auch in indirekter Perspektive (Schaffung der Rahmenbedingungen der Nutzung).

Für den Schutz der Biodiversität bedeutet dies im Grunde zweierlei: Einerseits wird die Umwelt (die Natur) von Menschen wahrgenommen und bewertet; für letzteres sind beispielsweise sowohl die Präferenzen (d.h. der individuelle Wunsch nach dem Ausmaß des Naturschutzes) als auch die zur Verfügung stehenden und verarbeiteten Informationen grundlegend. Andererseits wurden und werden eine Vielzahl von gesellschaftlich verhandelten Rahmenbedingungen für die Ausbeutung der Natur (z.B. Wildpflanzen) ebenso wie für den Naturschutz (z.B. Einschränkungen des Sammelns) geschaffen, an denen sich die menschlichen Entscheidungen ausrichten, und die diese ermöglichen oder untersagen (zum ökonomischen Wert des Naturschutzes siehe Getzner, 2018).

Mit anderen Worten folgt daraus, dass sowohl in der individuellen Handlung als auch den gesellschaftlich geschaffenen Rahmenbedingungen die menschliche Bewertung ein zentrales Element darstellt. Somit befasst sich die Ökonomik im Bereich des Naturschutzes im Kern mit Fragen der menschlichen (Einzel- oder Kollektiv-)Bewertung. Die ökonomischen Methoden der Bewertung von Umweltgütern untersuchen somit menschliche Entscheidungen (Handlungen) oder Äußerungen, spüren diese menschlichen Bewertungen auf und machen sie explizit. Im Fall der Baldrianpflanze Speik bedeutet dies unter anderem, die betriebliche Bedeutung der Pflanze in der Kosmetikindustrie (z.B. mittels Marktpreisen) oder den Aufwand, der für den Schutz der Pflanze getätigt wird (z.B. kostenbasierte Bewertung; Zahlungsbereitschaft für Naturschutz), ökonomisch (monetär) zu bewerten. Abgesehen von diesen marktlich orientierten Bewertungsmethoden – die, wie auch die anderen Methoden, marginale Zahlungsbereitschaften für bestimmte Leistungen oder Wertschätzungen (einschließlich des Schutzes der Pflanze) ermitteln – sind eine Reihe von nicht-marktlichen Bewertungsmethoden vorhanden, u.a. indirekte Methoden (z.B. Erhebung des Erholungswertes) sowie direkte Methoden (z.B. direkte Ermittlung einer Zahlungsbereitschaft für den Schutz einer Pflanzenart) (siehe dazu auch weiter unten).

Ökosystemleistungen

Einen wichtigen Rahmen für das Aufspüren der ökonomischen (individuellen und kollektiven) Bewertungen bietet das Konzept der „Ökosystemleistungen". Diese finden ihren Ausgang in den biophysischen Strukturen und Prozessen sowie in den ökologischen Funktionen eines Ökosystems (z.B. natürliche Artenzusammensetzung und Dynamik). Die Ökosystemleistung könnte hier beispielsweise aus dem Schutz (on-site) bestimmter seltener Tier- und Pflanzenarten wie dem Speik bestehen. Dieser Schutz befriedigt menschliche Bedürfnisse (z.B. nach einer natürlichen Umwelt, nach dem Wissen um die Existenz anderer Lebewesen), und erschließt sich daher – bei entsprechender Wahrnehmung – auch der Bewertung, die wiederum abhängig ist von der Stärke der Präferenzen. Abbildung 32 zeigt diese Zusammenhänge und weist auch darauf hin, dass Institutionen (rechtliche, soziale, ökonomische) an verschiedenen Stellen dieses Kaskadenmodell beeinflussen und bestimmen. So ist der zugemessene Wert einer seltenen Tier- oder Pflanzenart immer auch von den institutionellen Rahmenbedingungen abhängig, d.h. er steht in einem zeitlichen und räumlichen Kontext.

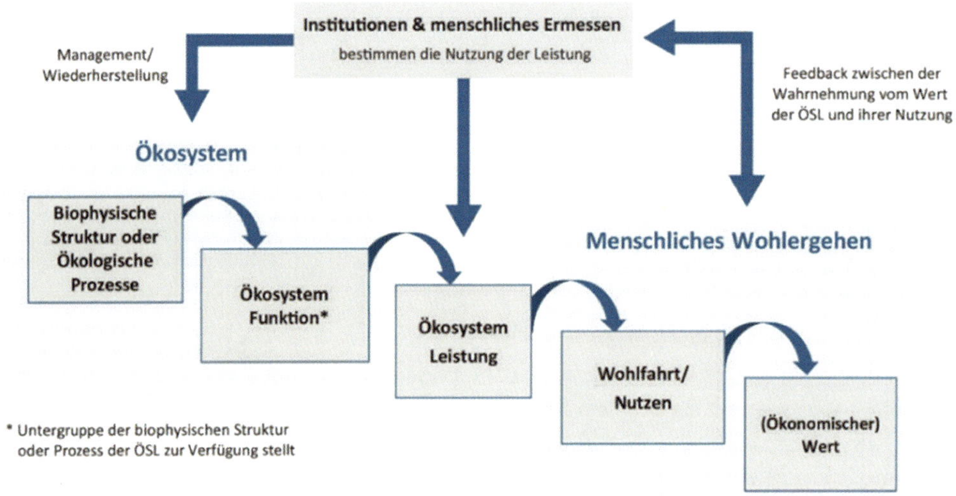

Abbildung 32: Vom Ökosystem zur ökonomischen Bewertung.
Das Kaskadenmodell der Ökosystemleistungen zeigt, dass verschiedene Institutionen das System an verschiedenen Stellen beeinflussen.
Quelle: Eigene Darstellung auf Basis von de Groot et al., 2010; Getzner & Schneider, 2019; Haines-Young & Potschin, 2010

Hinsichtlich der Speikpflanze kann eine Reihe von Ökosystemleistungen erörtert werden:

- Regulierende Leistungen: Durch die Wurzelbildung und durch relativ rasches Wachstum dient die Pflanze als Teil des Ökosystems „Alpine Rasen oberhalb der Waldgrenze mit Speik" (M. Jungmeier, persönliche Mitteilung, 2024) der Stabilisierung des Bodens und trägt damit bei, Erosion zu verhindern und zur Bodenvernarbung beizutragen.

- Unterstützende Leistungen: Der Speik ist Teil dieses Ökosystems und damit des Lebensraums von Tier- und anderen Pflanzenarten, und unterstützt damit den Erhalt der Biodiversität (d.h. der Landschaft, aber auch der Artenvielfalt und der genetischen Vielfalt).
- Bereitstellende Leistungen: Wie oben diskutiert kann die Pflanze durch ihren hohen und einzigartigen Wirkstoffgehalt als Grundstoff für pharmazeutische und hygienische Produkte verwendet werden.
- Kulturelle Leistungen: Diese können im Beitrag zur Erholungsleistung (z.B. Speikwanderungen, Speikbäder, Genießen von Gerüchen in freier Natur; vgl. Bentley et al., 2023; Franco et al., 2017), aber auch zu historisch überlieferten Kulturgütern (traditionelle Verwendungsmethoden, lokalkulturelle Bezüge) beitragen.

Die Bewertung dieser Ökosystemleistungen findet wie erwähnt in einem institutionellen, historischen, rechtlichen und ökonomischen Rahmen statt. Gerade die Speikpflanze zeigt auch die Änderungen der Rahmenbedingungen im historischen Kontext. Während die Pflanze einst einen großen Wert in der Produktion von Heil- und Kosmetikprodukten hatte, verschoben sich die Rahmenbedingungen zugunsten des Schutzes einer zunehmend gefährdeten Pflanzenart, wobei der Produktionswert in den Hintergrund und der Wert des Schutzes der Pflanze u.a. aus wirtschaftshistorischen und ökologischen Gründen in den Vordergrund traten. Aus ökonomischer Perspektive wäre dies gleichzusetzen mit einer Verringerung des Nutzwertes (Gebrauchswertes; Use Value) durch direkte Nutzung (Entnahme) der Pflanze, zugunsten einer Ausweitung des Nicht-Nutzerwertes (Non-use Value) in Form des Existenzwertes bzw. der indirekten (nicht-konsumptiven) Nutzung der gefährdeten Art. In historischer Perspektive könnte der betrachteten Pflanze auch ein Vermächtnis-, Kultur- und ein altruistischer Wert beigemessen werden. Alle genannten Wertschätzungen, die u.a. mit der Zahlungsbereitschaft zum Schutz oder Nutzung der Pflanze monetarisiert werden könnten, sind Teil des „gesamten ökonomischen Werts" (Total Economic Value). Einschränkend ist hierbei hinzuzufügen, dass dieser gesamthafte Wert ökonomisch kaum sinnvoll messbar ist, sondern in ökonomischen Bewertungsverfahren die Zahlungsbereitschaft für Veränderungen der Umweltqualität – im Falle des Speiks beispielsweise des verbesserten Schutzes – erhoben wird (z.B. Johansson, 1993).

Wie bereits betont, hängt die Wertschätzung u.a. für Pflanzenarten von der Wahrnehmung und der vorhandenen Information ab. Die ökonomische, d.h. anthropozentrische, Bewertung fußt darauf, dass dem Speik „ein Wert zugemessen" wird – dies kann aber nur dann geschehen, wenn jene, die den Wert zumessen (im Prinzip sind das sowohl die einzelnen Nutzer:innen vor Ort als auch die Gesellschaft insgesamt), auch über entsprechende Informationen und Wahrnehmung verfügen. Wird beispielsweise der Speik als Heilpflanze als solche nicht wahrgenommen, ist im Umkehrschluss auch keine Bewertung (im Sinne der Anwendung einer Bewertungsmethode) möglich. Dies bedeutet mit anderen Worten, dass sich ein ökonomischer Wert durch entsprechende Informationen auch steigern lässt. Werden Speikwanderungen beispielsweise intensiv beworben, oder wird der Speik in kulturellen Kontexten verstärkt genutzt, kann damit ein höherer ökonomischer Wert (eine höhere Bewertung) verbunden sein. Ursprünglich geringe Wahrnehmung und Bewertung werden durch Informationen von Ökolog:innen über den hohen ökologischen Wert oder durch öffentliche Diskussionen über die regionalwirtschaftliche Bedeutung gesteigert. Tier- und Pflanzenarten, die ein hohes Ansehen genießen und damit quasi Ikonen des Naturschutzes sind (sogenannte charismatische Arten), brauchen hier kaum mehr eine öffentliche Unterstützung, um entsprechend wahrgenommen und bewertet zu werden. Naturschutzstrategien können daher auf Basis dieser charismatischen Arten entwickelt werden. Für die Frage, ob der Speik eine charismatische Art ist, gibt es keine umfassenden empirischen Untersuchungen. Aufgrund der Kleinheit und tendenziellen Unauffälligkeit ist eher ein ökosystemarer Strategieansatz zu wählen: Für den Naturschutz würde hierbei eine Konzentration auf den Schutz des gesamten Ökosystems (Habitat) besser passen.

Abgesehen davon ist eine Bewertung einer herausgegriffenen einzelnen Art im ökologischen Gefüge problematisch: Während eine einzelne Eigenschaft einer ökonomischen Bewertung unterliegen könnte (Wirkstoffe in der Pflanze), ist eine Einzelbewertung im Rahmen von Ökosystemleistungen und der Erhebung von Zahlungsbereitschaften kaum sinnvoll möglich. So kann beispielsweise die Frage nach der abgegrenzten Zahlungsbereitschaft für den Schutz der Speikpflanze kaum von der Zahlungsbereitschaft für den Schutz des gesamten Habitats unterschieden werden: Die Speikpflanze kann nicht vom Schutz des Habitats getrennt werden, eine Zahlungsbereitschaft für eine einzelne Art drückt in der Regel somit auch eine umfassendere Zahlungsbereitschaft aus.

Nachhaltigkeit

Die hier knapp skizzierte ökonomische Perspektive des Artenschutzes fußt auf dem Konzept der so genannten „schwachen" Nachhaltigkeit: Die menschliche Bewertung beruht auf der Bereitschaft, Ressourcen (im Falle der Zahlungsbereitschaft: individuelles Einkommen) aufzugeben zugunsten des Schutzes der gefährdeten Art. Mit anderen Worten, die Zumessung eines ökonomischen Wertes erfolgt einerseits nur insofern, als dass eine Zahlungsbereitschaft (basierend auf der individuellen Wahrnehmung der Bedeutung einer Art, z.B. der Bedeutung der vielfältigen ökologischen, ökonomischen und historischen Facetten der Speikpflanze) besteht. Andererseits impliziert dies eine Bereitschaft zu einem Abtausch von Einkommen (Ressourcen im weiteren Sinne) gegen Naturschutz. Die „schwache" Nachhaltigkeit enthält somit zum einen diese Bereitschaft zum Abtausch, und zum anderen die Überlegung, dass das gesamte den Menschen zur Verfügung stehende Kapital (das sind alle produktiven Ressourcen) zumindest gleichbleiben sollte, um eine nachhaltige Entwicklung zu garantieren. Der Verlust natürlichen Kapitals kann damit quasi mit einem Gewinn an Kapital in Form von Infrastruktur oder an Humankapital aufgerechnet werden. Für die Speikpflanze würde dies bedeuten, dass der Schutz bzw. die Form der Nutzung direkt von der Zahlungsbereitschaft abhängt. Wenn die Zahlungsbereitschaft für den Schutz der Pflanze geringer ist als beispielsweise der wirtschaftliche Nutzen aus der Umwandlung des Habitats des Speiks (z.B. Siedlungsentwicklung, landwirtschaftliche Nutzung, Infrastrukturen, Energiegewinnung), wäre dies aus dieser Perspektive noch immer nachhaltig.

Eine „starke" Nachhaltigkeitsperspektive betrachtet den Schutz der Natur dann als gegeben an, wenn das natürliche Kapital (z.B. Biodiversität in den verschiedenen Formen) zumindest konstant bleibt, d.h. ein Abtausch zwischen natürlichem und produziertem Kapital ist nicht gegeben. Eng mit der starken Nachhaltigkeit verbunden ist der ethische Ansatz eines Schutzes, der auf Rechten (z.B. der Existenz) basiert: Lebewesen haben demzufolge ein grundsätzliches Recht auf ihre Existenz. Menschen schreiben somit diese Rechte der Umwelt zu, auch wenn keine individuelle Zahlungsbereitschaft besteht. Aus dieser rechtebasierten Sicht muss daher der Speik unabhängig von einem wirtschaftlichen Wert oder einer Bedeutung geschützt werden, im Sinne eines Existenzrechtes – dies kann auch als Perspektive der ökologischen Ökonomik verstanden werden, die die Natur als fundamental unterschiedlich zu anderen Kapitalformen begreift [17].

Die Nachhaltigkeit des Schutzes – oder allgemeiner: die Governance-Struktur, mit welcher der Schutz oder die Nutzung gewährleistet und geregelt werden – fußt auf rechtlichen, aber auch wahrgenommenen Verfügungsrechten (Property Rights). So kann es historische argumentierte Verfügungsrechte geben, die von den rechtlichen Rahmenbedingungen, die sich auch ändern können, abweichen oder in Konflikt miteinander stehen. Dies wird insbesondere dann offensichtlich, wenn eine eigentlich streng geschützte Pflanze wie der Speik aus traditionellen oder historischen Gründen trotzdem genutzt wird. Eine Ausweitung der betrieblichen – und in weiterer Folge, regionalwirtschaftlichen – Bedeutung des Speiks als Heil- und Kosmetikpflanze (konsumptive Nutzung) kann somit an den oben erörterten Konflikten mit dem nachhaltigen Naturschutz scheitern. Aus Sicht einer Nachhaltigkeitsperspektive könnte eine symbolische (kulturelle, traditionelle) Aufladung sowie eine nicht-konsumptive Nutzung (z.B. Erholungswert) sicherlich einen gewissen kleinräumigen ökonomischen Effekt durch eine größere Anzahl an Besucher:innen (Erholungssuchenden) haben. Zu beachten ist hierbei, dass die isolierte zusätzliche Wirkung einer derartigen Vermarktung auf die Anzahl an Besucher:innen selbst bei großen Naturschutzvorhaben (z.B. Nationalparks) in der Regel relativ bescheiden ist (Getzner, 2008).

<u>Schlussfolgerungen</u>

Die Betrachtung des rein betrieblichen Wertes einer gefährdeten Pflanzenart wie der Baldrianpflanze Speik greift zu kurz, um die ökonomische Perspektive auf den Biodiversitätsschutz zu erfassen. Grundsätzlich geht es um menschliche Entscheidungen, die auf individuellen und gesellschaftlichen Wahrnehmungen und Bewertungen sowie Strukturen beruhen – und somit eine wesentlich umfassendere Sichtweise ermöglichen. Es wird vermutlich sehr viele wirtschaftliche Entwicklungsprojekte geben, die einen höheren Marktwert generieren als der Schutz der in diesem Projekt betrachteten Pflanze Speik.

17 Woher dieses Recht kommt bzw. wem es zugeschrieben wird, sei es aus philosophischen, ethischen und/oder religiösen Gründen, kann individuell natürlich unterschiedlich sein.

Literaturverzeichnis

Asigbaase, M., Adusu, D., Anaba, L., Abugre, S., Kang-Milung, S., Acheamfour, S. A., Adamu, I. & Ackah, D. K. (2023). Conservation and economic benefits of medicinal plants: Insights from forest-fringe communities of Southwestern Ghana. Trees, Forests and People, 14, 100462. https://doi.org/10.1016/j.tfp.2023.100462

Barata, A. M., Rocha, F., Lopes, V. & Carvalho, A. M. (2016). Conservation and sustainable uses of medicinal and aromatic plants genetic resources on the worldwide for human welfare. Industrial Crops and Products, 88, 8–11. https://doi.org/10.1016/j.indcrop.2016.02.035

Bentley, P. R., Fisher, J. C., Dallimer, M., Fish, R. D., Austen, G. E., Irvine, K. N. & Davies, Z. G. (2023). Nature, smells, and human wellbeing. Ambio, 52(1), S. 1–14. https://doi.org/10.1007/s13280-022-01760-w

de Groot, R., Fisher, B. & Christie, M. (2010). Integrating the ecological and economic dimensions in biodiversity and ecosystem service valuation. In P. Kumar (Hrsg.), The economics of ecosystems and biodiversity: Ecological and economic foundations (Online-Ausg, 9–40). Earthscan.

Franco, L. S., Shanahan, D. F. & Fuller, R. A. (2017). A Review of the Benefits of Nature Experiences: More Than Meets the Eye. International journal of environmental research and public health, 14(8). https://doi.org/10.3390/ijerph14080864

Getzner, M. (2008). Impacts of national parks on tourism: a case study from a prominent alpine national park. ECONOMIA DELLE FONTI DI ENERGIA E DELL'AMBIENTE, Vol 60, No. 3 203–223. https://doi.org/10.3280/EFE2008-003005

Getzner, M. (2018). Der ökonomische Wert des Schutzes von Tierarten am Beispiel der *Vertigo moulinsiana*. In M. Ukowitz & C. Pichler-Koban (Hrsg.), Beiträge zur sozialwissenschaftlichen Nachhaltigkeitsforschung: Bd. 28. Der Vertigo-Effekt: Institutionelle Dynamiken im Naturschutz (S. 136–160). Metropolis-Verlag.

Getzner, M. & Schneider, A. (2019). Bewertung der Ökosystemleistungen des integrativen Hochwasserschutzes: (GE-RM / Stream~Land). Forschungsbericht. Technische Universität Wien.

Görg, C., Madner, V., Muhar, A., Novy, A., Posch, A., Steininger, K. W. & Aigner, E. (Hrsg.). (2023). APCC Special Report: Strukturen für ein klimafreundliches Leben. Springer Nature.

Gusain, P., Uniyal, D. P. & Joga, R. (2021). Conservation and sustainable use of medicinal plants. In Preparation of Phytopharmaceuticals for the Management of Disorders (S. 409–427). Elsevier. https://doi.org/10.1016/B978-0-12-820284-5.00026-5

Haines-Young, R. & Potschin, M. (2010). The links between biodiversity, ecosystem services and human well-being. In D. G. Raffaelli & C. L. Frid (Hrsg.), Ecological Reviews. Ecosystem Ecology: A New Synthesis (S. 110–139). Cambridge University Press. https://doi.org/10.1017/CBO9780511750458.007

Hametner, M. (2022). Economics without ecology: How the SDGs fail to align socioeconomic development with environmental sustainability. Ecological Economics, 199. https://doi.org/10.1016/j.ecolecon.2022.107490

Huynh, L., Pacher, T., Tran, H. & Novak, J. (2013). Comparative analysis of the essential oils of *Valeriana hardwickii* Wall. from Vietnam and *Valeriana officinalis* L. from Austria. Journal of Essential Oil Research, 25(5), 409–414. https://doi.org/10.1080/10412905.2013.828325

Johansson, P.-O. (1993). Cost-benefit analysis of environmental change (Reprinted.). Cambridge University Press.

Jungmeier, M., Klemun, M., Pichler-Koban, C., Shamiyeh, M. & Rossmann, D. (2022). *Valeriana celtica* subsp. *norica* – Sustainable and equitable use of an endemic plant in the Salzburger Lungau & Kärntner Nockberge UNESCO Biosphere Reserve: co-creating a historical review, analyzing the status and co-creating future perspectives. Projektbeschreibung.

Novak, J., Novak, S., Bitsch, C. & Franz, C. M. (2000). Essential oil composition of underground parts of *Valeriana celtica* ssp. from Austria and Italy. Flavour and Fragrance Journal, 15(1), 40–42. https://doi.org/10.1002/(SICI)1099-1026(200001/02)15:1<40::AID-FFJ863>3.0.CO;2-B

Sarikurkcu, C., Jeszka-Skowron, M. & Ozer, M. S. (2020). *Valeriana dioscoridis* aerial parts' extracts - A new source of phytochemicals with antioxidant and enzyme inhibitory activities. Industrial Crops and Products, 148, 112273. https://doi.org/10.1016/j.indcrop.2020.112273

Schaffartzik, A., Pichler, M., Pineault, E., Wiedenhofer, D., Gross, R. & Haberl, H. (2021). The transformation of provisioning systems from an integrated perspective of social metabolism and political economy: a conceptual framework. Sustainability science, 16(5), 1405–1421. https://doi.org/10.1007/s11625-021-00952-9

Schirpke, U., Tasser, E., Borsky, S., Braun, M., Eitzinger, J., Gaube, V., Getzner, M., Glatzel, S., Gschwantner, T., Kirchner, M., Leitinger, G., Mehdi-Schulz, B., Mitter, H., Scheifinger, H., Thaler, S., Thom, D. & Thaler, T. (2023). Past and future impacts of land-use changes on ecosystem services in Austria. Journal of environmental management, 345. https://doi.org/10.1016/j.jenvman.2023.118728

Schunko, C. & Vogl, C. R. (2018). Is the Commercialization of Wild Plants by Organic Producers in Austria Neglected or Irrelevant? Sustainability, 10(11), 3989. https://doi.org/10.3390/su10113989

Theodoridis, S., Drakou, E. G., Hickler, T., Thines, M. & Nogues-Bravo, D. (2023). Evaluating natural medicinal resources and their exposure to global change. The Lancet. Planetary health, 7(2), e155-e163. https://doi.org/10.1016/S2542-5196(22)00317-5

Wang, W., Xu, J., Fang, H., Li, Z. & Li, M. (2020). Advances and challenges in medicinal plant breeding. Plant science : an international journal of experimental plant biology, 298, 110573. https://doi.org/10.1016/j.plantsci.2020.110573

4.8. Speik – der globale Blick auf den Umgang mit einer lokalen Ressource

Zuzanna Kieliszek und Monika Auinger

Die biologischen beziehungsweise genetischen Ressourcen des Planeten Erde sind ein Schlüssel zur wirtschaftlichen und sozialen Entwicklung. In der Geschichte gibt es zahlreiche Konflikte und Kriege um natürliche Ressourcen, die bis in die Gegenwart reichen und auch aufbrechen, da immer mehr Menschen einen kleiner werdenden Ressourcenvorrat beanspruchen. Daraus resultiert der Bedarf den Umgang mit den knapper werdenden Ressourcen zu regeln und einen rechtlichen Rahmen zu schaffen. In Zusammenhang mit Speik wird dieser Ansatz nachgezeichnet und die Diskussionen und Konflikte um die geschützte Pflanze eingeordnet.

Das folgende Kapitel erläutert den internationalen und nationalen Rechtsrahmen dazu, der auch in Verbindung mit der natürlichen Ressource Speik zahlreiche Fragen und Perspektiven für die zukünftige Nutzung aufzeigt. Anhand von zwei Beispielen aus der Pflanzenwelt wird die praktische Anwendung des Rechtsinstrumentes nachvollziehbar dargestellt.

Das Bewusstsein, dass die biologische Vielfalt ein globales Gut mit einem enormen Wert für heutige und zukünftige Generationen ist, steigt in Anbetracht des Biodiversitätsverlustes. Im Rückblick auf die Erdgeschichte ist dieser auch früher bereits vorgekommen. Als Antwort auf diese Bedrohung wurde 1992 das Übereinkommen über die biologische Vielfalt[18] geschaffen. Österreich ist seit 1995 Vertragspartei und somit zur Umsetzung der drei Kernziele[19] verpflichtet (The Convention on Biological Diversity, 2024). Mit seinen derzeit 196 Vertragsparteien weltweit, ist die CBD das umfassendste, verbindliche internationale Regelwerk im Bereich Naturschutz und nachhaltige Nutzung von natürlichen Ressourcen.

Um die drei grundlegenden Ziele des CBD zu konkretisieren, wurde ein völkerrechtlich bindender Vertrag, das Protokoll von Nagoya[20] verhandelt und im Jahr 2014 beschlossen. Das Protokoll bietet einen transparenten Rechtsrahmen für die Umsetzung des dritten Kernziels des CBD: die faire und gerechte Aufteilung der Vorteile aus der Nutzung der genetischen Ressourcen. Dies gilt sowohl für die Bereitsteller[21] als auch für die

18 engl. Convention on Biological Diversity (CBD)

19 Die drei Kernziele der Konvention zur biologischen Vielfalt umfassen: 1. die Erhaltung biologischer Vielfalt (genetische Vielfalt, Artenvielfalt, Vielfalt der Lebensräume); 2. die nachhaltige Nutzung der biologischen Vielfalt; 3. die gerechte Aufteilung der aus der Nutzung genetischer Ressourcen gewonnenen Vorteile.

20 engl. The Nagoya Protocol on Access and Benefit-sharing

21 Bereitsteller genetischer Ressourcen sind Regierungen oder zivilgesellschaftliche Einrichtungen, zu denen auch private Grundeigentümer und Gemeinschaften innerhalb eines Landes gehören können, die berechtigt sind, den Zugang zu genetischen Ressourcen zu gewähren und die sich aus deren Nutzung ergebenden Vorteile zu teilen (Convention on Biological Biodiversity (2011); Secretariat of the Convention on Biological Diversity (2011))

Nutzer[22] von genetischen Ressourcen und dem damit verbundenen traditionellen Wissen. Wobei letzteres vielfach bei indigenen Völkern und lokalen Gemeinschaften verankert ist (Secretariat of the Convention on Biological Diversity, 2011). Das Kernelement des Protokolls verpflichtet die Nutzer genetischer Ressourcen, die Vorteile, die sich aus deren Nutzung ergeben, mit den Bereitsteller dieser Ressourcen zu teilen. Zu den Zielen des Protokolls gehört unter anderem die Regelung, dass die Vertragsstaaten entscheiden können, ob sie den Zugang zu genetischen Ressourcen in ihrem Hoheitsgebiet regeln wollen oder nicht. Ebenso sieht es die Einrichtung von Kontrollstellen vor (Martyniuk, 2016).

Österreich hat 2018 das Protokoll von Nagoya ratifiziert. Trotzdem wurden bis heute keine entsprechenden Rechtsvorschriften vom zuständigen Bundesministerium für Klimaschutz, Umwelt, Energie, Mobilität, Innovation und Technologie erlassen. Das bedeutet, dass die Regelungen des Protokolls, insbesondere die vorherige Zustimmung[23] und die Bedingungen für den Ausgleich der Vorteile[24], in Österreich nicht angewendet werden können. Die Sammlung von genetischen Ressourcen in Österreich ist damit frei, unterliegt jedoch den Richtlinien des österreichischen öffentlichen und privaten Rechts (z.B. Naturschutzrecht, Eigentumsrecht) (Bundesministerium für Klimaschutz, Umwelt, Energie, Mobilität, Innovation und Technologie, 2024).

Die Historie des Nagoya-Protokoll

Das Nagoya-Protokoll wurde geschaffen, um die Ungleichheiten zwischen den reichen, industrialisierten Ländern des Nordens und den biodiversitätsreichen, aber oft ärmeren Ländern des Südens zu regeln. Die Entwicklungsländer verfügen über reichhaltige natürliche Ressourcen, die als Grundlage für Ernährung und Landwirtschaft dienen. Folglich wurden genetische Ressourcen aus den südlichen Ländern von Unternehmen und Forschungseinrichtungen im Norden genutzt, ohne dass die Herkunftsländer angemessen davon profitierten beziehungsweise auch ausreichend über die Nutzung informiert wurden. Diese ungerechte Aufteilung hatte bewirkt, dass die Entwicklungsländer für strengere Rahmenbedingungen zur Nutzung von genetischen Ressourcen kämpften. Dennoch wollten die Industrieländer diesen strengeren Vorschriften anfänglich nicht zustimmen (Kohsaka, 2012; Rabitz, 2017).

Der Blick in die Entstehungsgeschichte der CBD zeigt, dass die anfängliche freiwillige Basis zur Regelung des Zugangs zu genetischen Ressourcen nicht funktionierte, sodass die

22 Nutzer: Menschen oder Länder, die die Ressourcen nutzen. Die Nutzer sind dafür verantwortlich, die Vorteile, die sich aus den genetischen Ressourcen ergeben, mit den Bereitsteller zu teilen. Sie suchen den Zugang zu genetischen Ressourcen für ein breites Spektrum von Zwecken, von der Grundlagenforschung bis zur Entwicklung neuer Produkte. Es handelt sich um eine vielfältige Gruppe, zu der botanische Gärten, Forscher:innen aus der Industrie, z.B. aus der pharmazeutischen, landwirtschaftlichen und kosmetischen Industrie, Sammler:innen und Forschungsinstitute gehören (Convention on Biological Biodiversity (2011)).

23 Artikel 6 des Nagoya-Protokolls verlangt, dass vor dem Zugang zu genetischen Ressourcen die vorherige Zustimmung (engl. prior informed consent, PIC) des Herkunftslandes eingeholt werden muss.

24 Artikel 5 des Nagoya-Protokolls verlangt, dass der Zugang zu genetischen Ressourcen und die Aufteilung der daraus entstehenden Vorteile unter einvernehmlich festgelegten Bedingungen (engl. mutually agreed terms, MAT) erfolgen müssen.

Arbeiten am Nagoya-Protokoll starteten (Watanabe, 2017). Dessen Gültigkeit bezieht sich auf genetische Ressourcen sowohl wildlebender als auch kommerziell genutzter Organismen (einschließlich der Landwirtschaft) sowie für das mit diesen Ressourcen verbundene traditionelle Wissen. Die jahrelangen Verhandlungen und Diskussionen, die zur Entstehung des Nagoya-Protokolls führten und schließlich bei der COP10 (Conference of the Parties to the Convention on Biological Diversity) in Nagoya beschlossen wurden, zeigen, wie komplex die Themen Gerechtigkeit und Nachhaltigkeit im weltweiten Gespräch sind (Martyniuk, 2016).

Wichtige Diskussionspunkte bezogen sich auch auf den geographischen, zeitlichen und wirtschaftlichen Geltungsbereich des Protokolls (Wallbott et al., 2013). Ein wesentlicher Bestandteil der langwierigen Debatte war die Verwertung des traditionellen Wissens indigener und lokaler Gemeinschaften. Vielfach wird das lokale Wissen zur Verwendung und Nutzung wertvoller genetischer Ressourcen für Landwirtschaft, Kosmetik, Pharmazie oder anderer Industriezweige genutzt (siehe nachfolgende Beispiele). Leider kommt es vor, dass dieses Wissen ohne jegliche Entschädigung für die Wissenträger:innen genutzt wird und nicht neuartige Verfahren/Produkte von großen Unternehmen patentiert werden. Die Entwicklungsländer haben sich erfolgreich dafür eingesetzt, dass traditionelles Wissen im Zusammenhang mit genetischen Ressourcen in einen Artikel des Protokolls aufgenommen wird. Gegenstand der Debatte waren auch die Bedingungen für die Nutzung von öffentlich verfügbarem traditionellem Wissen wie dem indischen Ayurveda und der traditionellen chinesischen Medizin. In Ermangelung eines bestimmten Inhabers dieses Wissens haben sich die Industrieländer dafür eingesetzt, dass dieses Wissen als „Public Domain" anerkannt wird (Morgera et al., 2014; Wallbott et al., 2013). Ein weiterer Aspekt bei der Entwicklung des Protokolls war die Berücksichtigung der bereits bestehenden internationalen Abkommen (z.B. Internationaler Vertrag für pflanzengenetische Ressourcen für Ernährung und Landwirtschaft oder UN-Seerechtsübereinkommen).

Die praktische Umsetzung des Nagoya-Protokolls

Das verabschiedete Nagoya-Protokoll legt den Mechanismus fest, mit dem Organisationen und Einzelpersonen Zugang zu den genetischen Ressourcen erhalten können. Dieser ist in einem dreistufigen Verfahren geregelt:

1. Im ersten Schritt des Verfahrens muss jene Partei, die diese Ressourcen oder traditionelles Wissen für kommerzielle oder nicht kommerzielle Zwecke nutzen möchte, mit dem Bereitstellerland Kontakt aufnehmen, um dessen vorherige Zustimmung (PIC) zu erhalten.

2. Im zweiten Schritt gilt es einen Vertrag zu entwickeln (MAT), der die Bedingungen zum Zugang, der Nutzung und der vom Nutzer zu erbringenden Gegenleistung (Benefit-Sharing, z.B. finanzielle Vergütung) einvernehmlich festlegt.

3. Sobald der Nutzer der genetischen Ressource einen PIC und einen MAT vom Bereitstellerland erhält, kann das Bereitstellerland ein international anerkanntes Übereinstimmungszertifkat erteilen, um die Rechtmäßigkeit des Zugangs zu belegen (Secretariat of the Convention on Biological Diversity, 2011).

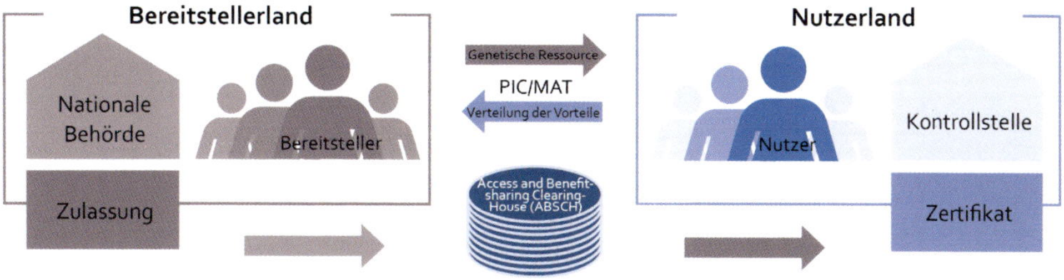

Abbildung 33: Kreislauf des Nagoya Protokoll.
Der Kreislauf des Nagoya Protokolls beinhaltet als zentrale Elemente das Bereitstellerland und das Nutzerland, welche sich über den Austausch einer genetischen Ressource verständigen und dies mit entsprechenden Dokumenten (PIC, MAT) belegen.
Quelle: Secretariat of the Convention on Biological Diversity, 2011

Es ist wichtig zu erwähnen, dass ein solches Verfahren notwendig ist, wenn das Bereitstellerland des genetischen Materials Vertragspartei des Nagoya-Protokolls ist (Novoseletsky, 2015). Andererseits haben viele europäische Länder beschlossen, keine Zugangsmaßnahmen für genetische Ressourcen innerhalb ihrer Grenzen zu ergreifen. Wie bereits angeführt ist Österreich eines dieser Länder.

Anwendungsbeispiele des Nagoya-Protokolls für pflanzliche Ressourcen

Die genetischen Ressourcen von Pflanzen werden seit Jahrhunderten in verschiedenen Teilen der Welt für die Gesundheitspflege und Kosmetik genutzt. Heutzutage umfasst die Hautpflege einen Markt im Wert von 100 Milliarden USD (Cumbers, 2022). Da genetische Ressourcen in dieser Branche sehr wichtig sind, gibt es Bedenken zur Umsetzung des Nagoya-Protokolls. Diese betreffen längere Produktentwicklungszeiten, den Schutz vertraulicher Informationen und die schwierige Nachverfolgung der Quellen. Es gibt jedoch weltweit Beispiele für die erfolgreiche Umsetzung des Nagoya-Protokolls (Novoseletsky, 2015).

Abbildung 34: Agastache mexicana.
Der Mexikanische Riesenysop dient hier als Beispiel für die nachhaltige Nutzung einer natürlichen Ressource. Eine lokal organisierte Frauengruppe generiert in Zusammenarbeit mit einem Kosmetikunternehmen Einkommen für die ansässige Bevölkerung.
© flickr

Das erste Beispiel stammt aus Mexiko, das seit der Unterzeichnung des Nagoya-Protokolls im Jahr 2014 bis 2023 nur acht international anerkannte Zertifikate ausgestellt hat (Secretariat of the Convention on Biological Diversity, 2024). Die erste anerkannte Vereinbarung im Einklang mit dem Nagoya-Protokoll zwischen einer lokalen Gemeinschaft und einem Kosmetikunternehmen fand im mexikanischen Bundesstaat Querétaro statt. Im Mittelpunkt der Zusammenarbeit zwischen der lokalen Frauengruppe „Mujeres y Ambiente" und dem Kosmetikunternehmen Provital steht die nachhaltige Nutzung einer bestimmten Pflanzenart des Mexikanischen Riesenysop *Agastache mexicana*. Diese ist in der Region der „Mujeres y Ambiente", einer Organisation, die sich auf die Stärkung der Rolle der Frau und den Umweltschutz konzentriert, heimisch. Provital ist ein Unternehmen, das sich der ethischen Beschaffung unter Einhaltung von Vorschriften wie dem Nagoya-Protokoll verschrieben hat. Die Partnerschaft beinhaltet die verantwortungsvolle Beschaffung und Gewinnung von pflanzlichen Inhaltsstoffen für die Verwendung in Provital-Produkten, wie z.B. Kosmetika.

„Mujeres y Ambiente" spielt eine entscheidende Rolle bei der Erleichterung des Zugangs zu diesen natürlichen Ressourcen. Gleichzeitig wird sichergestellt, dass die lokalen Gemeinschaften, die traditionell über das Land wachen, fair entschädigt und in die Entscheidungsprozesse einbezogen werden. Die enge Zusammenarbeit von Provital und „Mujeres y Ambiente" gewährleistet, dass die Aktivitäten mit den internationalen Standards für den Schutz der biologischen Vielfalt und dem Vorteilsausgleich übereinstimmen. Gemeinsam streben sie ein Kooperationsmodell an, das nicht nur eine nachhaltige wirtschaftliche Entwicklung fördert, sondern auch die Rechte und das Wissen indigener Völker und lokaler Gemeinschaften respektiert (Cosmetics Business, 2021; United Nations Development Programme [UNDP], 2021; Vela, 2022).

Das zweite Beispiel betrifft die Anerkennung des traditionellen Wissens über den Anbau von Rooibos *Aspalathus linearis* durch die indigene Bevölkerung der Khoi und San in Südafrika. Diese Pflanzenart kommt nur in der Region der Cederberge in Südafrika vor und wird für die Zubereitung von Aufgüssen verwendet. Diesen werden gesundheitsfördernde Eigenschaften wie beispielsweise für das Immunsystem oder den Blutdruck zugesprochen. Die Anerkennung der Rechte der Khoi- und San-Ethnien auf das traditionelle Wissen über den Rooibosanbau ist ein wichtiger Schritt für indigene Gemeinschaften. Damit werden ihr kulturelles Erbe und ihre biologischen Ressourcen sichergestellt. Seit Jahrzehnten haben die Khoi und San als Hüter der Cederberg-Region, das komplexe Wissen über den Anbau, die Ernte und die nachhaltige Nutzung der Rooibospflanze bewahrt. Ihre Beiträge wurden jedoch oft übersehen oder von externen Akteuren ohne angemessene Anerkennung oder Entschädigung verwertet. In den letzten Jahren haben internationale Abkommen wie das Nagoya-Protokoll und das zunehmende Bewusstsein für die Rechte indigener Völker dazu geführt, dass man versucht, diese historische Ungerechtigkeit zu beheben (Africa Resource, 2022; Natural Justice, 2020; Siyanda Samahlubi Consulting, 2014).

Nach neunjährigen Verhandlungen wurde 2019 das erste branchenweite Abkommen über den Vorteilsausgleich dazu geschlossen. Durch Lobbyarbeit, rechtliche Schritte und gemeinsame Initiativen wurden die Rechte der Khoi und San auf ihr traditionelles Wissen über Rooibos sowohl national als auch international anerkannt. Diese Anerkennung gewährleistet nicht nur den Schutz des geistigen Eigentums indigener Völker, sondern fördert auch einen gerechteren und respektvolleren Ansatz zur Erhaltung der biologischen Vielfalt und zur wirtschaftlichen Entwicklung. Dies ist ein Beweis dafür, wie wichtig es ist, die Wissenssysteme indigener Völker zum Nutzen heutiger und künftiger Generationen zu bewahren und zu würdigen (Africa Resource, 2022; Natural Justice, 2020; Siyanda Samahlubi Consulting, 2014).

Ausblick

An den Praxisbeispielen werden Parallelen zur Speiknutzung in den Nockbergen sichtbar, wo ein großer Kosmetikkonzern aus einem anderen Land auf die lokalen Ressourcen, die von Hand geerntet werden, zugreift. Daraus ergeben sich viele Themen rund um das wertvolle lokale Wissen der Landwirte zu Ernte und Verarbeitung des Speiks, den gerechten und fairen Umgang mit lokalen genetischen Ressourcen, den gerechten Ausgleich zwischen Nutzern und Bereitstellern, den nachhaltige Nutzen für die Bereitsteller und die Region. Im Hinblick auf zukünftige Zusammenarbeit und Weiterentwicklung eines Vorhabens zur Nutzung des Speiks stehen zahlreiche offene Fragen zwischen den Stakeholdern im Raum wie beispielsweise:

- Wie können wirtschaftlicher und sozialer Nutzen von genetischen Ressourcen besser für die lokale Gemeinschaft und Region verteilt werden?
- Welche rechtlichen und politischen Rahmenbedingungen könnten den fairen Zugang und das gerechte Benefit-Sharing sicherstellen?
- Wie können Transparenz und Nachvollziehbarkeit in der Wertschöpfungskette von der Ernte des Speiks bis zum fertigen Produkt gewährleistet werden?
- Welche Mechanismen können eingeführt werden, um sicherzustellen, dass ein Teil der Einnahmen aus den Produkten in Umweltschutz und nachhaltige Entwicklung der Nockberge reinvestiert wird?
- Wie kann das lokale Wissen und die traditionelle Praxis der Speikernte und -verarbeitung dokumentiert und geschützt werden, um es vor Ausbeutung und Verlust zu bewahren und für zukünftige Generationen nachvollziehbar zu erhalten? Welche Möglichkeiten des Kapazitätsaufbaus für den Wissensaustausch und die -weitergabe zur Speiknutzung innerhalb der Region könnten geschaffen werden?
- In welcher Weise können lokale Gemeinschaften in die Entscheidungsprozesse zur Nutzung und Vermarktung des Speiks eingebunden werden?

Es ist jedenfalls weiter zu prüfen oder zu diskutieren, ob und inwieweit diese internationale Diskussion auch für eine Ressource wie den Speik relevant ist.

Literaturverzeichnis

Africa Resource (6. Februar 2022). How Biocultural Rights to Rooibos Opens the Way for Equitable Access and Benefit Sharing in Southern Africa, 2022. https://www.resourceafrica.net/how-biocultural-rights-to-rooibos-opens-the-way-for-equitable-access-and-benefit-sharing-in-southern-africa/

Bundesministerium für Klimaschutz, Umwelt, Energie, Mobilität, Innovation und Technologie (Hrsg.) (2024, 24. Mai). The Nagoya Protocol on Access and Benefit-sharing.

Convention on Biological Biodiversity (2011). Introduction to access and benefit-sharing: Factsheets in the ABS series.

The Convention on Biological Diversity (2024). History of the Convention. Secretariat of the Convention on Biological Diversity. https://www.cbd.int/history

Cosmetics Business (Hrsg.) (2021). Provital's new project in Mexico: A decade-long purpose towards a fair future and a sustainable cosmetics world. https://cosmeticsbusiness.com/provital-s-new-project-in-mexico-179784

Cumbers, J. (26. November 2022). How The Skincare Industry Is Turning to Gene Editing in a Race Against Time. Forbes. https://www.forbes.com/sites/johncumbers/2022/11/26/how-the-skincare-industry-is-turning-to-gene-editing-in-a-race-against-time/?sh=6af387cd3108

Kohsaka, R. (2012). The Negotiating History of the Nagoya Protocol on ABS: Perspective from Japan, 9(1).

Martyniuk, E. (2016). Protokół z Nagoi: dostęp i dzielenie się korzyściami z wykorzystania zasobów genetycznych. Przegląd hodowlany, 5.

Morgera, E., Tsioumani, E. & Buck, M. (2014). Unraveling the Nagoya Protocol: A commentary on the Nagoya Protocol on access and benefit-sharing to the Convention on Biological Diversity. Legal studies on access and benefit-sharing: volume 2. Brill.

Natural Justice (Hrsg.) (2020, 25. Mai). The Rooibos Access and Benefit-sharing Agreement. https://naturaljustice.org/the-rooibos-access-and-benefit-sharing-agreement/

Novoseletsky, J. (22. Mai 2015). The Nagoya Protocol for Cosmetics and Extracts. Cosmetics & Toiletries.

Rabitz, F. (2017). The global governance of genetic resources: Institutional change and structural constraints. Global environmental governance. Routledge.

Secretariat of the Convention on Biological Diversity (2011). Nagoya Protocol on access to genetic resources and the fair and equitable sharing of benefits arising from their utilization to the convention on biological diversity: Text and annex. https://www.cbd.int/abs/doc/protocol/nagoya-protocol-en.pdf

Secretariat of the Convention on Biological Diversity (Hrsg.) (2024, 12. April). Access and Benefit-Sharing Clearing-House: Country Profile.

Siyanda Samahlubi Consulting (Hrsg.) (2014). Traditional Knowledge Associated with Rooibos and honeybush Species in South Africa.

United Nations Development Programme (2021). Mujeres y Ambiente, Querétaro, Mexico.' Equator Initiative Case Study Series: Equator Initiative Case Studies.

Vela, H. (2022). Road to COP15 Montreal: Mexican indigenous groups yet to benefit under Nagoya Protocol; here is why. https://www.downtoearth.org.in/news/wildlife-biodiversity/road-to-cop15-montreal-mexican-indigenous-groups-yet-to-benefit-under-nagoya-protocol-here-is-why-86129

Wallbott, L., Wolff, F. & Pożarowska, J. (2013). Global Governance of Genetic Resources: The negotiations of the Nagoya Protocol. Issues, coalitions and process. Routledge.

Watanabe, M. E. (2017). The Nagoya Protocol: Big Steps, New Problems. BioScience, 67(4), 400. https://doi.org/10.1093/biosci/bix019

4.9. Speik – Mensch, Natur und die menschliche Natur

Gabriele Hadl

Seit gut zwei Jahrzehnten arbeite ich auf dem Gebiet der Umweltkommunikation und Media Literacy, die meiste Zeit davon in Japan. Zum Forschungsprojekt SPEIK wurde ich gebeten, kultur- und kommunikationswissenschaftliche Perspektiven beizutragen. Besonders beschäftigte mich die Frage, was die lokale Bevölkerung im Biosphärenpark über Nachhaltigkeit und Gerechtigkeit aus diesem wissenschaftlichen Prozess lernen kann.

Natur und Naturschutz

„Naturschutz" impliziert, dass Natur vor Menschen geschützt werden muss. Der Mensch wird als aktiver Täter gesehen, Natur ist passives Opfer. Diese Sichtweise will aber auf den Speik in den Alpen nicht recht passen. Er ist seit einem Jahrhundert gesetzlich geschützt, und seit Jahrtausenden genutzt. Speik hat für Menschen in der Region wirtschaftliche und kulturelle Bedeutung. Umgekehrt haben Menschen das Wachstum und die Verbreitung des Speiks beeinflusst (maßvolle Nutzung vorausgesetzt). Man könnte sagen, seine Nutzung nützt ihm.

Der Naturschutzgedanke stammt aus der Zeit der frühen Industrialisierung, in der massive Schäden durch Rodungen, Bergbau etc. für viele Menschen spür- und sichtbar wurden. Der Idee, der Mensch sei das Zentrum der Welt und Krone der Schöpfung, stellte der Naturschutzgedanke den Eigenwert der Natur entgegen (Hetzel, 2015).

Allerdings galt weiterhin eine scharfe Trennung zwischen dem Menschen und dem Rest der Welt. Erst in den letzten Jahrzehnten änderte sich das: beispielsweise durch Erkenntnisse zu Tierintelligenz (De Waal, 2017), Kommunikation von Pflanzen oder der historischen Rolle von Mikrorganismen. Posthumanistische Kulturtheorie versucht entsprechend neue Mensch-Natur Konzeptionen zu entwickeln. Die Idee von einem „Parlament der Dinge" (Latour 1993) versucht beispielsweise darzustellen, wie menschliche und nichtmenschliche Faktoren zusammenwirken (Akteur-Netzwerk-Theorie). Auch Donna Haraway's Konzept von „entanglement" (Verquickung) versucht den Umstand zu erfassen, dass Menschen und „andere" Lebewesen (und auch Dinge, Maschinen, Mikroorganismen, etc.) nicht klar voneinander getrennt werden können (Haraway, 2008).

Im Rahmen dieses Projekts konnten auch kulturtheoretisch nicht vorgebildete Teilnehmer:innen in einem EcoMedia Literacy-Workshop mit einigen dieser Ideen in Berührung kommen. Dadurch sollte es möglich werden, neue Wege zum Umgang mit Speik zu finden.

Von Media Literacy zu EcoMedia Literacy

Media Literacy wird u.a. definiert als „die Fähigkeit Medien kritisch zu analysieren und einzuschätzen, in ihren sozialen und kulturellen Kontext einzuordnen, sowie selbst Medien zu nutzen und eine Vielfalt an Kommunikationsmöglichkeiten zu erschliessen" (Suzuki, 1997). In den letzten Jahren zieht diese zu lange vernachlässigte Disziplin wieder Interesse auf sich, weil man sich daraus (wohl nur teilweise berechtigt) ein Mittel gegen Fake News und Desinformation verspricht.

Die von mir mitbegründete Subdisziplin EcoMedia Literacy reichert Media Literacy mit Erkenntnissen aus Umweltkommunikation und Umweltethik an. Das Ziel ist neue Handlungsspielräume für politisches und persönliches Handeln zu entwickeln (Hadl, 2016; Lopez, 2021). Denn, was wir uns (individuell und als Gesellschaft) unter „Natur" vorstellen, wie wir unseren Mit-Lebewesen begegnen, was wir als „Umweltproblem" sehen, ob wir ein Tier, eine Pflanze oder ein Ökosystem „schützenswert" finden und was wir bereit sind, dafür zu tun – all das wird von Bildern und Diskursen geformt, die uns umgeben und durchdringen (Corbett, 2006). In EcoMedia Literacy-Workshops halten Teilnehmer:innen ihre eignen Wahrnehmungen und Erfahrungen konkret fest und teilen, analysieren und reflektieren diese.

<u>EcoRemoscope im virtuellen SPEIK-Workshop</u>

Meinen Workshop in der SPEIK-Workshop-Reihe hielt ich am Abend des 30. Jänner 2024 online (auf der Plattform Zoom) für 90 Minuten ab. Das Format habe ich aus einem Workshop des Kunst- und Kulturvereins Remo in Osaka entwickelt (Hadl, 2016). Teilnehmer:innen machen nach strengen Regeln kurze Videos, „visuelle Haiku-Gedichte": genau eine Minute lang, ohne Ton, Kamerabewegung, Filter, Zoom oder Nachbearbeitung (Lumière-Regeln). Ich fügte eine weitere Regel hinzu: „Das Thema des Videos soll Natur sein" (Eco-Lumière-Regeln).

Unter den rund einem Dutzend Teilnehmer:innen waren viele Projektmitglieder, also Expert:innen aus verschiedenen Fachbereichen, sowie Mitarbeiter:innen des Biosphärenparks und Personen die Speiknutzung und -verarbeitung betreiben. Viele hatten auch an den bisherigen SPEIK-Workshops teilgenommen, die Vortragsformat hatten. Erfahrung und Vorwissen zum Thema Speik im Besonderen und Nachhaltigkeit und Naturschutz im Allgemeinen konnte also vorausgesetzt werden. Dagegen hatte kaum jemand Erfahrung mit Video-Workshops oder auf dem Gebiet der Kommunikationswissenschaften oder Kulturtheorie.

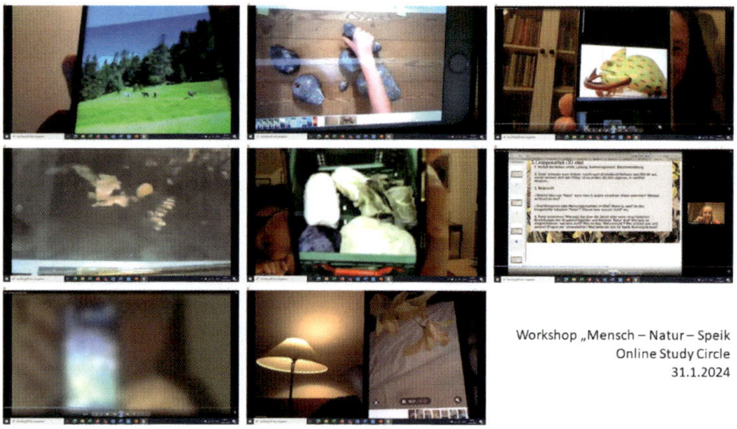

Abbildung 35: Workshop Mensch-Natur-Speik. Remnoscope sind visuelle Gedichte, die zur Diskussion anregen können beziehungsweise sollen. (ausgewählte Screenshots der Eco-Remoscopes © Gabriele Hadl aus dem Study Circle)

Quelle: Screenshots verschiedener Beiträge

Ablauf des Workshops

Die Workshop Beschreibung, die den Teilnehmer:innen vorab bekannt gegeben worden war, lautete:

Dieser Workshop soll Teilnehmer:innen dazu anregen, darüber nachzudenken, wie wir Medienprodukte herstellen und betrachten, wie wir „Natur" sehen und vielleicht sogar, warum wir das tun. Andere Themen, die wir möglicherweise entdecken werden, sind die Kultur der Geschwindigkeit, die Beziehung zwischen dem, was die Kamera zeigt, und dem, was „da draußen in der realen Welt" ist (-> das Konzept der „Darstellung"), unsere „Sichtweisen" und vielleicht sogar, was es bedeutet, in einer von Medien durchdrungenen Gesellschaft zu leben.

Wie kommen unsere Sichtweisen zustande? Gibt es andere Sichtweisen, von denen wir lernen können? Und was bedeutet das für unseren Umgang mit dem Speik?

Mit den Mitteln der EcoMedia Literacy entwickeln wir gemeinsam einen neuen Zugang zu uns selbst und unserer Mit-Welt. Für die Teilnehmer:innen sind keine technischen Vorkenntnisse nötig, eine normale Handykamera genügt. Zuerst machen wir kurze Videos (visuelle Haikus) mit unseren Handys. Diese nehmen wir dann als Ausgangspunk zu einem Dialog über unsere Ideen zu Mensch und Natur.

Nach dieser kurzen Einleitung bekamen die Teilnehmer:innnen die Instruktionen mit den EcoLumière-Regeln. Danach wurden sie für ca. 15 Minuten zum Videomachen in ihrer eigenen Umgebung geschickt. Dafür verwendeten sie ihre Smartphone-Kameras. Die meisten befanden sich in Österreich in ländlicher oder vorstädtischer Gegend. Eine Teilnehmerin war aus einer tropischen Region in Asien zugeschaltet.

Dialog im Study Circle – Videoclips: Was ist Natur?

Im nächsten Schritt wurden die Videos einander über die Bildschirme bzw. Bildschirmkameras gezeigt und besprochen. Die Videos waren vielfältig. Ein Teilnehmer war hinausgegangen, um einen winterlichen Bach mit Eisschollen aufzunehmen, andere Teilnehmer:innen zeigten ihren nächtlichen Garten, eine äthiopische Perlhuhn-Familie aus Keramik, eine Gemüsekiste in ihrer Küche, Orchideen in ihrem Hotel in Asien oder ein Chamäleon aus Ton in ihrer Wohnung. Die Bandbreite ging von dokumentarisch (z.B. Aufnahmen direkt vom eigenen Fenster in den Garten) über performativ-künstlerisch (ein komplex aufgebautes

Video mit aus der Natur Mitgebrachtem in der eignen Wohnung) zu einem selbst gemachten Foto einer Almwiese. Dieses Foto (in Abb. 1 ganz links oben) folgte zwar nicht den Regeln, aber ich nutzte es zu einem Gespräch darüber, wie unsere Seh- und Fotografier- bzw. Filmgewohnheiten durch Bilder aus Tourismus und Werbung geprägt sind.

In der ersten Runde sprachen die Teilnehmenden über die Videos. Dazu stellte ich Fragen, wie etwa „Sind Menschen oder Menschengemachtes im Bild? Wenn ja, was? Ist das Dargestellte trotzdem Natur? Warum bzw. warum nicht?" und so weiter. Es fielen Aussagen wie „Die Natur ist ein Kommen und ein Gehen"; „Die Natur braucht uns nicht. Wir brauchen die Natur"; oder „Menschen sind auch Teil der Natur". Ich ließ diese nebeneinander stehen und betonte, dass es keine richtigen oder falschen Interpretationen gibt.

Im nächsten Schritt fragte ich: „Was sagt das bisher Gesagte über die (leicht oder sehr) verschiedenen Einstellungen der Gruppenmitglieder zum Konzept Natur aus? Wer/was ist eingeschlossen, wer/was nicht? Was ist also Naturschutz? Wer schützt was und warum? Und was bedeutet das für Speiknutzung/-schutz?" Dazu fielen Aussagen wie „Nicht alle Dinge, die der Mensch erfindet, sind zuträglich für die Natur"; „Wir wissen alle, was wir falsch machen"; „Der Mensch ist eine Selbstvernichtungsmaschine"; „Wenn wir Natur schützen, schützen wir uns selbst", oder „Dem Speik ist es wurscht, wenn er ausgerottet ist, aber uns ist es nicht wurscht". Eine Teilnehmerin erklärte, sie habe in anderem Kontext ein Konzept von „Natur" kennengelernt, das „Erste Natur = Wildnis, Zweite Natur = kultivierte Natur, Dritte Natur = Ausgleich zwischen Ästhetik und Gebrauch, Vierte Natur = Virtuelle Natur" unterschied. Ich regte dazu an, mit diesen Ansätzen das Gesprochene und Aufgenommene weiter für sich einzuordnen.

Mensch-Speik-Beziehung neu reflektiert und konzipiert

Als nächstes wurde anhand der Frage, was jeweils im Bild ist und was nicht, herausgearbeitet, dass das Konzept „Natur" jedenfalls schwierig und aufgeladen ist. Ist Natur nur „echt", wenn Menschen möglichst davon ferngehalten werden? Viele Bilder in den Medien suggerieren genau das, und dies wurde von einigen Teilnehmer:innen in ihren eigenen Videos reproduziert, beispielsweise im eingangs erwähnten Almbild. Bei dieser Gelegenheit wies ich auf das Naturschutzkonzept des „conservationism" hin: US-amerikanische Nationalparks – Vorbilder für Naturschutz weltweit – beruhen auf der Idee, dass nur eine Natur ohne Menschen „echte Natur" ist. Dies hatte (und hat noch) mörderische Auswirkungen auf die indigenen Bewohner:innen dieser Kulturlandschaften (Corbett, 2006; Spence, 1999).

Um die Teilnehmer:innen zu weiteren Überlegungen anzuregen, konfrontierte ich sie mit der Idee, dass „Nutzpflanzen" wie z.B. Mais den Menschen vielleicht dazu ausnützen, sich Dominanz gegenüber Wildpflanzen zu verschaffen (Wilson, 2013). Dazu stellte ich das japanische Konzept *riyo-shiau* vor, des gegenseitigen Ausnützens. Dies war für die Teilnehmenden offenbar neu und wurde auch kontrovers diskutiert, besonders die Idee, Mais als „Akteur" zu sehen, wie es Latour nahelegt. Die Teilnehmer:innen wurden schließlich mit Anstößen zum Weiterdenken entlassen. Sie wünschten sich eine Möglichkeit, dazu etwas mehr zu lesen und zu diskutieren.

Ein neuer Blick auf den Speik

In der Alpenregion ist Artenvielfalt das Resultat maßvoller Kulturtechniken, wie beispielsweise Almwirtschaft. Der Mensch ist also ein wichtiger, potenziell und historisch positiver Teil der „Natur" der Alpen. Ein Biosphärenpark ist demnach nicht einfach ein Nationalpark, in dem der „echte" Naturschutz vor wirtschaftlichem Druck kapituliert hat. In einem Biosphärenpark kann ein Naturschutz praktiziert werden, der einer komplexen Beziehung von Mensch und Pflanze, Natur und Kultur Rechnung trägt. Wichtig ist dabei, dass nicht ökologisches „Laissez-faire" praktiziert wird, sondern mit einem differenzierten Blick auf verschiedenste Akteure im System gearbeitet wird.

Ausgehend von der Akteur-Netzwerk Theorie (Latour, 1993) könnte (sollte!) man untersuchen, welche Auswirkungen die Speiknutzung auf andere Lebensformen und die anderen Systeme (Wasser, Mineralienhaushalt, etc.) in der Umgebung hat. Ein Artenschutz, der sich nur auf den Schutz einzelner „ikonischer" Arten konzentriert, bringt potenzielle Nachteile für andere Mitglieder des „Parlaments der Dinge".

Zusammenfassend lässt sich sagen, dass Speiknutzung in den Nockbergen als ein Beispiel für eine posthumanistische Praxis im Naturschutz weiter beforscht und entwickelt werden sollte. EcoMedia Literacy befähigt Menschen, ihre Rolle darin besser wahrzunehmen.

Literaturverzeichnis

Corbett, J. B. (2006). Communicating nature: How we create and understand environmental messages. Island Press. https://search.ebscohost.com/login.aspx?direct=true&scope=site&db=nlebk&db=nlabk&AN=212586

De Waal, F. (2017). Are we smart enough to know how smart animals are? W. W. Norton.

Hadl, G. (2016). Ekomedia Riterashii. EcoMedia Literacy (Bd. 175). Kwansei Gakuin Daigaku Shuppankai.

Haraway, D. (2008). When species meet. Posthumanities: Bd. 3. University of Minnesota Press. http://www.loc.gov/catdir/enhancements/fy0732/2007029022-d.html

Hetzel, A. (2015). Natur. In A. Ferrari & K. Petrus (Hrsg.), Human-Animal Studies. Lexikon der Mensch-Tier-Beziehungen (S. 260–262). transcript.

Latour, B. (1993). We have never been modern. Harvard Univ. Press.

Lopez, A. (2021). Ecomedia literacy: Integrating ecology into media education. Routledge research in media literacy and education. Routledge Taylor & Francis Group.

Spence, M. D. (1999). Dispossessing the wilderness: Indian removal and the making of the national parks. Oxford University Press.

Suzuki, M. (1997). Media Riterashii wo Manabu Hito tame ni [For people who learn media literacy]. Sekaishisosha.

Wilson, E. O. (2013). The Social Conquest of Earth. Norton Press. https://ebookcentral.proquest.com/lib/kxp/detail.action?docID=7169656

5

Wildpflanze und Ware – 2000 Jahre Geschichte des Echten Speiks

5. Wildpflanze und Ware – 2000 Jahre Geschichte des Echten Speiks

Marianne Klemun

5.1. Inhaltliche Perspektiven und Methoden

Einiges scheint noch heute am Echten Speik[25] einzigartig und gleichzeitig ambivalent zu sein: Die Kunde seiner sowohl entspannenden als zugleich auch belebenden Wirkung, sein aufdringlich derber Geruch oder auch ganz konträr sein feiner Duft sowie seine exzessive Nutzung über zwei Jahrtausende, ohne ausgerottet worden zu sein – das macht neugierig, genau wie seine bewegte Geschichte. Wer jemals den unverwechselbar markanten Geruch des Echten Speiks (*Valeriana celtica* subsp. *norica* L.) während einer spätsommerlichen Wanderung in Höhen von über 1800 Metern wahrgenommen hat, wird sich daran erinnern. Doch Düfte sind flüchtig und in Archivalien leider nicht gespeichert. Dessen ungeachtet ist es erstaunlich, dass historisches Material über diese äußerst seltene endemische Wildwurzel reichlich zu finden ist, sofern man sich auf die Suche in Quellen jeder Art einlässt[26].

Warum aber sollte überhaupt die Geschichte dieser einzigartigen Wurzel im Rahmen einer auf Gegenwart und Zukunft ausgerichteten Studie erörtert werden, birgt doch die historische Erzählung die Gefahr, allzu nostalgisch zu werden oder sich hineinzusteigern ob der häufig übermächtig eingeschätzten Tradition an sich.

Dennoch: Aus der Geschichte können gewichtige Erkenntnisse abgeleitet werden. Denn die Geschichtswissenschaft schafft im Unterschied zur Naturwissenschaft anstatt Verfügungswissen Orientierung (Mittelstraß, 1997). Wir wissen zwar zu gut, dass wir aus der Vergangenheit niemals lernen, aber wir können sie reflektierend verstehen und begreifen, warum bestimmte Entscheidungen dergestalt und nicht anders getroffen worden sind. Vergangene Prozesse prägen sich zudem als überlagerte Schichten in die Gegenwart ein. Wenn sie erkannt werden, können sie eine neue zukunftsorientierte Ausrichtung immerhin anregen oder gar veranlassen. Diese historischen Schichten (Koselleck, 2003) quasi wie eine Geologin freizulegen, ist Ziel dieses Beitrags, der infolge der facettenreichen Thematik unterschiedlichen historischen Methoden verpflichtet sein muss. Die Longue-durée[27]-Perspektive (Braudel, 2001; Burke, 1991) hat den Vorteil, einzelne Problemlagen in epochenübergreifenden Zeitabläufen zu verfolgen. Die medizinische Anwendung des Speiks

25 Üblich war lange die Schreibung „Speick". Im Grazer Tagblatt reagierte man auf die sich seit dem 19. Jahrhundert durchsetzende Schreibung Speik wie folgt: „Unseres Erachtens wäre Speik besser, wenn man sich an die Regel hält, dass auf einen Doppellaut nur k und nicht ck folgen darf" Anonymus (1891, S. 17). In diesem Sinne setzte sich Speik dann durch.

26 Die wichtigsten bisherigen auf den Echten Speik bezogenen Arbeiten (Endlich (1966); Gärtner (1978); Gentner (1932); Gindl (2000); Wendelberger (1969)) basieren nur begrenzt auf Quellenstudien.

27 Französisch für lange Dauer.

im Wandel etwa wird abhängig von den spezifischen Wissenskulturen in *transit*[28] (Secord, 2004) analysiert. Die Handelsgeschichte des Speiks erfordert indes die Einbettung in Herrschaftsverhältnisse und den Nachweis von konkreten Mengen, die für eine Zeit ohne Handelsstatistiken nur punktuell und in Zeitfenstern angegeben werden kann. Beim globalen Warenumschlag im 19. Jahrhundert sieht es besser aus. Den neuesten Ansätzen der Wissensgeschichte ist es geschuldet[29], zwischen dem gelehrten Wissen und anderen Wissensformen wie etwa den Praktiken nicht von vornherein zu unterscheiden. Eher rückt das Zusammenwirken verschiedener Wissensregime in den Fokus. Hinsichtlich der allenfalls gefürchteten „Ausrottung" und Fragen des Pflanzenschutzes wird derweil die Diskursanalyse[30] bevorzugt. Die komplexe Geschichte der Wurzel wird somit aus der Längsschnittperspektive rund um die folgenden drei dominanten Erkenntnisinteressen konzipiert.

* Der Echte Speik gilt seit der Antike sowohl im alltäglichen als auch im gelehrten Wissen als anerkanntes Heilmittel. Erst im 19. Jahrhundert fällt er aus den staatlich beauftragten Pharmakopöen, den hoheitlichen Regelungen erlaubter Medikamente, heraus. Liegt die Ursache in der Tatsache, dass ihre Wirksamkeit durch die Schulmedizin beziehungsweise die pharmazeutische Wissenschaft hinterfragt worden ist? Oder müssen wir diese Entwicklung doch eher anders begründen? Damit werden sich die ersten zwei Abschnitte der Studie beschäftigen, die dem Wandel der Nutzung von der Medizin zur Hygiene, ausgehend von der so nachhaltig wirkenden Antike im Zeitraum von zwei Jahrtausenden, gewidmet sind.

* Bei der Bioressource Echter Speik handelt es sich um ein ganz besonders interessantes Handelsprodukt. Die Wildwurzel ist seit dem Altertum global unterwegs, manchmal mehr begehrt, manchmal weniger. Ihr Potenzial als Exportgut wird in der Wirtschaftsgeschichte bisher völlig unterschätzt. Die Gründe dafür sind vielfach: Der historische Fokus ist hinsichtlich der vegetabilischen Schätze zum einen hauptsächlich auf jene wenigen heute vorherrschenden weltmarkführenden Nutzpflanzen gerichtet, die durch die Europäer infolge des Kolonialismus von einer Weltregion zur anderen transferiert[31], sonach andernorts gezüchtet worden sind. Kaffee, Zuckerrohr, Tee, Baumwolle, Kartoffel, Kokastrauch und Tomate (Hobhouse, 2001) haben die Welt nicht zuletzt durch Sklavenarbeit und Monokulturen (Hobhouse, 1985) buchstäblich auf Kosten der Sortendiversität massiv verändert. Der Weg aus der Gegenrichtung – von den Alpen in die Welt und insbesondere in den Nahen Osten – ist zum anderen zugunsten des durchaus dominanten Transfers von den Kolonien und von den Kolonien nach Europa vernachlässigt worden. Inzwischen hat die historische Forschung zwar die „sekundären Märkte" (Stöger, 2011) der Alltagsartikel entdeckt, doch fallen dabei Arzneien auch eher heraus.

28 Wissen in „transit" bedeutet, dass Wissen immer aufgrund von Kommunikation und Austausch entsteht, was die materielle Kultur einschließt.

29 Siehe Burke (2012, 2016); Füssel (2019, 2021); Sarasin (2020).

30 Geschichte ist nur in vermittelter Form als „re-präsentierte Realität" greifbar, weshalb diese Formen der Repräsentation als Teil der Wirklichkeit bedacht werden müssen (Foucault (2006); Landwehr (2001)).

31 Eine bedeutende Rolle spielten dabei die botanischen Gärten. Siehe Brockway (1979); Drayton (2000); Klemun (2017); McCracken (1997).

Die folgende Darstellung versteht sich geographisch wie inhaltlich als eine Geschichte gegen den Mainstream. Sie richtet ihre Aufmerksamkeit auf eine nicht nur seltene, sondern auch bescheiden anmutende Wildpflanze. Ihr globaler Kultur- und Marktwert erschließt sich erst in verschränkten Zusammenhängen. Denn der Speik zeichnet sich neben seinem äußerst begrenzten alleinigen Vorkommen (Endemismus) durch eine weitere Besonderheit aus: Er ist eine Wildpflanze geblieben. In botanischen Gärten ist er da und dort zwar angepflanzt worden, er hat sich aber allen wirtschaftlich lohnenden industriellen Kultivierungsversuchen widersetzt[32]. Neben den Evidenzen bezüglich der Frachtmengen ist vor allem die Frage zu klären, wer von den herrschaftlichen Interventionen in den Handel am meisten profitierte.

* Der dritte hier nur kurz zu Wort kommende Darstellungsstrang wird sich schließlich auf die Suche nach evidenzbasierten historischen Argumenten für den Schutz des Echten Speiks machen. Es wird gezeigt, wie der Diskurs um das Grabungsverbot letztlich von divergierenden materiellen Interessen abhängig gewesen ist und die Pflanze selbst eigentlich außen vorgelassen hat.

5.2. Substanz und Arzneimittel: die Antike und kein Ende

Das medizinisch-pharmazeutische Wissen beinhaltet eine mehrere Jahrtausende zählende alte Tradition (Hickel, 2008), doch lässt es sich bezüglich des Echten Speiks tatsächlich nicht eher als im 1. Jahrhundert unserer Zeitrechnung konkretisieren[33], sofern wir uns nicht auf Vermutungen, sondern nur auf eindeutige Belege stützen[34]. Denn der Echte Speik (*Valeriana celtica* subsp. *norica*) macht es uns nicht leicht. Abwechslungsreich trägt er im Wandel der Zeiten gleich einer Babylonischen Sprachverwirrung doch unzählige verschiedene, Verwechslungen stiftende Bezeichnungen. Denn wer denkt schon bei „Kazenzagel, Rimpl, Briszweig, Kazenleiter und Kranfüs" (Fischart & Toxites, 1574, S. 146) ausgerechnet an Paracelsus, der den Echten Speik so bezeichnet haben soll[35].

In der Antike jedenfalls teilen sich zwei „Narden", gleichsam schwesterlich und oft auch nicht auseinandergehalten, ihren hervorragenden Ruf als Drogen. Die eine, Nardus gallicus (auch syrische bzw. römische Narde bzw. auch Nardus celticus), entspricht unserem Echten Speik (auch Spica celtica, keltischer Baldrian, Saliunka, Asakel[36], heute *Valeriana*

32 Auf diesen Aspekt verweist bereits eine anonym erschienene Studie aus dem Jahr 1818! Der Botaniker Leopold Trattinnick aus Wien habe Hinweise auf die Kultivierung der Alpenpflanzen in Gärten gegeben, aber der „celtische Baldrian ist allen Versuchen hartnäckig widerstanden". Anonymus (1818, S. 2). Auch die Versuche im Innsbrucker Botanischen Garten waren nicht erfolgreich, Anonymus (1896, S. 2).

33 Das älteste aus Luxor stammende Zeugnis, das Papyrus Ebers, 1500 v. Chr., enthält keinen Hinweis auf die Kenntnis der Narde im Alten Ägypten: https://sae.saw-leipzig.de/de/dokumente/papyrus-ebers?version=226. Bei Germer (2002), findet sich die Narde auch nicht.

34 Von den in Mesopotamien und Ägypten auf Tontafeln und Papyri verzeichneten Arzneimitteln konnte nur ein Drittel in der Forschung eindeutig identifiziert werden. Siehe Goltz (1974).

35 Das war eigentlich unüblich, denn die Bezeichnung Kazenzagel war für Zeitgenossen eher für das Equisetum üblich. Siehe Milde (1867, S. 35).

36 Das ist der hebräische Begriff für den Echten Speik. Lorenz Fries hat es bereits 1519 als nötig befunden, die vielen gebräuchlichen Begriffe zum Echten Speik aufzulisten. Siehe Fries (1519, o. S.).

celtica ssp. *norica*). Die andere weitaus bekanntere und im Himalaya heimische, die gangitische beziehungsweise indische Narde (auch syrische genannt), führt heute den Namen *Nardostachys jatamansi* DC. Diese beiden Narden erstmals unmissverständlich zu unterscheiden und zu charakterisieren, ist Pedanios Dioskurides vorbehalten gewesen, dem in der römischen Regierungszeit Neros (54–68) tätigen Angehörigen des Militärs, dem griechischen Arzt und Pharmakologen[37].

Die indische Narde ist wie die keltische ein Baldriangewächs[38]. Sie kommt ihr hinsichtlich des Duftes, der Heilwirkung und infolgedessen ihrer Beliebtheit sehr nahe. Beide Wurzeln sind auch wechselseitig je nach Verfügbarkeit auf dem Markt äquivalent füreinander verwendet worden (Dragendorff, 1898, S. 148)[39]. Die Narde kommt oft ohne Zusatz im älteren Schrifttum des Wissens und als Narde nicht weiter spezifiziert vor, die Bezeichnung wird auch für andere duftende Pflanzen wie Baldrian- und Lavendelarten verwendet. Das kompliziert heute eine seriöse Analyse der tatsächlich gelehrten und praktischen historischen Kenntnis.

Historische Pflanzenbelege würden Klarheit schaffen. Sie liegen uns jedoch aus dieser frühen Zeit nicht vor. Zurückgreifen können wir immerhin auf das „älteste und erste Herbarium Deutschlands" (Kessler, 1870, S. 67)[40] von Caspar Ratzenberger (1533–1603) aus dem Jahre 1592. In ihm sind beide Narden wohl nicht zufällig auf einem Blatt zum direkten Vergleich montiert (Ratzenberger, 1598) (siehe Abbildung 37). Der Naumburger Stadtarzt weist bereits im Titel der zu einem Buch gebundenen Herbarblätter[41] die Heilwirkung als die wichtigste Intention seiner Sammlung aus.

37 Scribonius Largus setzte in De Comp. Med. (Nr. 1f53, 166, 177) wie auch Plinius Nardus celtica mit Saliunka gleich. Siehe Plinius, 1999, Buch XXI, Kap. XVII, S. 33, bei Schelenz (1904, S. 164).

38 Auf Carl von Linné geht die Bezeichnung „*Valeriana celtica*" zurück, indem er diese erstmals als Gruppe der Baldriangewächse 1753 systematisch zusammenführt. Seine Information basiert auf dem Wissen von Johannes Bauhin (1541–1613) über die Narde in den Westalpen, wo sie auch tatsächlich vorkommt (heute *Valeriana celtica* subsp. *celtica*). Das auf einer Reise 1615 entstandene Herbar Joachim Bursers (Speta (2002, S. 55)), das eine Nardus celtica aus den Steirischen Alpen enthält, ist auch in Linnés Hände in Uppsala gekommen. Durch den Briefwechsel mit Nikolaus Jacquin in Wien wird Linnés Kenntnis über die Herkunft des Echten Speiks erweitert, wobei Jacquin seinerseits die Information über die tatsächlichen Standorte („Speikkogel, St. Laurentium in der Reichenau, am Winterthal, auf dem Eisenhut, auf der Hadner-Alpe, Leitersteg, Stang-Alpen, Sau-Alpe, auf dem Volkart", posthum Wulfen (1858, S. 36)) jedoch von Franz Xaver Wulfen (1727–1805) aus Klagenfurt erhalten hat (Jacquin (1786)).

39 Schröder (1718, S. 1148), betont das besonders.

40 Neben dem von Kessler (1870) bearbeiteten am Ottoneum in Kassel befindlichen Exemplar Ratzenbergers aus dem Jahre 1592 existiert noch ein weiteres von Ratzenberger zusammengestelltes Herbarium (datiert auf 1598) in der Forschungsbibliothek in Gotha, das meines Wissens bisher kaum bekannt gewesen ist (Chart a, 154). Siehe Herbario vivo, Handschrift, 4 Bde., hier 2. Bd., https://dhb.thulb.uni-jena.de/receive/ufb_cbu_00010805, eingesehen am 15.5.2024.

41 Das ist eine Sammlung von getrockneten Pflanzen.

Abbildung 36: Herbarium des Caspar Ratzenberger.
Zwei Titelblätter, die das aus zwei Bänden bestehende Herbarium des Caspar Ratzenberger (1598) zieren. Diese gebundene Sammlung gilt als eines der ältesten erhaltenen Herbarien im deutschsprachigen Raum und wird in der Forschungsbibliothek Gotha aufbewahrt. (Chart a, 154). Ein Band enthält auch die Keltische Narde (Valeriana celtica subsp. norica). Quelle: Forschungsbibliothek Gotha

Zurück zu den Römern, in deren Alltag der unspezifische Bezug auf die Narde gebräuchlich gewesen ist: Gepriesen wird sie als Wohlbefinden spendendes Lebenselixier etwa in den bekannten Oden von Horaz (65–68 v. Chr.)[42]. Symbolisch gilt sie gar als Inkarnation des Pflanzenduftes schlechthin[43]. Diese Zuschreibung lebt dann in der humanistischen Gelehrtenkultur der Neuzeit fort[44]. Im Alten Testament (Hohelied 1,12 und 4,13) und im Neuen Testament (Joh. 12,3 und Mk 14,3) geadelt, erfreut sich das aus der indischen Narde hergestellte Öl der Salbung Christi bis heute nicht zuletzt wegen des Bezugs zur christlichen Heilsgeschichte eines ganz besonderen Nimbus[45]. Es handelt sich dabei aber, um es nochmals klarzustellen, um die indische Narde, denn die Kulturtechnik des Salbens entstammt den altorientalischen Kulturen Mesopotamiens und Babyloniens. Die Szenen der Salbung Christi sind bis heute in unzähligen Altarbildern und Nacherzählungen präsent. Doch ist

42 Horaz (1785).

43 Der Begriff Narde kommt aus dem Sanskrit und bedeutet Duft.

44 Urban Paumgartner bezieht sich auf die Narde in seinem „Aristeion Carinthiae Claudiforum", dem Lob auf die Stadt Klagenfurt aus dem Jahr 1605. Siehe Klemun (2005).

45 Nicht zufällig enthält das Wappen von Papst Franziskus eine Narde.

Abbildung 37: Historische Herbarbelege.
Auf einer Seite des Herbariums von Caspar Ratzenberger (1598) sind die beiden Narden montiert. Oben „Nardus indica" (Nardostchys jatamansi DC), darunter „Nardus celtica" (Valeriana celtica L.). Damit waren beide direkt vergleichbar. Diese Seite belegt die vielen Pflanzenbezeichnungen, wie etwa arabisch „Stumpel" (ansonsten meist Sumbul) für die indische Narde, und belegt auch die Überarbeitungsprozesse, denen eine Sammlung im Laufe der Jahrhunderte unterworfen war (siehe neuere Etiketten auf diesem Herbarblatt). Quelle: Forschungsbibliothek Gotha

zu vermuten, dass bei späteren Salbungen bei Herrscherweihen oder am päpstlichen Hof die indische Narde durch die keltische einfach auch ersetzt worden ist, wenn jene nicht zur Hand gewesen ist[46]. Zudem sind noch andere heilige Öle auf der Basis von Olivenöl mit Balsam zum Einsatz gekommen (Hofmeister, 1948).

Überdies drängt sich noch die weitaus spannendere Frage auf, wie lebensnah sich das gelehrt-schriftliche Wissen gestaltet hat und ob die von Dioskurides erwähnten *„pharmacopolae"* (Kräuterhändler) oder die *„rhizotomi"* (Wurzelschneider) dessen theoretische Schriften tatsächlich genutzt haben. Aus dem römischen Alltag der Spätantike erhaltene Warenlisten von Händlern[47], Rezepturen und Arzneimittelangaben in Fragmenten werden in der Papyrusforschung als Beleg für die Verbindung von Theorie mit Praxis gesehen (Andorlini, 2007, 24 und 33). In der Weltruf genießenden Papyrussammlung der Österreichischen Nationalbibliothek in Wien ist gar ein Bruchstück mit der Überschrift „Salbe mit Narde"[48] überliefert. Dabei handelt es sich um die Anweisung zur Herstellung einer beliebten Augensalbe[49]. Für eine solche Substanz ist in der Wiener Papyrussammlung sogar ein Etikett eines Behälters aus dem 5./6. Jahrhundert erhalten[50]. Die keltische Narde kommt allerdings in diesen überlieferten Papyrusstücken explizit seltener als die indische vor[51], wobei auch die Spezifizierung sehr oft fehlt. Der Fernhandel zwischen Ägypten und Indien

46 Der Kirchenstaat ist noch im 19. Jahrhundert ein guter Abnehmer des Echten Speiks. Siehe Commercio de navigazione di trieste 1865–1871.

47 In Trier wurde eine aus dem lange haltbaren Material Blei gefertigte Warenetikette aufgefunden. Siehe Schwinden (2018, S. 35).

48 P[apyrus]. Vind. G 39978; Froschauer und Römer (2007, S. 100); auch Harrauer und Sijpesteijn (1981); Loebenstein und Harrauer (1983).

49 Die Paste in Form eines „Brötchens" (wörtlich übersetzt von lat. collyrium infolge seiner teigartigen Konsistenz) ist meist mit Bleiweiß, Kümmel, Ingwer, Narde und Honig gemischt worden.

50 P. Vindb. G 38742, Froschauer und Römer (2007, S. 97).

51 P. 21375, siehe Monte (2018, S. 43).

auf dem Höhepunkt des Römischen Imperiums im 2. Jahrhundert belegt den verbreiteten Konsum der indischen Narde, die in 80 Containern zusammen mit der ungeheuerlichen Menge von 138.915 Kilogramm Pfeffer und Elefantenstoßzähnen mit einem Gewicht von rund 553 Kilogramm[52] vom Hafen in Muziris (Südindien) zum Roten Meer und von dort mit Kamelen nach Alexandria transportiert worden ist (De Romanis, 2020). Dieses nach dem Herkunftsort der Ware benannte „Muziris-Papyrus" (siehe Abbildung 38) beinhaltet den so erstaunlich präzis ausformulierten Vertragsabschluss dieser Unternehmung.

Die modern ausgeprägte griechisch-römische Medizin artikuliert sich in Rezepturen (Nutton, 2007, S. 8). Solche findet man in Dioskurides' Werk. Ihm wird hier deshalb übermäßige Beachtung geschenkt, weil es das Arzneiwesen bis ins 17. Jahrhundert wie kein anderes prägt. Der Arzneischatz Dioskurides' mit 4740 Anwendungen umfasst 1000 *Simplica* (einfache Drogen), davon etwa 800 Pflanzen, die keltische und indische Narde eingeschlossen. Die Arzneimittelgabe basiert auf der hippokratischen Säftelehre, bei der zwischen einem wärmenden und kühlenden sowie einem feuchten oder trockenen Einfluss der Präparate auf den auszugleichenden Säftehaushalt des Körpers ausgegangen worden ist.

Abbildung 38: Muziris-Papyrus.
Österr. Nationalbibliothek Papyrussammlung, P.Vindob. G 40822, Mitte 2. Jh. n. Chr.. Dieses Vertragsstück belegt die Verschiffung und Angaben von Frachtmengen für die indische Narde, die aus Ostindien nach Alexandria gebracht wurde.
© ÖNB public domain

Den Indikationen in Dioskurides' „Materia medica" zufolge ist die keltische Narde ein Allrounder (Endlich, 1966). Die folgende Stelle im Werk veranschaulicht dies[53]: „Sie [die keltische Narde] hat dieselbe Kraft wie die syrische [= gangitische, indische], ist aber auch harntreibender und magenstärkender. Sie hilft auch bei Leberentzündungen, bei Gelbsucht und Aufblähung des Magens, wenn sie mit Wermutabkochung getrunken wird, in gleicher Weise bei Milz-, Blasen-, Nierenleiden und gegen den Biss giftiger Thiere, wenn sie mit Wein

52 Palme (o.J.) https://www.onb.ac.at/mehr/blogs/detail/der-muziris-papyrus, eingesehen am 10.10.2023.

53 Übersetzt aus dem Griechischen nach Julius Berendes. Die erste neuzeitliche kritische Ausgabe auf Griechisch erfolgte durch Wellmann (1906-1914).

genommen wird. Auch wird sie den erwärmenden Umschlägen, Tränken und Salben zugesetzt" (Dioskurides, 1902, 31 und 32).

1500 Jahre später, noch im Zeitalter des Barocks, lesen sich die Vorzüge des Echten Speiks noch immer wie an Dioskurides' Vorgabe angelehnt. In der Überschrift seines „Parnassus Medicinalis illustratis" (1663) reiht der umtriebige Universalgelehrte, Ökonom und Alchemist Joachim Johann Becher alle ihm bekannten zur Diskussion stehenden und miteinander verwechselbaren, aber medizinisch ähnlich wirkenden Gewächse gleich einer Babylonischen Sprachverwirrung im Titel aneinander, der da lautet: „Indianischer = Celtischer = Berg = Spicanarden / Lavendel / Indica [Nardostachys jatamansis], Celtica [*Valeriana celtica* ssp. *norica* L.], Montana [Nardus tuberosa L.], Spica-Nardus [Baldrian, *Valeriana officinalis* L.], Lavendula [*Lavendula latifolia*]."

Lassen wir sein kurzweiliges, doch aussagekräftiges Gedicht auf uns wirken:

„Von Narden vielerley Geschlecht man finden thut / Berg=Celtisch=Spica=Nard / Lavendel ist auch gut / Der Indisch Narden auch die alle machen dünn / Den Narden zu dem Haupt man brauchet mit Gewinn / Schlag / Schlafsucht / Schwindel / Krampff / das zittere der Glider / Er treibt den Harn / und bringet die Weiber Rose wieder / Dem Magen nutzet er / zertheilet auch die Wind / Narden Geruch verjagt die Läuse gar geschwind" (Becher, 1663, S. 16).

Abbildung 39: Gart der Gesundheit. Das Werk von Cuba & Breydenbach, 1485, gilt als verbreitetstes Kräuterbuch des Spätmittelalters. Es zeigt die Synergie zwischen den byzantinischen, arabischen und griechischen Gelehrten, die zwar in unterschiedlichen Zeiten lebten, aber hier zusammengedacht wurden und in ihrem Wissensort, der Apotheke, abgebildet sind.
Quelle: UB Wien

Das von Dioskurides begründete Genre der „Materia medica" hat zahlreiche Bearbeitungen sowie die Herbarienliteratur des Mittelalters und auch der Frühen Neuzeit evoziert[54]. Ein verlegerischer Erfolg des von mehreren Autoren verfassten „Garten der Gesundheit" (Cuba & Breydenbach, 1485) geht mit der allmählichen Ausbreitung der neuen Institution Apotheke[55] einher (siehe Abbildung 39).

Das Attribut eines Bestsellers mit seiner Bestimmung für breite, aber alphabetisierte Bevölkerungsgruppen unter Einbeziehung des oralen Wissens von „Leyen" (also Laien), Kräuterexpert:innen und „Apothekenknechten" (Keil, 2014, S. 51) ist ihm nach stolzen 60 Auflagen nicht abzusprechen. In den Sternstunden des Buchdrucks[56] hält sich keine Übersetzung an absolute Texttreue, sondern frönt den Ergänzungen. Man könnte für diese Zeit von einer Dioskurides-Industrie sprechen[57]. Besondere Lorbeeren aus einer schier unüberschaubaren Vielzahl von Kommentaren erwirbt sich der in kaiserlichen Diensten in Prag stehende Pietro Andrea Matt(h)ioli (1501–1578) mit zehn auf Deutsch, Latein, Tschechisch und Italienisch erschienenen, immer wieder ergänzten Ausgaben der „Materia medica" (1544, 1548, 1551, 1551, 1554, 1559, 1562, 1563, 1573, 1627). Dabei werden mehr als 32.000 Kopien des Dioskurides' trotz der Kostspieligkeit von Drucken durch Matt(h)ioli verlegt und verkauft. In diesem Werbeträger erhält das Wissen über den Echten Speik die bisher dichteste mediale Verbreitung. Die entscheidende Verschränkung zwischen der Wissensökonomie und der Substanz erfolgt somit im Rahmen der Print- beziehungsweise der ersten Medienrevolution. Die Wurzel wird nun als eine tatsächlich in einer konkreten Region wachsende Pflanze bestimmt. Denn Matt(h)ioli hat die bis dato vage Herkunft „Gallien" (Anglicus, 1491)[58] oder „Illyrien bzw. Noricum und Istrien"[59] mit Kärnten und Steiermark etwas eingegrenzt und auch Judenburg als Ausfuhrort explizit genannt[60].

54 Erste Übersetzungen der unzähligen griechischen Manuskripte ins Lateinische erfolgen bereits im Jahre 1191 Jacobsen (2010), die ins Deutsche von Dantz und Uffenbach (1610) war erfolgreich. Breitenwirkung zeigt die in Mainz bei Meydenbach herausgegebene Inkunabel „[H]Ortus sanitatis" (erstmals 1491), in der die keltische Narde erneut wie schon bei Dioskurides als „nascit in Illiro" ausgewiesen wird ([H.]Ortus (1491, fol. 211)). Illyrien bezieht sich auf die römische Provinz, die unter Gaius Julius Caesar eingerichtet wurde. Zur komplizierten Druckgeschichte und dem Unterschied des „Hortus" zum „Gart der Gesundheit" siehe insb. Keil (2014). Das ebenfalls im Mittelalter verbreitete Werk von Conrad Megenberg (1303–1374) kennt nur die indische Narde, aber den Echten Speik noch nicht (Megenberg (1479)).

55 In Kärnten gab es Apotheken erst ab 1564 in Klagenfurt, danach in St. Veit 1565, Völkermarkt 1586, Villach 1589, Wolfsberg 1694 und in Spittal an der Drau 1705. Siehe Ryslavy (1991).

56 Der erste Druck erscheint bearbeitet von Petrus de Albano & Medemblic(h)k (1478) und wird 1512 von Gilbertus de Villiers revidiert, beruhend auf einer alphabetischen Umarbeitung.

57 Obwohl sich viele Autoren auf Dioskurides bezogen, kamen auch von ihm abweichende Befunde, etwa die falsche Identität der keltischen Narde mit dem Lavendel oder Baldrian, die auf Galen zurückging, ferner zur Sprache. Siehe Brunfels (1530, Lib. prim 3); Fuchs (1542, S. 858); Champier (1533).

58 Anglicus (1491, o. S., Kap. 10): „Nardus at celtica a regione gallie ubi crescit est dicta et etiam est similis nardo sive spice nardi, sed est magis alba", Lib. XVII, Kap. CIX.

59 Sehr oft war für die Herkunftsangabe der Pflanzen der Handelsort bestimmend.

60 Er konnte auf einen von dem „Arzt Peter Salicetus" übermittelten Herbarbeleg zurückgreifen, siehe Jacquin (1786, S. 28).

5.3. Von der Medizin zur modernen Hygiene

Der Echte Speik (Nardus celtica, auch lat. Spica celtica, Spica norica etc.) hat Eingang in das von der Obrigkeit geregelte älteste staatliche „Dispensatorium" (1570)[61] gefunden. Dass er die Regale der Apotheken gefüllt hat und als Heilmittel reichlich gebraucht worden ist, lässt sich anhand einer Stichprobe eines konkreten Apothekenbestands im 17. Jahrhundert nachweisen. In der Offizin der Witwe Anna Linsin in Klagenfurt sind 1680 die Wurzeln der „Spica celtica" (Echter Speik)[62] und die „Spica indica" (fol. 11) vorrätig[63]. Im Jahr 1776 zeigt sich jedoch ein davon abweichender interessanter Befund: Anlässlich der Inventarisierung des Nachlasses nach dem Tod des Landschaftsapothekers Tobias Mark(t)l ist kein Speik mehr registriert worden, wohl aber das Wundermittel Theriak[64]. Dieser besteht aus mindestens 72 Ingredienzien, unverzichtbar dabei ist das Opium. Noch interessanter mag es sein, dass auch der Echte und der indische Speik darin eine Rolle spielen. Beim Theriak handelt sich um das älteste und langlebigste, seit der Antike beliebteste Wundermittel. Es verkörpert wie kein anderes Produkt die Fusionierung der arabisch-persisch-antiken mit der europäischen Heilkunde. Kein Geringerer als der in Buchara (heute Usbekistan) um 980 geborene persisch-arabische Universalgelehrte und Philosoph[65] Avicenna (ibn Sina) entwickelt insgesamt mehr als 440 Rezepturen, in denen die indische, römische (keltische) und griechische Narde[66] mitunter vertreten sind. Avicenna beeinflusst nicht nur die aus der griechischen Klassik rezipierte Medizin in Bagdad und Isfahan.

Abbildung 40: Portrait des Avicenna (vor 980-1037). Nach einer Miniatur des 12. Jhs. gezeichnet im April 2024 von Rakhimov Nodir in Buchara, wo Avicenna geboren worden war und heute noch sehr verehrt wird. Der persisch-arabische Universalgelehrte entwickelte unzählige Rezepturen, in denen die indische und keltische Narde (Valeriana celtica L.) vorkommen. Original, Aquarell im Besitz von Marianne Klemun.
© Marianne Klemun

61 Herausgegeben von Österreichischer Apothekerverein und der Gesellschaft für Geschichte der Pharmazie (1938). Auch bei Löseke (1785).

62 Spica ist der lateinische Begriff für Narde.

63 AT-KLA [Kärntner Landesarchiv] 207-C-1, 219 St. – Im Nachlass des Landschaftsapothekers Johann Mark(t)l in Klagenfurt sind 1690 ebenfalls beide Substanzen disponibel (fol. 77). Siehe AT KLA 207-C Ständisches Archiv, Schachtel 417 C Akten Abt. 1 fol. 1–88.

64 AT KLA 207-C Ständisches Archiv, Schachtel 417 C Akten Abt. 1 fol. 417–483.

65 Güneş hebt Avicenna als Philosoph auf eine Stufe mit Descartes. Siehe Güneş (2020, S. 23).

66 Kahl setzt sie gleich mit dem keltischen Speik, siehe Kahl (2007, S. 139). Das arabische Wort ist Sunbul bzw. Sumbul oder Simbil, ebenfalls mit vielen Bedeutungen, siehe Siggel (1950, S. 42), bei Ibn at-Tilmid auch „griechische Narde" (= Nardi igliti) und Sumbul rumi (keltische Narde) im Unterschied zu Sunbul hindi (indische Narde) (Kahl (2007, S. 139)). Siehe auch Richter-Bernburg (1969, S. 174); Meyerhof (1940).

Vielmehr wird durch Gerhard von Cremonas (1114–1187) Vermittlung Avicennas Werk und seine Rezepturen auch wieder im Europa des Mittelalters (J. Mayer & Niedenthal, 2020) und der Frühen Neuzeit aufgegriffen, insbesondere in Pestzeiten[67] (Schipperges, 2005; Sontheimer, 1845). Ein solcher Kreislauf der Verbreitung und eine auch auf durch Übersetzungen erfolgte Uminterpretation basierende Reintegration des Wissens mittels verschiedener Sprachen über Räume und Zeiten hinweg ist mit dem methodischen Konzept der Wissenszirkulation, wie es für koloniale Verhältnisse entworfen worden ist (Ray, 2016), zu fassen. Der Theriak ist ein besonders schillerndes Beispiel dafür, da sich seine Rezepturen ebenfalls verändert haben. In Österreich ist der Theriak wegen seines Grundbestandteils Opium bis ins 19. Jahrhundert besonders begehrt[68]. Noch im Jahre 1792 produzieren drei Gewerbebetriebe in Triest angeblich bis zu 3000 Zentner (= 168.000 kg) dieser in Honig eingedickten Arznei, Latwerge genannt. Bei der Herstellung führt Venedig, da viele der Ingredienzien exotischer Herkunft durch die Einfuhr und Venedigs einmaliger Handelsposition gesichert sind und auch von hier aus exportiert werden[69]. Die Triestiner Hersteller wollen jedoch ein sich von den Venezianern unterscheidendes eigenes Gewerbezeichen für ihren für Österreich bestimmten Theriak führen, da ihrer Meinung nach die Venezianer oft Verfälschungen anbieten würden[70].

Sein Platz unter den amtlich geregelten österreichischen Arzneimitteln, den Pharmakopöen, bleibt dem keltischen und indischen Speik nach 1570 noch knapp 300 Jahre, bis 1855, unbestritten erhalten[71]. Mitte des 19. Jahrhunderts verschiebt sich allerdings die normative medizinische Vorschrift eindeutig weg vom Echten Speik zum Baldrian (*Valeriana officinalis*)[72]. Nichtsdestoweniger erfreut sich der Echte Speik weiterhin hoher Wertschätzung als „Volksarzneimittel" (Fried, 1885, S. 609) in Hausapotheken (Achleithner, 1891, S. 5). Jedoch hat der Staat schon im aufgeklärten Absolutismus begonnen, den bisher so reichhaltigen Arzneischatz aus Gründen der besseren Versorgung der Bevölkerung und Kontrolle insgesamt beträchtlich einzuschränken (Ganzinger, 1962). Ferner werden im Vormärz neue und stärker wirkende Arzneiinhaltstoffe aus chemisch analysierten Pflanzensubstanzen wie Koffein, Strychnin, Morphin, Narkotin, Veratrin (Alkaloide) und Chinin erstmals isoliert und gewonnen, was viele alte Mittel teilweise verdrängt[73].

67 So etwa auch durch den Prediger Abraham a Santa Clara (1683).

68 In der Pharmakopöe für das Militär bekräftigt der anonyme Autor das „Zutrauen, welches mehrere Kranke schon auf den blossen Nahmen dieses alten Mittels setzen", weil es Opium enthält und gut gegen Schmerzen wirkt. Pharmacopoea (1795, S. 236).

69 Zimtrinde aus Ceylon (heute Sri Lanka), Kardamom aus Indien, die indische und keltische Narde aus Indien und den Alpen sowie Myrrhe aus Somalia sind über diesen Hafen am besten verfügbar.

70 Archivio di Stato di Trieste, Gubernium, Fasz. 398. Diese Menge ist für einen Zeitraum von drei Jahren veranschlagt.

71 Siehe den Vergleich der immer wieder überarbeiteten staatlichen Pharmakopöen aus den Jahren 1720 (Dispensatorium); Dispensatorium (1747); Pharmacopoea (1774); Pharmacopoea (1795); Pharmacopoea (1855) und Pharmacopoea (1889).

72 Siehe Pharmacopoea (1869, 1889).

73 Im 19. Jahrhundert setzt sich die Tendenz durch, dass entweder eher sehr starke Mittel bevorzugt werden (Hickel (2008, S. 333)) oder eine Art „Arzneimittel-Nihilismus" (Lesky (1960)) herrscht. Letzterer mündet in die Naturheilkunde, was die Verwendung des Speiks im häuslichen Gebrauch wiederum befördert. So beschreibt Kleinecke,

In der Krisenzeit, während der von Napoleon verhängten Kontinentalsperre 1806–1814 und einer drohenden Choleraepidemie, sorgt der Echte Speik noch ein letztes Mal für medizinische Schlagzeilen, als verzweifelt nach Surrogaten für teure Einfuhrprodukte wie die ursprünglich aus Peru stammende, aber inzwischen auch in Indien angebaute und importierte Chinarinde (*Cinchona* L.)[74] gesucht wird. Als Malariamittel wird sie geschätzt[75] und der Echte Speik stößt dabei als Substitut erneut vorübergehend auf Interesse.

Erinnern wir uns: Schon der umtriebige Universalgelehrte, Ökonom und Alchimist Johann Joachim Becher (1635–1682) erweiterte Dioskurides' Behandlungsempfehlung bezüglich des Echten Speiks auf Schlaganfall und Schwindel. Dem Zeitalter der Rationalität entsprechend schenkte er auch dem Kopf Beachtung. Denn jede Zeit entwickelt ihre eigenen Leiden. Die Melancholie und Hysterie werden im 18. Jahrhundert vorherrschend und zugleich geschlechtsspezifisch als Spezifikum der Frauen pathologisiert. Alsbald im 19. Jahrhundert findet jedoch eine weitere Verschiebung statt, nämlich auf die Nerven. Leistungsdruck, Industrialisierung sowie Beschleunigung und die Brownsche Lehre von der Reizbarkeit der Muskelfasern führen zu einer konzertierten Behandlung irritierter Nervensysteme. Entsprechend befürwortet Meyer in seinem prominenten Handbuch der Pharmakologie den Echten Baldrian (*Valerina officinalis* L.) für die ganze Bandbreite von spezifischen, auch neuen Nervenkrankheiten (C. J. Meyer, 1835, S. 213)[76]. Der Pharmazeut August Friedrich Hecker spricht derweil dem Echten Speik dieselbe Wirkung wie dem Baldrian nicht prinzipiell ab. Weil aber der Echte Speik keine Vorteile gegenüber dem Baldrian vorzuweisen habe, zieht Hecker die Konsequenz, dass dieser einfach „bei uns nicht mehr angewandt" wird (Hecker, 1820, S. 61). Dass Modeelixiere wie „Dr. Behr's Nerven Extract" dennoch auf dem Markt sind und mit dem Inhaltsstoff Echter Speik[77] werben, belegt gleichwohl, dass er als Hausmittel seine Zugkraft nicht verloren hat.

Seit Jahrhunderten wird die Heilwirkung der verschiedenen Baldriangewächse gegeneinander abgewogen, wobei sich der Echte Speik und die indische Narde beide ihren Vorrang unbestritten erhalten haben. Baldrian (*Valeriana officinalis* L.) ist aber im Unterschied zum

dass „durch seine Wundertränklein und Lebenselexiere, auf welche die Bauern mehr geben, wie auf die theuren Arzneien des Stadtdoctors" der Speikgraber die ländliche Bevölkerung versorgt (Kleinecke, 1896, S. 1).

74 Der Name der Chinarinde stammt vom Ketschua-Wort kina-kina, auf Deutsch Rinde der Rinde, https://de.wikipedia.org/wiki/Chinarindenbäume, eingesehen am 2.2.2024.

75 Der Krankenhaus- und Garnisonsarzt Hacker zu Freising fand in dieser Notzeit zum Echten Speik zurück und argumentierte, dass er „doch in typhosen Fiebern ersprießliche Dienste" (Anonymus, 1813, Sp. 2133) leiste. Auch der Berliner Arzt Weber empfahl den Echten Speik als Substitut für die schier unbezahlbare Chinarinde. Ihm zufolge sollte sie frisch sein und gepulvert werden (Anonymus, 1812, S. 631). Als Schutz vor Cholera wurde der Echte Speik auch noch 1873 erwähnt. Siehe Anonymus (1873, S. 8), Weltausstellung.

76 „In asthenischen Fiebern mit erhöhter Sensibilität und krampfhaftem Zustande, […] in fieberlosen Nervenzufällen: Epilepsie, Veitstanz, halbseitigem Kopfwehe, Magenkrampfe und Krampfkolik nervöser Natur, Hypochondrie, Hysterie; […] bey allgemeiner und örtlicher Schwäche des Nervensystems und Ueberreizung, übermässiger Anstrengung […]" (C. J. Meyer, 1835, S. 213).

77 Annonce von Julius Bittners Apotheke in Gloggnitz, (Annonce, 1884, S. 6): Erwähnt werden „*Nardus celtica*, […] und *Valeriana celtica*", die ja identisch sind!

Abbildung 41: Apotheke.
„Der Mensch und sein Beruf": „Der Apotheker, der Augen- und Vieharzt, der Dürrkräutler". Druck von Matthias Rudolph Toma (1792–1869), gez. von Carl Schustler, lithogr. V. A. R. Dreyer. Die Darstellung entstand zwischen 1835 und 1841 und zeigt, dass Apotheken in dieser Zeit großes Ansehen und Zulauf bekamen.
Quelle: Wien Museum, Grafik- und Fotosammlung public domain

Echten Speik seit Mitte des 19. Jahrhundert in großem Umfang in Thüringen, im Harz und in Chesterfield (Großbritannien) angebaut worden. In Kölleda nahe Erfurt wurden jährlich 50.000 Zentner Ware für Mitteleuropa geerntet[78]. Die Apotheken wurden ab Mitte des 19. Jahrhunderts jedenfalls von diesen Großbetrieben mit ihrem angebauten Pflanzenmaterial für den Massenbetrieb fit gemacht[79] (siehe Abbildung 41).

Tatsächlich wird die medizinische Wirksamkeit des Echten Speiks im 19. Jahrhundert durch keine einzige wissenschaftliche Studie infrage gestellt. Auch wird keine beauftragt. Vielmehr entscheiden der Markt und die veränderte industrielle Arzneimittelherstellung über das Schicksal des Speiks als Heilmittel[80]. Und noch eine weitere Verschiebung kommt hin-

78 Fried (1885, S. 608), auch T. Meyer (1911).

79 Auch wurde „das alte Gewerbe der Materialisten, des Gift- und Kräuterhändlers, des Dürrkräutlers" auf eine neue rechtliche Basis der 1859 erfolgten Gewerbeordnung gestellt und die Zahl der Betriebe beschränkt. Siehe Nowotny (1963, S. 348).

80 Die wachsende städtische Bevölkerung gerät mehr und mehr in Abhängigkeit von Experten und Apothekenwesen, wobei die Preise der Arzneimittel sinken. Siehe Nowotny (1963, S. 348).

zu: Neben den Nerven wird im 19. Jahrhundert die Hygiene fixer Bestandteil des gehobenen Gesundheitswesens. So entdecken Badeetablissements den Echten Speik als Kurmittel. Schon im Jahre 1836 werden bei der Eröffnung des neuen Heilbades in St. Thomas bei Ried auch Speik Bäder angeboten[81]. Das hochfürstliche Schwarzenberg'sche Schloss Schrattenberg nahe Scheifling bewirbt über Jahre für müde und gereizte Städter die „einzige Verabreichung der berühmten aromatischen, nervenstärkenden Alpen-Kräuter-Speik Bäder von grosser Heilwirkung"[82]. Das im Mittelalter verbreitete öffentliche Bäderwesen war infolge der Pest aus der städtischen Kultur in Europa bereits in der Frühen Neuzeit verschwunden. Nur im osmanisch-arabischen Kulturraum erfreut es sich noch großer Beliebtheit. Darauf bezieht sich nun die neuartige Bewerbung der Speik Bäder in der Steiermark, etwa dass „diese schon seit Jahrhunderten im Oriente im Gebrauche"[83] seien. So verwandelt sich das einstige dem „Orientalismus" unterworfene abschätzige Reden über den Speikgebrauch in Bädern des Orients[84] in späte Bewunderung.

Für die stetig wachsende gesellschaftliche Wertschätzung der Hygiene steht die Seife. Duft und Gestank, Luxus und Elend, individueller Körpergeruch und kollektive Ausdünstungen verkörpern stets eine gesellschaftlich soziale Note. Den feinen Unterschied zwischen den sozialen Schichten regeln Hygienegebote und Duftessenzen (Corbin, 1982). Im Hygienediskurs werden sie ausgehandelt und von der Gesellschaft schichtspezifisch umgesetzt. Die Industrie macht den Konsum variantenreich möglich: Die Seife, einst durch ein lokales Gewerbe hergestellt, wird industrialisiert sowie an die neuen Massenbedürfnisse und feinen gesellschaftlichen Unterschiede angepasst, indem die einfache Seife nuancenreich mit kostbaren Ölen und Blumendüften aus der jeweiligen Region verfeinert wird. Einer Firma in Graz ist dabei das Prädikat zuzuschreiben, die „Speickseife" erfunden zu haben[85]. Ihr Wegbereiter, Heinrich Kielhauser Senior (1830–1886)[86], bringt dazu alle den neuen technischen Entwicklungen angepassten Voraussetzungen wie ein Studium der Pharmazie und Technischer Chemie für seinen Erfolg mit. 1863 eröffnet er sein eigenes Labor in der Spohrgasse 3 am Grazer Hauptplatz. Von hier aus gehen die von ihm chemisch entwickelte neue Glyzerincreme, seine Blumenseifen und die einmalige „Speickseife" in Umlauf. Das Unternehmen expandiert, indem es weit über die Monarchie hinaus[87] die einzigartigen Hygieneprodukte vertreibt (Anonymus, 1906). Der Großbetrieb, alsbald zu einem weiträumigen Fabrikgelände erweitert, demonstriert den Profit, der nun mit Seife, Schönheitsmitteln und Parfüms zu erwirtschaften ist.

81 Huber (1836, S. 118).

82 Annonce (1897, S. 23).

83 Annonce (1898, S. 8); Annonce (1895, S. 32).

84 Siehe dazu beispielsweise das Gedicht von Georg Mader (1909, S. 157).

85 „Er war auch der erste Erzeuger der Speikseife." Siehe 70-jähriges Bestandsjubiläum, Anonymus (1933, S. 10).

86 Die Firma war noch 1943 im Handelsregister Graz unter H. Kielhauser eingetragen: Handelsgerichtliche Eintragung, S. 550. Werksdirektor war Dipl.-Ing. Albert Kielhauser (1897–1945), https://www.findbuch.at/files/content/adressbuecher/1943_dr_graz_ab/49__Handelsgerichtlich_eingetragene_Firmen.pdf, eingesehen am 12.12.2023.

87 Die Werbung für die Firma erscheint sogar in englischer Sprache anlässlich des Jubiläums: Anonymus (1906, S. 20–22). Seifenverpackung ist erhalten in französischer Sprache.

16 Deutsch-Englischer-Reise-Courier. – English-German-Tourists'-Courier 16

Industrielle Rundschau zum Artikel Graz.

Auf dem Gebiete der kosmetischen Industrie hat Oesterreich eine achtunggebietende Stellung errungen. Nicht allein die Grossartigkeit seiner Produktionsverhältnisse kommt dabei in Betracht, sondern auch die hohe Klasse der einschlägigen Artikeln. Unter den Firmen dieser Branche wird H. Kielhauser in erster Linie genannt. Ihr wohlverdienter Jahrzehnte alter Ruf hat sich weit über die Grenzen des engeren Heimatlandes und der österreichischen Monarchie gefestigt.

Die Firma H. Kielhauser in Graz wurde 1863 von Herrn Kielhauser sen. im Stammhause, Sporgasse 3, nach Vollendung seiner Studien der Pharmacie, technischen Chemie und glücklicher Vollendung vielfacher praktischer Versuche der Herstellung kosmetischer Präparate in mässigem Umfange als „Laboratorium" begründet. Von hier aus wurde die seitdem weitverbesserte kosmetische Glyzerin-Crême in Verkehr gesetzt, welche sowohl in ärztlichen Kreisen wie beim konsumierenden Publikum bald viele Anhäger fand.

Rastloses Streben, strenge kommerzielle Umsicht und peinliche Reellität verschafften der Firma und ihren Produkten guten Ruf und nach wenigen Jahren musste das Unternehmen bedeutend vergrössert werden, wobei mit der Herstellung von Toiletteseifen begonnen wurde.

Die Schaffung der heute zu Weltartikeln gewordenen Speick-Seife und Glyzerin-Veilchen-Seife brachten neue Erfolge und eiferte zur Kreierung weiterer Artikel an, zu denen besonders die Edeltannen-Präparate zählen, welche nicht nur im Inlande, sondern auch in England, Amerika und Frankreich Anklang und Anerkennung fanden. Nach mehr als 40jähriger Tätigkeit übergab Herr Kielhauser sen. die Leitung des Unternehmens seinen Söhnen, welche eine weitere Ausgestaltung der Fabrik mit Berücksichtigung der modernen Maschinentechnik vornahmen und das Unternehmen auf den gleichen Prinzipien weiterführen.

Industrial Review to the article Graz.

Austria has aquired a respected position on the range of cosmetic industry. Not only its enormous production alone is to be considered, but also the high class of the appertaining articles. H. Kielhauser is named among the first firms of that branch. His well deserved fame having existed since decades has been spread far over the borders of his narrower country and the Austrian monarchy.

The firm H. Kielhauser at Graz was founded in 1863 by Mr. Kielhauser sen. in the original house, 3 Sporgasse; the founder had finished his studies of pharmacy and technical chemistry, and luckily performed many practical experiments in manufacturing cosmetic preparations; the business was but a „laboratory" at the beginning. From there, the cosmetic glycerine-creme having been much ameliorated since was brought out for sale, and it found many adherers soon as well in medical circles as among the consuming public.

Restless zeal, great commercial cleverness and rigorous fairness aquired the firm and its productions a good renown, and the business was by much enlarged after few years; on that occasion, he began manufacturing toilet-soaps.

The invention of the speik-soaps and glycerine-violet-soap having become universal articles nowadays brought new successes and instigated to creations of new articles, among them in the first line the silver fir-preparations having met with approval and acknowledgment not only in Austria, but also in England, America and France. After an activity of more than 40 years, Mr. Kielhauser senior entrusted his sons with the management of the business; they enlarged the factory another time considering the technical progresses on the range of machines and managed the business according to their father's principles.

The newest transformation and technical reconstruction

Pressaal und kontinuierliche Seifenverpackung der Toilette-, Seifen- und Parfümeriewarenfabrik der Firma H. Kielhauser in Graz.

Abbildung 42: Blick in die Seifenfabrik Heinrich Kielhauser. 1863 war das Labor von ihm in Graz gegründet worden und das Unternehmen expandierte enorm. Foto 1906, anlässlich des Jubiläums, abgedruckt in: Deutsch-Englischer-Reise-Courier 5 (1906), S. 21. © public domain (anno)

Kielhauser trifft mit der „Speik-Seife"[88] vor allem das Herz der Alpenbegeisterung in der Monarchie[89]. Sein Konzept aufgreifend, folgen ihm sonach unzählige weitere Unternehmer[90] wie Walter Rau, der ab 1928 ebenfalls eine „Speickseife" anbietet. Auf ihn geht die heute in Stuttgart ansässige Firma Speick zurück, die seit einigen Jahren das Monopol genießt, 27 Kilogramm pro Jahr für ihre „Speickseife" und sonstige Speikprodukte verarbeiten zu können.

Doch ist nach der Jahrhundertwende der Echte Speik in der „Speickseife" tatsächlich verarbeitet worden? Zweifel sind tatsächlich angebracht, wenn man die Publikation der Drogistenindustrie über „Parfümerie-Vorschriften" (1898) in Rechnung zieht. In diesem Regelwerk werden für 200 Seifensorten die Inhaltsstoffe und Mengen präzise vorgegeben. Und in der „Speik-Seife" ist dieser Vorschrift zufolge nur das Spiköl (Lavendelöl) und das Baldrianöl, aber kein Echter Speik enthalten![91]

Speikbüschel indes sind als Mottenmittel nicht nur auf dem Land seit jeher gebräuchlich, zunehmend in Pulverform als „Schabengeist", in der zweiten Hälfte des 19. Jahrhunderts in den Städten beworben und beliebt[92].

88 Eine erste Annonce für die Speickseife erscheint 1879 im Grazer Volksblatt, 20. April (Annonce, 1879, S. 8), doch wurde sie bereits 1863 entwickelt.

89 Anonymus (1906, S. 20).

90 So auch die Firma Med. Dr. A. C. Leyer in Graz. Siehe Annonce (1882, S. 13) oder auch sogar eine Firma Dobbelmann in Nijmwegen (Holland).

91 Die Rezeptur lautet: „35 k Cochin-Oel, 17 k Natr.-Lauge 38°, 11/2 k Kali-Lauge 38°, 13 g Safransurrogat, 3 g Windsorbraun 3 a, 50 g Patschouli-Oel, 150 g Lavendel-Oel, 50 g Baldrian-Oel, 50 g Geraniums-Oel (Afr.), 50 g Palmarosa-Oel, 10 g Rosmarin-Oel, 10 g Cassia-Oel." Siehe Anonymus (1898b, S. 236 f.).

92 So etwa 1881 bei Nägele und Strubell am Graben in Wien erhältlich (Annonce, 1881, S. 10).

5.4. Macht, Menschen, Monopole

Man mag sich durchaus fragen, wie der Echte Speik bereits in der Antike aus dem kärntnerisch-steirischen Gebirge den weiten Weg in globale Märkte geschafft hat. Die Angliederung Noricums im Jahre 15 v. Chr. in das Römische Imperium jedenfalls bewirkte eine Einbindung in dessen regen Wirtschafts-, Verkehrs- und Handelsraum. Der Export von Eisen war dabei maßgeblich und der Speik soll schon in der Keltenzeit zuvor gehandelt (Pirchegger, 1931, S. 235) und mitgelaufen sein.

Fernhandel ist immer durch zwei Faktoren bestimmt. Einerseits ist er global in geopolitische Machtverhältnisse und andererseits in regionale herrschaftliche Regelungen eingebettet. Im ersten Fall dominiert die Republik Venedig seit dem 12. bis ins 17. Jahrhundert als zentrale Drehscheibe den maritimen Handel Europas mit der Levante, Afrika und Asien[93]. Auch die erstarkenden Städte sind im Mittelalter[94] bestrebt, sich durch Privilegien und Niederlagsrechte in diesem Handelsnetzwerk zu bewähren[95]. Der unter massiver Geldknappheit leidende Kaiser Friedrich III. erkennt die lukrative Chance von Abgaben zugunsten seines dringenden Finanzbedarfs. Das Potenzial der Stadt Judenburg scheint wegen ihrer günstigen Verkehrslage als Knotenpunkt in der Fernverbindung zwischen Wien, Villach und Venedig[96] gegeben. Nach überwundener Agrarkrise der 1430er und 1440er Jahre (Abel, 1978, S. 473) ist die Zeit günstig. Um den Konzentrationsprozess der bürgerlichen Fernhändler gegen Mitkonkurrenten zu unterstützen, verleiht Friedrich III. der Stadt Judenburg 1460 das Monopol für den Speikhandel gegen eine Pacht von 50 Gulden jährlich. Der Stadt beziehungsweise ihrem Rat ist es vorbehalten, dass sie „Speickh" „allenthalben in Welische auch ander erbliche Fürstentumbs land und gebiete furen, da verkauffen und vertreiben mugen"[97]. Das Monopol betrifft ausschließlich den Handel und keineswegs das „[G]raben", was der sonst sehr verdiente Experte der Judenburger Wirtschaftsgeschichte Ferdinand Tremel fälschlich behauptet hat (Tremel, 1947, S. 117)[98]. Durch das Vorrecht jedenfalls soll die Stadt ihre einzigartige Handelsposition gegen jeden Konkurrenten verteidigen können: „Ob auch yemands anderer, wer der wer solhen Speikch furen oder damit handeln würde, daz Sy, das werren, und die so den also furten, aufhalten"[99]. Der Rat der Stadt gibt in der Folgezeit das Privileg an einen seiner Bürger weiter, 1576 wird es von

93 Schon im Jahr 1347 verzeichnete der venezianische Händler Pignol Zucchello in einem Handlungsbrief eine „Schatolla de spigo" (Lettere, 1957, S. 85). Es war jener Händler, für den der Verkauf der Seife aus Ancona, Zypern etc. von Venedig nach Konstantinopel (heute Istanbul) und Armenien und von dort nach Alexandria belegt ist. Fleet (1999, S. 24).

94 Nichts dazu leider bei Pferschy (2018).

95 Zu denken ist etwa an die Stadt Gmünd (bereits 1419; siehe Lax (1950, S. 14)) und an Feldkirchen 1459 mit seiner Jahrmarktserlaubnis.

96 Es besteht bereits auch das Stapelrecht (Andritsch, 1990). Im Kontor der deutschen Kaufleute in Venedig, dem Fondaco di Tedeschi, haben die Judenburger Kaufleute Ende des 14. Jahrhunderts schon eine eigene Kammer bezogen, die sie allerdings 1484 an das potentere süddeutsche Handelshaus von Heinrich Fugger abtreten müssen (Simonsfeld, 1887, S. 309).

97 StLA [Steiermärkisches Landesarchiv], AV AUR 6081: 1460-06-04.

98 Siehe auch Gärtner (1978, S. 3); Wendelberger (1969, S. 111).

99 StLA, AV AUR 6081: 1460-06-04. 1542 profitiert ein „Sailler zu Prugg [Bruck]" besonders davon.

Erzherzog Karl mit Erhöhung der Pachtsumme auf 1000 Gulden nochmals verlängert[100]. Monopole allerdings fordern ihre Unterwanderung stets heraus. So werden etwa im Jahr 1563 „zwen Paurn mit namens Hanns Michel unnd Walthin Pertl in der reichenau wohnhaft so dem Mulstatt zuegehörig"[101] mit „Conttrabannd" (Speikschmuggelware) vom Obereinehmer Wolf Heller in Kremsbrücke, der Mautstelle, erwischt.

Um Neid der Städte untereinander zu verhindern, übergibt der innerösterreichische Landesfürst die Pacht von 1565 an bis zum Jahre 1787 anstatt einer einzigen Kommune alleinig an eine Person, von der die Pachtsumme auch im Vorhinein geleistet wird. Im Jahr 1565 verleiht Erzherzog Karl das Privileg dem Admonter Bürger Peter Seibold[102], der für Kärnten zuständig sein soll. Da eine zweite Person, Gregor Ertl aus Rottenmann in der Steiermark, ebenfalls das Monopol innehat[103], ergeben sich jedoch infolge ihrer Rivalität zwischen den beiden „Zank" und „Krieg", weswegen Seybold sogar arrestiert wird[104].

Wie sein Kontrahent Seibold hat der schon zuvor erwähnte Pächter Gregor Ertl zu Rottenmann ebenfalls Probleme, die festgelegte hohe Summe von 1400 Gulden Pacht jährlich im Voraus aufzubringen. Der erbetene Aufschub bei der Hofkammer in Graz stößt auf keine Begeisterung[105].

Die Behörde ist durch die 1564 erfolgte Länderteilung der österreichischen Habsburger und die Übernahme Karl II. der innerösterreichischen Ländergruppe ein Verwaltungszentrum geworden, das nahezu wie ein selbstständiges Staatswesen agiert. Auch infolge des Langen Türkenkrieges (1593–1606), des Uskokenkrieges (1615–1617/18) gegen Venedig und des unglücklichen Türkenkrieges von 1737 bis 1739 nimmt die Finanznot des Landesfürsten zu (Mikoletzky, 1961, S. 777). Deshalb wird am Prinzip der Monopolvergabe eisern festgehalten, wiewohl die zeitgenössische Theorie des Merkantilismus, vertreten durch Joachim Johann Becher, sie bereits längst infrage stellt. Nun begünstigt die Wiener Hofkammer die der höfischen Bürokratie nahestehende Klientel[106].

In der Zeit von Kaiser Leopold I. (1640–1705) gelangt das vom kaiserlichen Hofzahlmeister Thomas Eder von Kainbach seit 1663 ausgeübte Privileg, nun vornehm „Appalto" genannt,

100 StLA, Innerösterreichische Urkundensammlung IÖUR-5075-1567-07-31. Da aber diese Vorauszahlungen nicht in voller Höhe eintreffen, rechnet die Kammer für die noch offenen 450 Gulden jährlich als Ratenzinsen 50 Gulden hinzu. 1548 soll nach Hassinger (1987, S. 190) Wolfgang Walch für die niederösterreichischen Länder den Handel zuerkannt bekommen haben. Später, 1602–1622, hatte das Privileg der Grazer Kaufmann Gregor Michelitsch inne.

101 AT-KLA 289-C-24.19 fol.1.Ak.

102 Wichner (1878, S. 157).

103 StLA, Innerösterreichische Hofkammer (ÖHK), Sachabteilung, K. 42, H 6.

104 In den Quellen auch Seyboldt geschrieben. StLA, Innerösterreichische Kammer, Chronologische Reihe, K. 176, H. 13: IÖK-176-1568-13.

105 StLA, Innerösterreichische Hofkammer (ÖHK), Sachabteilung, K. 42, H 6.

106 1622 gelangt das Privileg an den Wiener Hofkammerrat Hieronymus Bonacina. Auch er hat sich infolge der hohen Speik-Pacht in Schulden verstrickt. OeStA [Österreichisches Staatsarchiv], Reichsarchiv, Reichshofrat, Patente und Steckbriefe 1 A-F, 1-75. 1630 geht es an den Hofpfennigmeister Thomas Eder (siehe auch: Hassinger (1987, S. 190)).

erstmals sogar in die Hand eines begüterten Hochadeligen, nämlich Graf von Ortenburg (Valentinitsch, 1989b, S. 90)[107]. Dadurch wird der skeptische Adel besänftigt und der frühmoderne Staat sichert sich weiterhin Einkünfte unabhängig von den Ständen. 1679 lässt sich sogar der an der Spitze der Bürokratie tätige innerösterreichische Vize-Hofpräsident Hans Christian Graf von Dietrichstein, Herr auf Sebenstein, Murau und Griffen, den Appalto persönlich nicht entgehen. Er autorisiert dazu Abraham Seefeldner zu Radstatt als seinen Handelsmann. Obwohl Seefeldner seinerseits eigene Leute für sich graben lässt, die sodann von den ansässigen Bäuer:innen sogar im Gelände daran gehindert werden, bekräftigt Kaiser Leopold 1697 erneut den Speik-Appalto, nicht ohne auch den eigenmächtigen Angriffen „renitenter Grundherrschaften"[108] heftige Strafen anzudrohen[109]. Danach übernimmt Franz Casper Dobler[110] für 500 Gulden Pacht jährlich Seefeldners Funktion und erneut kommt es zu Protesten vonseiten der Bauern und Grundherrn gegen Dobler, der eigene Tagelöhner:innen als Speikgraber:innen beschäftigt. Die Einwände gegen diese fremden Eindringlinge werden von den Ständen in Kärnten unterstützt; schließlich ist es eine gute Gelegenheit, Eigenständigkeit gegenüber dem Landesherrn zu statuieren[111]. Dessen ungeachtet bestätigt Königin Maria Theresia das bestehende Regal in den Jahren 1744 und 1759[112] (siehe Abbildung 43).

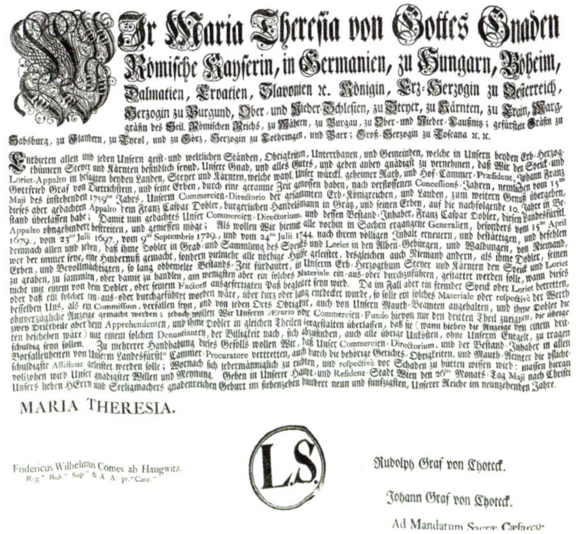
Wir Maria Theresia von Gottes Gnaden Römische Kayserin, in Germanien, zu Hungarn, Böheim, Dalmatien, Croatien, Slavonien rc. Königin, Erz-Herzogin zu Oesterreich, Herzogin zu Burgund, Ober- und Nieder-Schlesien, zu Steyer, zu Kärnten, zu Crain, Marggräfin des Heil. Römischen Reichs, zu Mähren, zu Burgau, zu Ober- und Nieder-Laußnitz; gefürstete Gräfin zu Habsburg, zu Flandern, zu Tyrol, und zu Görz, Herzogin zu Lothringen, und Barr; Groß-Herzogin zu Toscana rc. rc.

Entbieten allen und jeden Unsern geist- und weltlichen Ständen, Obrigkeiten, Unterthanen, und Gemeinden, welche in Unsern beyden Erb-Herzogthümern Steyer und Kärnten befindlich seynd, Unsere Gnad, und alles Gutes, und geben anbey gnädigst zu vernehmen, daß Wir den Speick- und Loriet-Appalto in besagten beyden Landen, Steyer und Kärnten, welche wayl. Unser würckl. geheimer Rath, und Hof-Cammer-Præsident, Johann Franz Gottfried Graf von Dietrichstein, und seine Erben, durch eine geraume Zeit genossen haben, nach verflossenen Concessions-Jahren, nemlichen vom 15ten Maji des instehenden 1759ten Jahrs, Unserm Commercien-Directorio der gesammten Erb-Königreichen, und Landen, zum weitern Genuß übergeben, dieses aber gedachten Appalto dem Franz Caspar Dobler, burgerlichen Handelsmann in Grätz, und seinen Erben, auf die nachfolgende 10. Jahre in Bestand überlassen habe; Damit nun gedachtes Unser Commercien-Directorium und dessen Bestand-Inhaber, Franz Caspar Dobler, diesen Landesfürstl. Appalto ohngehindert bestreiten, und geniessen möge; Als wollen Wir hiemit alle vorhin in Sachen ergangene Generalien, besonders vom 15ten April 1679., vom 23ten Julii 1697., vom 9ten Septembris 1729., und vom 24ten Julii 1744. nach ihrem völligen Inhalt erneuern, und bestättigen, und befehlen demnach allen und jeden, daß ihme Dobler in Grab- und Sammlung des Speicks und Loriet in den Alben-Gebürgen, und Waldungen, von Niemand, wer der immer seye, eine Hindernuß gemacht, sondern vielmehr alle nothige Hülfe geleistet, desgleichen auch Niemand andern, als ihme Dobler, seinen Erben, und Bevollmächtigten, so lang obbemelte Bestands-Zeit fürdauret, in Unserm Erb-Herzogthum Steyer und Kärnten den Speick und Loriet zu graben, zu sammlen, oder damit zu handlen, am wenigsten aber ein solches Materiale ein- aus- oder durchzuführen, gestattet werden solle, wann dieses nicht mit einem von dem Dobler, oder seinem Factorn ausgefertigten Paß begleitet seyn wird. Da im Fall aber ein fremder Speick oder Loriet betretten, oder daß ein solcher ein- aus- oder durchgeführet worden wäre, über kurz oder lang entdecket wurde, so solle ein solches Materiale oder respectivè der Werth desselben Uns, als ein Commissum, verfallen seyn, und von jeden Orts Obrigkeit, auch von Unsern Mauth-Beamten angehalten, und ihme Dobler die ohnverzügliche Anzeige gemacht werden; jedoch wollen Wir Unserm Ærario oder Commercien-Fundo hievon nur den dritten Theil zueignen, die übrige zwey Drittheile aber dem Apprehendenten, und ihme Dobler in gleichen Theilen dergestalten überlassen, daß sie (wann hiebey die Anzeige von einem dritten beschehen wäre) mit einem solchen Denuntianten, der Billigkeit nach, sich abzufinden, auch alle übrige Unkösten, ohne Unserm Entgelt, zu tragen schuldig seyn sollen. Zu mehrerer Handhabung dieses Gefolls wollen Wir, daß Unser Commercien-Directorium, und der Bestand-Inhaber in allen Vorfallenheiten von Unserm Landesfürstl. Cammer-Procuratore vertretten, auch durch die behörige Gerichts-Obrigkeiten, und Mauth-Aemter die pflichtschuldigste Assistenz geleistet werden solle; Wornach sich jedermänniglich zu richten, und respectivè vor Schaden zu hütten wissen wird: massen hieran volizohen wird Unser gnädigster Willen und Meynung. Geben in Unserer Haupt- und Residenz-Stadt Wien den 26ten Monats-Tag Maji nach Christi Unsers lieben HErrn und Seeligmachers gnadenreichen Geburt im siebenzehen hundert neun und funfzigsten, Unserer Reiche im neunzehenden Jahre.

MARIA THERESIA.

Fridericus Wilhelmus Comes ab Haugwitz.
Reg.s Boh.s Sup.s & A. A. pr.s Canc.s

L.S.

Rudolph Graf von Choteck.

Johann Graf von Choteck.

Ad Mandatum Sacræ Cæsareo-

Abbildung 43: Speikmonopol. Dekret, ausgegeben von Maria Theresia, 1759. Genannt werden namentlich die Monopolträger. Der Appalto erging an alle Behörden. Quelle: Kärntner Landesarchiv

107 Beide, Kainbach und Ortenburg, geben das Monopol an den bürgerlichen Villacher Apotheker Blasius Glantschnig weiter, der seit 1655 auch das Arsenikmonopol innehat.

108 AT-KLA 120 –C-, 1.4, 13 St., datiert 23.7.1697.

109 1720 wird das Recht in der Familie von Kaiser Karl VI. bestätigt und an Johann Franz Gottfried Graf Dietrichstein weitergereicht. Die Familie hat es fast ein halbes Jahrhundert inne.

110 Laut der Familia Austria Plattform war Franz Caspar Dobler, 1723 geb., aus Mautkirchen in Bayern nach Graz zugewandert. https://familia-austria.at/index.php/datensammlungen/zufallsfunde/serendipity/29197, eingesehen am 1.7.2024.

111 AT-KLA 207-C- Sch. 562, fol. 181-191.

112 AT-KLA 207-C- Sch. 105, Fasz. 3, fol. 8.

Doch ist schon im Regal von 1733 erstmals dezidiert nicht nur vom Handeln, sondern auch vom „Graben" der Speik-Appalto-Begünstigten die Rede[113], was bedeutet, dass den von Seefeldner beziehungsweise Dobler und Jordan angeheuerten Fremden und im Auftrag der Dietrichsteins das Speikgraben tatsächlich explizit gestattet wird. 1768 schließlich wird die zehnjährige Speikpacht zum letzten Mal durch Lizitation in Graz vergeben, und zwar dem meistbietenden[114] Leobener Bürgermeister[115] und Händler Franz Jordan[116].

5.5. Exportmengen im Kräftefeld von regionaler Konkurrenz und globaler Geopolitik

Auch bezüglich der Grab- und Frachtmengen ist Erstaunen angebracht. Doch sind Daten des Güterverkehrs in dieser Zeit der Protostatistik nur bruchstückhaft und lediglich punktuell überliefert (Rauscher & Serles, 2015).

Im Jahr 1523 hinterlässt der Judenburger Handelsmann und Monopolträger Toman Trittenprein, genannt Retzer, seine Waren in Lagern: 40 Saum[117] hat er in Venedig, 30 Saum in Salzburg und 20 Saum in Nürnberg (Tremel, 1947, S. 119) geparkt. Das ergibt ein enormes Volumen von insgesamt rund 12.000 Kilogramm Speik[118].

Blicken wir nun ins Jahr 1542, das in den Ratsprotokollen gut dokumentiert ist (Tremel, 1947). Von den 69 Speikgraber:innen, die ihre getrockneten Wurzeln protokolliert nach Judenburg liefern, werden jeweils zwischen zwei Pfund (1,1 kg) und 161 Pfund (90,3 kg) in die Niederlage eingebracht, insgesamt etwa 2600 Kilogramm. Unter den Speikgraber:innen befinden sich auch einige Frauen, etwa „Berbell Fischerin", die stolze 89 Pfund (= 49,9 kg) in Judenburg abgibt. Die Stadt hat auch andere Einkäufer bei den Bäuer:innen, Dienstleuten, Knechten und Mägden in der Gegend rund um die Nockberge bei der Hand, beispielsweise „Leonhart Bründell zu Velkirchen [Feldkirchen], der die enorme Menge von 386 Pfund (216,5 kg) mit Judenburg in diesem Jahr abrechnen kann. Von dem Monopolinhaber Hans Körbel übernimmt sein Hauptzwischenhändler, der Judenburger Bürger Caspar Nuztl,

113 AT-KLA 207-C- Sch. 268-17.724. Su.

114 AT-KLA 207-C- SAT; auch: OeStA, FHKA, NHK, Kommerz Litorale Akten Fasz. 84, 112; Fasz. 2, fol. 48.

115 Laut Portheim-Katalog handelt es sich um den Bürgermeister von Leoben. https://www.digital.wienbibliothek.at/wbrobv/content/pageview/1255540

116 AT-KLA 207-C-Sch. Fasz. 1, fol. 26.

117 Ein Saum wird nach Hassinger etwa mit 3 Zentnern, also 168 Kilo gerechnet. Siehe Hassinger (1964, S. 30, 1987, S. 30).

118 Statt der Berechnung nach Hassingers Vorschlag würde ich hier eher für weniger Gewicht pro Saum plädieren, da die Wurzeln sehr leicht sind! An anderer Stelle anlässlich meines Vortrages „Marianne erzählt" habe ich mich dementsprechend für weniger ausgesprochen. Wendelberger jedoch rechnet 1 Saum sogar mit 200 kg.
Der Einkauf des Speiks beträgt nach Tremels Forschungen 1 Pfund 5 Schilling für das Pfundgewicht (0,56 kg), dieselbe Menge wird bereits in Villach um das Fünffache um 61/2 Pfundgeld veräußert. Es liegt auf der Hand, dass sich der Preis in der Handelskette von Villach, von dort nach Venedig oder andere Häfen noch vervielfacht, bis er in Istanbul, Aleppo oder Smyrna bzw. Alexandria etc. landet. Nach Tremel (1947, S. 119) macht der Gewinn letztlich 20 % für den Judenburger Handelsmann in dieser Zeit aus. Die nötige Leinwand zum Verpacken, Seile zum Aufbinden der Säcke und Fuhren haben auch ihren stolzen Preis. Für 101 Pfund Seile wurden im Jahr 1542 etwa 5 Pfund, 1 Schilling und 10 Pfennige ausgegeben, 1543 für 163 Pfund 8 Pfund Geldes und 12 Pfennige. StLA, A. Judenburg, Stadt, K. 284, H. 503.

insgesamt 4455 Pfund (2499,2 kg), die er ebenfalls in diesem Jahr von Judenburg nach Villach und Nürnberg zum weiteren Verkauf bringt. Rechnet man den Schwarzhandel ein, der naturgemäß nicht erfasst worden ist, sind weitere 500 Kilogramm durchaus plausibel. Der schwer einschätzbare lokale Verbrauch für Medizin, das verbreitete Räuchern auch für den Ersatz des kostspieligen Weihrauchs und weil Wurzeln auf den lokalen Wochen- und Jahresmärkten gehandelt worden sind, müssten deshalb diese 500 Kilogramm zusätzlich ungefähr eingerechnet werden. Damit können wir insgesamt von etwa 3600 Kilogramm gegrabenen Speikwurzeln im Jahr 1542 ausgehen.

Skrupellose Spekulationen begleiten die Geschäfte, auch jene Seibolds; sie landen sogar vor dem Obersten Reichsgericht in Wetzlar[119]. Offensichtlich hatte Seibold dem Nürnberger Händler Sebaldt Ayrer 850 Gulden Vorauszahlung für eine von ihm zugesicherte Lieferung nach Salzburg mit einem Volumen von 100 Zentnern (5610 kg) – doch einer sehr großen Menge – versprochen, die er im Jahr 1566 jedoch nicht liefern kann, weshalb es zum Prozess kam. Der Deal veranschaulicht nicht nur Seibolds Fehlkalkulation, sondern auch die enorme Nachfrage in Nürnberg und die hohen Erwartungen der dortigen Abnehmer hinsichtlich lieferbarer Mengen[120].

In der historischen Forschung über den Außenhandel im 18. Jahrhundert wird Speik nicht extra berücksichtigt und überhaupt nicht ausgewiesen (Hassinger, 1964; Kaltenstadler, 1968, 1969; Tafeln, 1821-1881)[121]. Die Wiener Hofkammer führt 1764 intern als Instrument der merkantilen Ankurbelung wegen die „kumulative Erfassung von Warenströmen"[122] in Form von „Merkantiltabellen" ein. Aus diesen Aufstellungen entnehmen wir, dass die steiermärkische Ausfuhr[123] über Hamburg (Kaltenstadler, 1968, S. 91)[124] nach Holland und England höher gewesen ist als die in Kärnten[125]. Letztere ist nach Italien, Amsterdam

119 AT-OeStA/HHStA [Haus-, Hof.-, und Staatsarchiv] RKG Wetzlarer Akten 1-2, Ayrer contra Schönleben 1577–1580. Seibold hat aber auch bei Anthonius Schönleben, Bürger der Stadt Salzburg, Schulden. Als auch Schönleben sein Geld zurückfordert, einigen sich Schönleben und Seibold dahingehend, dass bei der nächsten Ernte Ayrer nur die Hälfte des ihm vertraglich zustehenden Speiks erhalten werde, der Rest jedoch an Schönleben gehen solle. Am Ende müssen Gerichte entscheiden.

120 Dass der Speikhandel expandiert, belegt auch der auf Speik erhobene Mautzoll. Hier seien nur zwei Stationen von vielen dokumentiert: 1635 werden in Spittal 38 Zentner (2128 kg) verzollt (Hassinger, 1987, S. 190), 1655/1656 15, fünf Saum (2604 kg) und 36 Zentner (2016 kg) (Hassinger, 1987, S. 257). An der Arnoldsteiner Kanaltal-Tauernstraße werden von April 1606 bis April 1607 138 Zentner (7728 kg) vermautet, 1615/1616 wird das mit 248 Zentnern (13.888 kg) sogar noch übertroffen (Hassinger, 1987, S. 270).

121 Vermutlich können Historiker mit dem Begriff Speik wenig anfangen und berücksichtigen ihn deshalb nicht extra. So schreibt Kaltenstadler (1969, S. 14) bezüglich des Kärntner Exports: „Auch die Material-, Drogerei[!]- und Spezereiwaren machen 1763 immerhin rund 33.000 fl aus."

122 Siehe Kaps (2015, S. 481): Kaps führt zwar in seinen Listen einzelne Waren an, nicht aber den Speik.

123 Sie hatte den Wert von 4720 Gulden hinsichtlich der Steiermark, 2276 Gulden hinsichtlich Kärntens. Siehe FHKA, NHK, Kommerz Litorale, Akten 856: Fasz. 84, fol. 437.

124 Für 1760 werden „Drogereiwaren" im Wert von 53.697 Gulden aufgeführt. Kaltenstadler (1968, S. 17).

125 Wiewohl es bezüglich der hohen Kontributionen vonseiten der Stände 1760 eine Darstellung zur Reduzierung der kaiserlichen Forderungen gibt hinsichtlich der Ein- und Ausfuhr Kärntens, zumal der Eisenhandel stark eingebrochen ist, kommt hier der Speik überhaupt nicht zur Sprache, da sein Erlös wohl gänzlich in den Kassen der Monopolträger und des Ärars verbucht wird. Siehe Mikoletzky (1961, 786f.). Auch K. W. Mayer (1796) in seiner Topographie für das Jahr 1780 lässt den Speik aus, ebenso Berger (2014).

und Moskau[126] erfolgt[127]. Die Verdoppelung[128] innerhalb von zehn Jahren ist in der „General Mercantil Tabelle" für 1776 mit 482 Zentnern (27.040 kg) dokumentiert und mit einem Äquivalent von 9640 Gulden ausgewiesen. Daraus ergibt sich, dass ein Zentner Speik für ungefähr 20 Gulden verkauft worden ist[129]. Zur Einordnung: Das Monatsgehalt eines Kutschers beträgt zu dieser Zeit rund 16 Gulden. Nachdem der schwedische Reisende und Botaniker Frederik Hasselquist Smyrna und Alexandria bereist hat, weiß er zu berichten, dass jedes Jahr 60 Tonnen das Innere Afrikas und Abessiniens (Äthiopien) erreichen, weil die Menschen es dort für Salben gebrauchen, „um die Haut in der Hitze glänzen zu lassen" (Hasselquist, 1762, S. 574)[130].

Speik ist zum respektablen Exportfaktor geworden, weshalb er im Jahr 1777 ein heftiges Begehren bei italienischen Händlern evoziert. Carlo Rossetti, der in Verbindung mit dem ägyptischen Generalpächter und Oberzöllner Antun Cassis in Alexandria steht, wünscht, „den Speikhandel seinem Handlungshause zuzuschanzen"[131]. Da Venedig seit dem Gesetz von 1751 für alle verfrachteten Güter zehn Prozent Schutzzölle von allen Häfen erhebt, fordert der Triestiner Börsendirektor und Kaufmann Domenico Francesco Belletti, die Speikausfuhr nach Alexandria ganz in seine Hände zu geben[132]. Er will sie nicht über Venedig, sondern gänzlich über Triest[133] laufen lassen. Dabei scheut er auch wegen der liegengebliebenen Speikvorräte, um die Preise zu steuern, nicht einmal davor zurück, die Grabungen der Bauern vorerst einschränken zu lassen. Doch Graf Karl Zinzendorf (1739–1813), der sich als engagierter Gouverneur des Litorale austriaco[134] einen Überblick verschafft, entscheidet sich gegen all diese Optionen, zumal die venezianischen Schiffe die Hälfte ihrer Exporte mit innerösterreichischen Bergwerksprodukten, böhmischem Glas, Tabak und Echtem Speik aus den Erblanden ohnehin ausführen. Im Jahre 1780 laufen in Triest 5191 Schiffe ein, davon sind 3712 venezianische, auf denen Waren wie Speik auf dem Rückweg nach Alexandria und Smyrna verschifft werden. Schon Dobler und Jordan sind solche „Scheincontracte" mit Rossetti und Alessandro Bernardi in Kairo eingegangen: Sie tauschten Echten Speik gegen „arabische Gummis, Mumien, Elefantenzähne und Kaffee"[135].

126 Darüber berichtet Liechtenstern (1800, S. 123).

127 AT-OeStA FHKA, NHK, Kommerz Litorale, Akten 856: Fasz. 84, fol. 549.

128 1767 wird aus der Steiermark bereits Speik im Wert von 9161 Gulden ausgeführt AT-OeStA FHKA, NHK Kommerz, Fasz. 84, fol. 626.

129 AT-OeStA FHKA, SUS Hs. 1018: General Mercantiltabelle über Alle Waren Ein: Aus: und Durchfuhr von sämtl. Erbländern de anno 1776 et 1777.

130 „Servit vero apud gentes has unguentum conficiendum, quo cutem in mollitiem ejus conservandam sub servidis caloribus ..." Siehe Hasselquist (1762, S. 574).

131 AT-OeStA, HHStA, KA, Nachlass Zinzendorf, Hs. 182 a., fol. 693.

132 Das findet Niederschlag in Zinzendorfs Tagebüchern. Siehe Klingenstein (2009, S. 122); Faber (1995).

133 Triest gehört seit 1382 zu Österreich und wird 1719 zum Freihafen erklärt. Die Abgabenfreiheit wird 1769 für die ganze Stadt erlaubt. Siehe dazu auch Archivio di Stato di Trieste, Intendanzia Comerziale per il Litorale 1748–1776, Fasz. 288, fol. 48.

134 Bezeichnung für Gebiete des österreichischen und kroatisch-adriatischen Küstenlandes.

135 AT-OeStA, HHStA, KA, Nachlass Zinzendorf, Hs. 182 a.

Einen Ausweg aus dem überzogenen Alleinanspruch der italienischen Zwischenhändler findet Zinzendorf als überzeugter Vertreter des Freihandels in der Aufhebung dieses Monopols, das er als ein dreifaches entlarvt. Er sieht schon im Speikgraben selbst eine „Industrie", die unter einem Freiheitsgebot den „Schleichhandel" verhindere und eine Mobilisierung der Dienstboten und Bäuer:innen sowie aller Kaufleute und aller Häfen bedeuten würde[136]. Von Zinzendorfs Überlegungen ausführlich unterrichtet, gibt Kaiser Joseph II. den Speikhandel 1787 schließlich frei und legt fest, das Graben vor Ort „dem Waldeigenthümer gegen Beobachtung der Waldordnung ganz zu überlassen, und [dass] der Speick als ein inländisches Erzeugnis, dessen Ausfuhr für den Staat ein nützlich ist"[137] mit Zoll zu belegen sei.

Schon im 17. Jahrhundert zwingt der starke Zuwachs von ländlichen besitzlosen Unterschichten die Menschen „auf Suche nach Arbeit und Brot" zu vagierender Gelegenheitsarbeit, was den Monopolträgern letztlich in Form verfügbarer temporärer, billiger Tagelöhner in die Hände spielt. Der aufgeklärte Staat wertet diese Menschen ab, reagiert mit harten Regimen, sogar mit „Abschub" solcher „Bettler und Landstreicher" (Valentinitsch, 1989a, S. 90), unter die auch Wanderkrämer insbesondere italienischer Herkunft fallen. In diese Kategorie reiht sich schließlich auch die Regelung von 1801 ein, die nur dem k.k. Untertanen das Graben des Speiks gestattet und festlegt, dass „herumstreifende Mailänder und Piemonteser" ohne alle Rücksicht sogleich abgestraffet" [138] werden mögen.

Venedig, der große einstige Konkurrent Triests, kommt 1797 in österreichische Hände[139]. Nach dem Niedergang der portugiesischen, spanischen und niederländischen Kolonialreiche nehmen die zwei rivalisierenden Kolonialmächte Großbritannien und Frankreich verstärkt Einfluss auf Afrika. Frankreich dominiert den Handel mit Alexandria[140], zieht sich aber aus Ägypten zurück[141], wodurch sich ein Machtvakuum ergibt, das der albanische Offizier Muhammad Al Pascha, auch Mehmed Ali genannt (1770–1849), als Gouverneur der Pforte füllt. Als selbsternannter Vizekönig kann er sich sukzessive vom Osmanischen Reich loslösen (Fahmy, 2008). Seine Feldzüge im Gebiet des heutigen Sudans (Hill, 1959) führen 1820 zur Gründung der Stadt Khartum. Als strategischer Partner fungiert Österreich, das ab 1834 mit der Entsendung von Bergbauexperten, Naturforschern und Kaufleuten aushilft (Gritsch, 1975) und damit auch den Speikhandel intensivieren kann.

136 Die bisher festgesetzten Pachteinnahmen von 3200 Gulden jährlich können seiner Überzeugung nach durch Mauteinnahmen eingebracht werden.

137 At-KLA 228-C-388 Ak.

138 At-KLA 445-C.

139 Trotz der Umbrüche werden 1802 in der ganzen Steiermark rund 36.000 fl Speik ausgefasst (Anonymus, 1803, S. 419). Auch die Napoleonischen Kriege bringen keinen totalen Einbruch des Speikgeschäfts, wie man es hätte erwarten können: Zwischen 1809 und 1811 wurden 18.875 Pfund Speik im Wert von 5718 Gulden ausgeführt. Der Vergleich mit dem wichtigsten Exportgut Gusseisen macht die Bedeutung des Speiks deutlich: 129,715 Pfund für 7784 Gulden (Anonymus, 1814, S. 611).

140 Venedig hatte vom Papst schon 1344 die Erlaubnis eingeholt, mit den Mameluken und damit direkt mit Alexandria zu handeln. Siehe Lane (1978, S. 435).

141 Die Napoleonische Ägyptische Expedition identifiziert den Speik 1799 als eingeführte Ware auf dem Markt in Kairo. Siehe Andréossy (1823, S. 138).

Eine Art kolonialer Einflusszone wird etabliert, heute mit dem Fachbegriff „informal empire" bezeichnet (Ambach, 2021; Osterhammel, 1995; Wendt, 2007, S. 152–159). Denn mit dem neu geschaffenen Konsulat in Khartum sollen auch das Handelspotenzial der Monarchie und ein neuer Absatzmarkt erfolgreich ausgelotet werden. Die Destination wird zum entscheidenden Motor der immensen Expansion des Speikhandels ab 1840, der nun konzertiert auf den Schiffen des 1836 gegründeten Österreichischen Lloyds nach Alexandria erfolgt (siehe Abbildung 44).

Abbildung 44: Plakat des Österreichischen Lloyd, spätes 19. Jh.
Der österreichische Lloyd, 1836 gegründet in Triest, sorgte für den enormen Aufschwung der Transporte und der Überfuhren nach Alexandria.
© public domain, wikipedia commons

1840 wird „Suakim" (heute Sawakin im Sudan), der Hafen am Roten Meer, in den Fokus genommen, da von dort „Elephantenzähne, und Rhinozeroshörner, Ebenholz, Gummi [...]" günstig zu erwarten seien (Anonymus, 1843, S. 1). Alsbald sind „3000 Kameele"[142] (Anonymus, 1844, S. 4) mit diesen Waren von Darfur nach Kairo unterwegs, die gegen Einfuhrgüter aus Österreich für den Rückweg getauscht werden sollen. Ein Jahr später sind bereits sechs Zentner (336 kg) Speik auf dem Weg von Suez nach „Gedda" (Dschidda, heute Saudi-Arabien), dem Tor nach Mekka und Medina, den heiligsten Stätten des Islams (Anonymus, 1845b, S. 2). Weitere Ladungen folgen[143], sodass Österreich mit dem Echten Speik wohl auch an der Hadsch, der islamischen Pilgerfahrt, verdient. Dschidda war einst ein bedeutender Hafen und soll nun wieder aufgewertet werden. Die Schiffsfahrt von Suez nach Dschidda dauert den Überlegungen des österreichischen Konsuls zufolge nur zehn bis zwölf Tage. Das ist erheblich schneller (Anonymus, 1846, S. 1) als der Weg den Nil aufwärts, der mit der Umgehung der Katarakte bei Assuan unterbrochen werden muss und dem eine Wüstendurchquerung folgt, was insgesamt zwei Monate benötigt.

142 Zur Kalkulation in Triest berechnet der Konsul, dass ein Kamel sechs Zentner (336 kg) trägt. Anonymus (1844, S. 4).

143 Anonymus (1845a, S. 2): Es sind bereits zehn Zentner (560 kg).

Abbildung 45: Ruhende Karawane in „orientalischer" Landschaft.
Damit konnte man sich in Mitteleuropa ein Bild der Wüstengegenden des Nahen Ostens machen. Laterna Magica-Bild, um 1875. Künstler: unbekannt, Aquarell auf Glas und Holz
Quelle: Wien Museum, Gebrauchsgegenstände, Optik, Inv. 176293, public domain

Auch der Kaufmann Ignaz Pallme sieht Zukunftspotenzial für den Speik, da die aus ihm hergestellte Pomade bereits „so unentbehrlich in diesem Lande wie Brod ist" (Pallme, 1843, S. 184)[144]. Ebenso sieht der in den Diensten Mehmeds stehende österreichische Montanist Joseph Russegger im Speik einen Hauptartikel der österreichischen Ausfuhr. Er wird als Parfüm unter das Fett gemischt (Russegger, 1843, S. 466). Der Diplomat und Orientalist Alfred von Kremer kennt sogar das Herstellungsverfahren der Speikpomade, der ein aus Smyrna stammender Zwetschgenkern zugefügt wird (Kremer, 1876, S. 8).

Langfristig gesehen, erfüllen sich Zinzendorfs Visionen. Von 345 Zentnern (19.320 kg)[145] im Jahr 1839 verdreifacht sich die Menge innerhalb von drei Jahren mit der Ausfuhr des Speiks von Triest nach Alexandria[146]. Die Handelsbilanz für Triest steht im Jahr 1857 bei 1772 Zentner (= 99.232 kg). Doch beläuft sich die Gesamtausfuhr – Landexport und andere österreichische Häfen wie Fiume einberechnet – in diesem Jahr sogar auf 142.184 Kilogramm[147].

Nachdem es im Jahr 1858 zu einem Einbruch[148] kommt, pendelt sich das Volumen der Triester Ausfuhr 1859[149] wieder ein. Mit dem Abschluss der durchgehenden Strecke der Südbahn von Wien nach Triest ist auch die Anreise erleichtert[150].

144 Zum Baumwoll- und Elfenbeinhandel siehe Ambach (2021).

145 Anonymus (1840, S. 3).

146 1060 Zentner = 59.466 kg.

147 Anonymus (1861, S. 268).

148 Siehe Rückblick bei Commercio (1873, 66 ff.).

149 Mit 1134 Zentner (=63.617 kg). Anonymus (1861, S. 268).

150 Ein Sondertarif für „Speik, verpackt" von 0,017 Gulden pro Zollstrecke ist bestimmt worden (Centralblatt für Eisenbahnen und Dampfschifffahrt in Oesterreich (1865, S. 69)).

Abbildung 46: Bahnlinie Wien–Triest.
Durch die Eröffnung der Bahnlinie von Wien nach Triest war der Transportweg des Echten Speiks für den Schiffsverkehr erleichtert und auch beschleunigt worden. Auch die Frachtmengen nahmen in dieser Zeit erheblich zu. Eröffnung der Eisenbahn von Wien nach Triest, 1857, Schmuckblatt. Franz Gerasch, Lithografie.
Quelle: Wien Museum Online Sammlung, Inv. 64395, public domain

Als Folge ist mit 2907 Zentnern (163.082 kg) 1861 ein Höhepunkt der Speikfrachtmenge erreicht, die von Triest nach Alexandria und teilweise weiter nach Khartum geht (Rapporto della deputazione di borsa in Trieste, 1865, S. 2)[151]. Von 1870 bis 1878 werden jährlich zwischen 1500 und 2500 Zentnern (max. 140.250 kg) alleine aus Triest ausgeführt (Commercio de navigazione di trieste, 1865–1871, 1872–1878)[152]. Laut Zeitungsmeldung des Jahres kommt die Gesamtausfuhr geschätzt sogar auf 100.000 Zentner (5.610.000 kg) (Anonymus, 1873, S. 8).

Doch es soll kein falscher Eindruck entstehen: Ägypten und der Sudan wurden zwar im-

151 1862 sind es 2431 Zentner (136.379 kg), 1863 2302 Zentner (129.142 kg.), 1864 1541 Zentner (86.450 kg), 1866 1543 Zentner (86.562 kg.). Siehe: Rapporto della deputazione di borsa in Trieste (1865, S. 2); Commercio de navigazione di trieste (1865–1871, 1872–1878).

152 1868 sind es 2363 Zentner (132.564 kg), 1869 2500 Zentner (140.255 kg.), 1870 1441 Zentner (80.840 kg), 1871 2431 Zentner (136.379 kg), 1872 2217 Zentner (124.373 kg), 1873 1896 Zentner (106.365 kg). Siehe Commercio de navigazione di trieste (1865–1871, 1872–1878, S. 109). 1874 sind es 1250 Zentner (70.125 kg), 1876 1645 Zentner (92.284 kg), 1878 1014 Zentner (56.885 kg). Siehe Commercio de navigazione di trieste (1865–1871, 1872–1878, S. 101).

mer wichtiger als Speikdestinationen, aber in Triest luden auch Schiffe aus Tunis, Gibraltar, Malta, Algier, Brasilien, dem Kirchenstaat und der Toskana kommend den begehrten Speik auf. Ab den 1870er-Jahren jedenfalls waren Frankreich, Ägypten und Asien mengenmäßig die Hauptabnehmer. Von Ägypten aus wurde der Speik auf die Arabische Halbinsel verbracht. Zweifellos war der Speik bis zum Ersten Weltkrieg im wahrsten Sinne des Wortes ein nicht zu unterschätzendes globales Gut. Doch auch im lokalen Zusammenhang spielte er eine große Rolle, insbesondere im informellen Warenverkehr[153].

5.6. Debatten um Grabungsregelungen und Nutzungsverbote des Speiks

Angesichts der über Jahrhunderte jährlich entnommenen enormen Speikmengen wäre es naheliegend zu vermuten, dass sich die Speiknutzung im 19. Jahrhundert tatsächlich fatal auf die Bestände ausgewirkt hat. Dem ist aber offensichtlich nicht so. Vonseiten der Wissenschaft wird sogar das Gegenteil festgestellt. Der Klagenfurter Botaniker Markus Jabornegg zu Gamsenegg und Moderndorf versichert im Jahre 1880, dass trotz der hohen Ausfuhren „im Allgemeinen eine merkliche Abnahme dieser Pflanze nicht zu constatiren" ist (Jabornegg, 1880, 2 bzw. S. 1544). Die „Dichtigkeit des Vorkommen" in den Niederen Tauern und Steirisch-Kärntnerischen Alpen, wo der Echte Speik „allen Nachstellungen zum Trotz massenhaft auftritt" (Franz. Vierhapper, 1925, S. 249; auch: Gindl, 2000, S. 15), fasziniert den Pflanzensystematiker Friedrich Karl Max Vierhapper. Die Kritik am Raubbau kommt demnach nicht von der Fachwissenschaft, sondern von den Speiker:innen, Weidenutzern sowie Alpen- und Grundbesitzern selbst. Eine erste Verordnung des Jahres 1795, reagiert darauf und bestimmt, „dass durch den Sammler nicht aller Vorrath aufgesammelt und hinweggebracht werde" (Anonymus, 1818, S. 2). Dieser Passus lässt eine Protektionsidee vermuten. Geschützt werden dabei aber nicht die Speikpflanze, sondern die ansässigen einheimischen Speiker:innen gegen auswärtige Wurzelgraber:innen (Anonymus, 1818, S. 2). Infolgedessen wird das Graben an einen von der Kreisbehörde ausgegebenen Erlaubnisschein gebunden und ein „unbescholtener Lebenswandel" der Speiker:innen wird im Vorfeld überprüft (Gesetze, 1795, S. 130).

Als im Jahre 1800 vonseiten des Klagenfurter Kreisamtes der fürstbischöfliche Oberdirektor Josef Anton von Pöller zu Straßburg und zuvor Pfleger in Albeck befragt wird, wie er zu einer erneuten Verpachtung des Speikhandels stehe, erinnert sich dieser der schlechten Erfahrung mit dem letzten Pächter Franz Jordan. Denn dessen „Arbeitsleute" hätten viel Unfug betrieben. Ohne die mindeste Vergütung „der Alpeninhaber" hätten diese „gleich den Schweinen" die Erde „umwühlt" (Hauser, 1887, S. 110). Eine Verpachtung sei für die Landwirtschaft schädlich, weil der „für die Nahrung und für die Gesundheit des Viehs so ergiebige und heilsame Speik ohne Rücksicht auf den übrigen Theil des Grundes und ohne dem Unterthan eine Vergütung zu machen, allgemein sammt Wurzel ausgegraben wird" (Hauser, 1887, S. 111).

153 Das belegen auch öffentliche Lizitationen, so etwa am 2. April 1863 bei einer Gerichtsverhandlung in Knittelfeld über 6 Koli mit einem Gewicht von 35 Zentnern (1963 kg) und 31 Pfund mit einem Schätzwert von zehn Gulden pro Zentner. Siehe Annonce (1863, S. 4). Koli ist eine Verpackungseinheit.

In dieser Debatte standen sich die ansässige Landbevölkerung gegen Fremde und Handel gegen Landwirtschaft mit ihren konträren Interessen gegenüber. Seitens der Grundbesitzer:innen wurde gegen das Geschäftemachen argumentiert sowie Habsucht und Unverstand im Umgang mit den Speikböden ins Feld geführt, da durch das Graben dieser Unkundigen „der Weideboden oft unnöthig und auf unverständige Weise zerstört wird" (Schütz, 1871, S. 15). Im Steiermärkischen Landtag wurde begründet: „Den Profit zieht jedoch auch nicht der Krämer, sondern der reiche Händler in Triest oder irgendjemand im Orient, in dessen Tasche das wandert, um was unsere Alpe verschlechtert wird" (Stenographisches Protokoll über die 18. Sitzung des steiermärkischen Landtages am 17. Jänner 1887, S. 227). Und wie so oft wurden jene, die am Ende der Handelskette standen, als die Schuldigen des spezifischen Raubbaus markiert, „da der Orientale den Speik nur mit der Wurzel durchduftenden Schiefererde kauft" (Anonymus, 1889, S. 2 bzw. S. 966 im Gesamtband). Im Ergebnis wurde im Juni 1887 das Erfordernis einer Lizenz diesmal von der k.k. Statthalterei angeordnet und bestimmt, dass „das Sammeln [...] nur mit Vermeidung jeder Bodengefährdung (Bodenlockerung) stattfinden" (Figala, 1892, 5) darf.

In der Schweiz indes ging es in Debatten um den Schutz der Alpenpflanzen vor allem um das Edelweiß, das wie keine andere Gebirgspflanze von einer zunehmenden Touristenschar mit Wurzel gepflückt wurde. Der Deutsch-Österreichische Alpenverein war gefordert zu reagieren, befand sich dabei allerdings in einer Zwickmühle: Hatte er nicht selbst am heftigsten die Liebe zu den Alpenpflanzen propagiert, was zu einem verstärkten Sammeln führte? Ganz besonders galt dies für das Edelweiß, der Königin aller Alpenblumen und dem Emblem des Alpenvereines. Das Dilemma offenbarte sich wie bei Goethes Zauberlehrling: Die Geister, die ich rief, werde ich nicht mehr los.

Zwar stand der Echte Speik stets im Schatten des zur Ikone gewordenen Edelweißes (Rey et al., 2011). Doch infolge der breiten Präsenz der Bezeichnung „Speik" gleich für sechs verschiedene Alpenpflanzen sowie infolge der häufigen Nennung in Alpenschilderungen, Gedichten, Sagen, Erzählungen und Romanen kam das Verbot des Grabens einem Angriff auf die bürgerliche Ästhetik gleich. Begriffe wie „Raubbotaniker" und „Ausrottung" kamen in dieser Debatte gegen das Wurzelgraben der lokalen Bevölkerung erstmals auf (Anonymus, 1887, 4 f.). Während sich bürgerliche Eliten sowohl gegen die Spekulationssucht des Handels als auch gegen den Vandalismus der bäuerlichen Speiker:innen aussprachen, befürworteten die Protagonisten in der Landwirtschaft die Lizenzierung.

Der Edelweißschutz wurde 1886 in Salzburg, Bregenz und Tirol, nicht aber in Kärnten verordnet. 1898 kam das Thema erneut in den Kärntner Landtag, wurde aber wie schon zwölf Jahre zuvor ohne Beratung des Gesetzes ad acta gelegt. Jedoch wurde eingestanden, dass die Gefahr beim Speik viel bedrohlicher sei (Anonymus, 1898a, 3 = S. 417 im Jahresbestand). In der Steiermark wurde das Ausreißen des Speiks samt Wurzel 1910 verboten außer für wissenschaftliche Zwecke, als Landesgesetz 1915 erneut bekräftigt. In Kärnten schließlich wurde der Schutz des Edelweißes sowie der Edelraute im Landtag am 14.3. 1908 beschlossen (Schmolz, 1908, S. 93). Einen entscheidenden Einfluss darauf hatte der in enger Beziehung zum Alpenverein 1900 gegründete „Verein zum Schutze und der Pflege der Alpenpflanzen" genommen. Er zielte in der Öffentlichkeit darauf ab, Alpengärten zu gründen und durch Publikationen auch die Schulen und Ministerien von der Notwendigkeit des Schutzes zu überzeugen. Schließlich erwirkte er im Kärntner Landtag am 26. Jänner 1925 und am 27.4. 1931 bekräftigt (Landesgesetzblatt 1931, Nr. 49, S. 81) die Unterstellung von Edelweiß, der Krainischen Lilie und anderer Alpenpflanzen. Aber der Echte Speik blieb unberücksichtigt. 1925, als im Kärntner Landtag am 26. Jänner das „Gesetz betreffend den Schutz einheimischer, wild wachsender Pflanzen, besonders Alpenpflanzen" beschlossen wurde, hatte man sich auf eine lange Liste von 16 Pflanzen geeinigt, wobei der Echte Speik, wie schon betont, hier nicht dabei war (Landesgesetzblatt für Kärnten, Jg. 1925, 11. Stück, S. 39–40)[154]. Einen Einfluss auf die Debatte übte auch der 1924 gegründete Österreichische Naturschutzverband aus, der erst nach seiner Auflösung in der NS-Zeit (1938–1945) als Verein 1948 als Naturschutzbund reorganisiert wurde.

Die 1926 etablierte Organisation der Bergwacht in Tirol erwies sich als öffentlich wirksames Mittel, das Verbot des Edelweißhandels aktiver zu überwachen. 258 Freiwillige in 500 Patrouillen kontrollierten Pflanzensammler:innen im Gelände und auch besonders an Bahnhöfen (Anonymus, 1936, S. 13). In Kärnten wurde die Bergwacht im 24. Juli 1935 im Landtag ebenfalls beschlossen[155]. Die Überwachung der Naturschutzbestimmungen des Jahres 1925 und 1931 wurde von der Bezirksbehörde in die Hände „rechtschaffener männlicher Bundesbürger" gelegt. Während der Verein zum Schutz der Alpenpflanzen seine Ziele des Pflanzenschutzes vertrat, wurde der Speik als „Heilmittel" wieder in Zeitungen neu propagiert (Anonymus, 1939b, S. 12) und das zu einem Zeitpunkt, als der Speik tatsächlich erstmals unter Schutz gestellt worden war. Denn in der NS-Zeit erfolgte am 10.2. 1939 die „Verordnung zur Einführung des Reichsnaturschutzrechts im Lande Österreich" (RGBl. I. S. 217, GBl. F. Ö. Nr. 245/1939; Verordnung zur Einführung, Monografien Naturschutz 9, 1939, S. 1-57), verkündet am 17.2. 1939, wodurch das Reichsnaturschutzgesetz vom 26. Juni 1935 (RGBl I. S. 821) mit seinen Ergänzungen (in der Fassung vom 1. Dezember 1936, RGBl. I, S. 1001 und vom 20. Jänner 1938, RGBl I. SA. 36) auch in Österreich in Kraft trat. Im Paragraph 9 wurde festgelegt, dass 26 angeführte Pflanzen „zum Sammeln für den Handel oder für gewerbliche Zwecke nicht freigegeben werden" dürfen. An 24. Stelle wurde „Echter oder Gelber Speik, *Valeriana celtica* L." (Verordnung, 1939, S. 37) dezidiert aufgelistet. Die Behörde argumentierte, dass bestehende Bestimmungen der Länder zum Schutze der Pflanzen- und Tierarten in Betracht gekommen waren. In der Tat aber verschärfte dieses Gesetz die bestehende 1931 festgelegte Verordnung (Landesgesetzblatt 1931, St. 15, Nr. 49, S. 81). Das Verbot des Jahres 1931 hatte keine Gültigkeit für die Eigentümer und Nutzungsberechtigten von Grundstücken und deren Angehörige in Ansehung der auf diesen Grundstücken wachsenden Pflanzen, soweit es nur zum eigenen Gebrauche, insbesondere zu Heilzwecken geschieht, vorgesehen. 1939, noch im selben Jahr der Verkündung der Naturschutzverordnung des NS-Regimes für die „Ostmark" wurde in Graz eine eigene Ausstellung zum Artenschutz organisiert, die ihren Schirmherrn, den Reichsforstmeister und Generalfeldmarschall Göring, als obersten Hüter des Naturschutzgesetzes und damit auch des Echten Speiks mit einer Büste repräsentierte (Anonymus, 1939a, S. 7). Gemeindeta-

154 https://alex.onb.ac.at/cgicontent/alex?aid=lgk&datum=1925&page=45&size=45

155 Landesgesetzblatt für Kärnten 1935, 30. Juli, 13. Stück, Nr. 47, S. 53). https://alex.onb.ac.at/cgi-content/alex?aid=lgk&datum=1935&page=61&size=45

feln und Plakate sorgten für die Vermittlung des Anliegens, das „gemäß dem fundamentalen Grundsatz nationalsozialistischer Weltanschauung ‚Gemeinnutz vor Eigennutz'", so im Völkischen Beobachter zu lesen, stellte (Anonymus, 1944, S. 8). Offenbar spielten ökonomische Gesichtspunkte bei der Schutzstellung des Echten Speiks keine Rolle mehr. Am 18. Dezember 1952 beschloss der Kärntner Landtag ein eigenständiges neues Naturschutzgesetz[156], das der Behörde die Formulierung von Verordnungen auferlegte, in der sie zwischen gänzlich geschützten und teilweisem Schutz von Pflanzen unterschied. Seit dem 18. Mai 1954 wurde der Echte Speik nur mehr teilweise geschützt, eine Bewilligung der Landesregierung für das Pflücken zum persönlichen Bedarf wurde gestattet. (Waschgler, 1970, S. 4). Das neue Naturschutzrecht des Jahres 1953 blieb mit mehreren Novellierungen bis 1996 in Kraft und wurde 2002 in eine Fassung gebracht, die den Echten Speik den Status der teilweisen geschützten Pflanze, deren unterirdische Teile nicht entfernt werden dürfen, festschrieb. Und auch die Bergwacht war reaktiviert worden, von 1935 bis 1965 waren 950 Bergwächter in Kärnten im Einsatz und wurden vom Land finanziert (Fossel, 1972, S. 156). Ausgangspunkt für die Reaktivierung der Bergwacht war ein Schreiben des Diplomkaufmanns Franz Alber an die Landesregierung aus Radenthein, der feststellen musste, dass trotz des Pflückverbots der Krainer Lilie, diese reichlich in Gefahr sei. Er ließ sich zur Äußerung hinreißen: „daß die bestehenden Vorschriften theoretisch bestehen, aber in Wirklichkeit von niemanden eingehalten werden, noch viel weniger deren Einhaltung überwacht würde."[157] In den 1950er-Jahren und 1960er-Jahren waren Genehmigungen für Zulassungen zum Pflücken von Alpenpflanzen und Heilkräutern von der Landesregierung vielfach ausgegeben worden, wobei das „Gremium der Markt, Straßen- und Wanderhändler, Marktfahrer und Hausierer" davon in Kenntnis gesetzt werden wollte. Aus botanischer Fachrichtung hatte der Echte Speik bei dem Grazer Botaniker und Universitätsprofessor Felix Widder einen Fürsprecher gefunden, der die Veränderungen der Pflanzendecke auf der Koralpe festgestellt hatte und innerhalb des Diskurses um den Artenschutz generell betonte, dass Naturschutz nicht auf eine Paragraphensammlung beschränkt bleiben kann (Widder, 1955, S. 85), einer Erkenntnis, der auch aus heutiger Sicht zuzustimmen ist.

5.7. Resümee

Der Echte Speik ist in unseren Breitengraden keineswegs nur ein Schönheitsmittel gewesen, wie es oft in der Literatur behauptet wird (Tremel, 1947, S. 120), sondern über Jahrhunderte als vielseitig einsetzbares Heilmittel anerkannt und genutzt. Er wurde nicht vergessen, sondern im 19. Jahrhundert infolge der rasanten Entwicklung in der pharmazeutischen Industrie bewusst ausgeklammert und wegen dessen praktikabler Kultivierung durch Baldrian ersetzt. Doch im Rahmen des Drogeriewesens kam dem Echten Speik als

156 Gesetz vom 18. Dezember 1952 über den Schutz und die Pflege der Natur (Naturschutzgesetz). Nr. 2. Landesgesetzblatt für Kärnten, Jg. 1853, ausgegeben am 15. Jänner 1953, S. 5.

157 KLA, Amt der Kärntner Landesregierung, Abt. 5, AKL, Schachtel 32, 1960, Fasz. 34; Brief von Franz Alber, 20. Juni 1960, an die Landesregierung.

Bestandteil der Speikseife und anderer Hygienemittel in der zweiten Hälfte des 19. Jahrhunderts eine neue Rolle zu.

Monopole haben stets ein negatives Potenzial; sie verhindern freien Wettbewerb und ermöglichen eine quasi hemmungslos ausgenutzte Macht- und Marktposition. Und doch sind sie seit 1460 bis heute mit der Geschichte des Speiks aufs Engste verbunden: Hohe Pachtforderungen der Landesfürsten wirken sich für den Handel insgesamt nachteilig aus. Bis ins 16. Jahrhundert profitieren nur Judenburg und einzelne Bürger, zwischen 1567 und 1787 einige wenige privilegierte Pächter und die Kasse des Kaisers. Ab 1787 wurde der Speikhandel zum Spielfeld geopolitischen, informellen Kolonialgebarens. Ging Speik zuvor noch lange von Venedig aus Richtung Levante und Osmanisches Reich, verlagerte sich der Export im 19. Jahrhundert auf Ägypten, Äthiopien und den Sudan – von wo aus er sogar bis auf die Arabische Halbinsel kam – sowie nach Asien. Angesichts der großen Mengen, die Jahr für Jahr ausgegraben und außer Landes gebracht wurden, stellte sich die berechtigte Frage nach einer möglichen Ausrottung der Pflanze. Die Fachwissenschaft bestätigte allerdings einen unveränderten Bestand des Echten Speiks. Der Aspekt einer potenziellen Bedrohung der Vorkommen wurde erstmals von heimischen Speikgraber:innen gegen die seit dem 18. Jahrhundert von Pächtern eingesetzten fremden Hilfskräfte artikuliert. Im Zuge dieses Konfliktes wurden die Landwirtschaft und die Bedeutung der Speikböden für das Vieh als Weideflächen ins Feld geführt.

In Debatten um den Alpenpflanzenschutz ging es demnach kaum um die Pflanze selbst, sondern um die berechtigte Frage, wem der Profit eigentlich zusteht. Die Forderungen in der Vergangenheit, dass doch die Region und die heimische Landbevölkerung, Dienstleute und Bäuer:innen sowie die in der Region ansässigen Speiker:innen selbst an der Bioressource teilhaben und davon profitieren sollten, kann dem gegenwärtigen Diskurs durchaus eine neue Dynamik verleihen.

Literaturverzeichnis

Hinweise auf verschiedene Archive (Klagenfurt, Graz, Wien, Triest) sind jeweils im Text oder in der Fußnote angegeben.

Abel, W. (1978). Konjunkturen und Krisen im Spätmittelalter. Wirtschaftskräfte und Wirtschaftsweg. In J. Schneider (Hrsg.), Mittelmeer und Kontinent (S. 469–480). Klett-Cotta.

Achleithner, A. (1891). Das Menschenleben im Aberglauben. Eine volksmedizinische Skizze. Steirische Alpenpost (VII, 42), S. 1–5.

Ambach, F. (2021). Baumwolle, Elfenbein und Glasperlen. Perspektiven österreichischer Reisender auf die Errichtung eines "informal empire" im Sudan des 19. Jahrhunderts. historia. scribere, 13, 203–231. http://historia.scribere.at

Andorlini, I. (2007). Prescription and Practice in Greek Medical Papyri from Egypt. In H. Froschauer & C. Römer (Hrsg.), Zwischen Magie und Wissenschaft. Ärzte und Heilkunst in den Papyri aus Ägypten (S. 23–33). Phoibos Verlag.

Andréossy, A.-F. (1823). Description de L'Égypte ou Recueil des Observations et des recherches. Panckoucke.

Andritsch, J. (1990). Judenburg. Der erste urkundlich genannte Markt der Steiermark. In G. Schöpfer (Hrsg.), Menschen & Münzen & Märte: Steirische Landesausstellung in Judenburg vom 29. April bis 19. Oktober 1989 (S. 27–37). Verlag Podmenik.

Anglicus, B. (1491). De proprietatibus rerum. Georg Husner.

Annonce (1863). Amtsblatt der Grazer Zeitung (94. 27. April), S. 4.

Annonce (1879). Grazer Volksblatt (12, 90. 20. April), S. 8.

Annonce (1881). Schabengeist. Wiener Allgemeine Zeitung (447. 28. Mai), S. 10.

Annonce (1882). Leyer. Linzer Tagespost (271. 18. Jänner), S. 13.

Annonce (1884). Julius Bittner's Apotheke in Gloggnitz. Vorarlberger Landes-Zeitung (12. 26. Jänner, Beilage), S. 6.

Annonce (1895). Neue Freie Presse, Kleine Anzeigen (11039. 19. Mai), S. 32.

Annonce (1897). Wiener Salonblatt (17, XXVIII Jg., 25. April), S. 23.

Annonce (1898). Unsere Fremden-Etablissements. Fremden-Zeitung (44, Jg. XI. 27. August), S. 8.

Anonymus (1803). Aus Archiv für Geographie und Statistik, ihre Hülfwissenschaft[!] und Literatur. Annalen der Literatur und Kunst in den österreichischen Staaten (V), S. 417–424.

Anonymus (1812). Speik. (*Valeriana celtica* L.). Ein Fiebermittel. In Hesperus, ein Nationalblatt für gebildete Leser (S. 631–632). Johann Gotfried Calve.

Anonymus (1813). Ueber Beantwortung der Preisfrage wegen Surrogat indischer Heilmittel (229, 27. August). August, Gotha. Allgemeiner Anzeiger, Spalte 2132–2133.

Anonymus (1814). Uebersicht[!] der Ein- und Ausfuhr der österreichischen Monarchie, nach ihrem dreyjährigen Durchschnitte von 1809—1811. Begleitet von einigen Bemerkungen über die österreichischen Merkantiltabellen. Vaterländische Blätter für den österreichischen Kaiserstaat (102. 21. Dezember), S. 609–611.

Anonymus (1818). Der Speik. (*Valeriana celtica*). Der Aufmerksame (122. 10. Oktober), S. 1–2.

Anonymus (1840). Handel von Alexandria. Journal des österreichischen Lloyd (V. 27. April), S. 3.

Anonymus (1843). Die Länder am rothen Meer und Sudan in kommerzieller Beziehung. Journal des österreichischen Lloyd (VIII, 40. 20. Mai), S. 1.

Anonymus (1844). Cairo. Journal des österreichischen Lloyd (IX, 65. 14. August), S. 4.

Anonymus (1845a). Seeverkehr von Suez. Journal des österreichischen Lloyd (IX, 15. Juli), S. 2.

Anonymus (1845b). Transitverkehr über Suez. Journal des österreichischen Lloyd (IX, 20. April), S. 2.

Anonymus (1846). Suez und Gedda und ihre Wichtigkeit für den österreichischen Handel. Journal des österreichischen Lloyd (XI, 139. 30. August), S. 1–2.

Anonymus (1861). Bericht der Handels- und Gewerbekammer zu Triest über den Handel und die Schifffahrt von Triest in den Jahren 1857, 1858 und 1859. Preussisches Handelsarchiv. Wochenschrift für Handel, Gewerbe und Verkehrs-Anstalten (8, 22. Februar), S. 265–270.

Anonymus (1873). Aus Salzburg. Die Presse (91, 26. 2. April, Beilage), S. 8.

Anonymus (1887). Raub-Botaniker. Freie Stimmen (VII, 66. 20. August), S. 4–5.

Anonymus (1889). Die Alpenwirthschaft in Kärnten. Klagenfurter Zeitung (113,104. 7. Mai), 2(= S. 966 des Jahres).

Anonymus (1891). August Schw. in S. 1891. Der Rathgeber des „Grazer Tagblatt" (1, 90. 29. November), S. 17.

Anonymus (1896). Aus Tirol. Bregenzer Tagblatt (3115, 6 Juni), S. 2.

Anonymus (1898a). Kärntnerischer Landtag (2. Session der 8. Wahlperiode. 35. Sitzung am 28. Februar). Klagenfurter Zeitung (122, 45. 2. März), 3 (=S. 417 des Jahres).

Anonymus (1898b). Parfümerie-Vorschriften. Aus dem Manuale eines erfahrenen Praktikers der Parfümerie-Branche. Pharmaceutische Post (XXXI, 21. 22. Mai), S. 235–237.

Anonymus (1906). Industrielle Rundschau zum Artikel Graz. Deutsch-Englischer-Reise-Courier (5), S. 20–22.

Anonymus (1933). 70jähriges Bestandsjubiläum [von Kielhauser]. Pharmazeutische Post (LXVI, 52, 30. Dezember), S. 10.

Anonymus (1936). Die Tätigkeit der Tiroler Bergwacht. Innsbrucker Nachrichten (287, 83. 12. Dezember), S. 13.

Anonymus (1939a): Aus den Nachbargauen. Der Naturschutz in den Alpen. Eine internationale Ausstellung in Graz. Innsbrucker Nachrichten (176. 2. August), S. 7.

Anonymus (1939b). Heilsame Kräuter. heim-haushalts Küche. Kleine Volks-Zeitung (42. 11. Februar), S.12.

Anonymus (1944). Blumen, Schmuckgrün und ihr Schutz. Völkischer Beobachter. Völkischer Beobachter. Kampfblatt nationalsozialistischer Bewegung Großdeutschlands, Wiener Ausgabe (152. 31. Mai), S. 8.

Becher, J. J. (1663). Parnassus illustratus pars altera Phytologia (Bd. 2). Johann Görlin.

Berger, M. (2014). Europäische Händler im Osmanischen Reich [Diplomarbeit], Graz.

Braudel, F. (2001). Geschichte und Sozialwissenschaften. Die longue durée. In C. Honegger, M. Bloch, F. Braudel & L. Febvre (Hrsg.), Schrift und Materie der Geschichte. Vorschläge zu einer systematischen Aneignung historischer Prozesse (S. 47–85). Suhrkamp.

Brockway, L. H. (1979). Science and Colonial Expansion. The Role of the British Royal Botanic Gardens. Academic Press.

Brunfels, O. (1530). Herbarium vivae eicones. Johann Schott.

Burke, P. (1991). Offene Geschichte. Die Schule der „Annales". Fischer Taschenbuch.

Burke, P. (2012). A Social History of Knowledge: From the Encyclopédie to Wikipedia. Polity Press.

Burke, P. (2016). What is the history of knowledge? Polity Press.

Centralblatt für Eisenbahnen und Dampfschifffahrt in Oesterreich (1. März 1865).

Champier, S. (1533). Hortus gallicus, pro gallis in gallia scriptus. Melchior und Gaspar Trechsel. https://www.digitale-sammlungen.de/de/view/bsb00015459?

Commercio de navigazione di trieste (1865–1871, 1872–1878).

Corbin, A. (1982). Pesthauch und Blütenduft. Eine Geschichte des Geruchs. Klaus Wagenbach.

Cuba, J. & Breydenbach, B. (1485). Gart der Gesundheit [Peter Schöffer 1485] Inkunabel, koloriertes Exemplar an der Bayerischen Staatsbibliothek München. https://www.digitale-sammlungen.de/de/details/bsb00057068

Dantz, J. & Uffenbach, P. (1610). P. Dioskurides: Kräuterbuch deß in der alten Vnnd in aller Welt berühmtesten Griechischen Scribenten Pedacii Dioscoridis Anazarbaei. Von allerley wolriechenden Kräutern/ Gewürtzen / köstlichen Oelen vnd Salben / Bäumen / Hartzen/ Gummi / Geträydt / Kochkräutern / scharpff=schmäckenden Kräutern / vnd andern / so allein zur Arzney gehörig / Kräuterwein / Metalln / Steinen / allerley Erden / allem und jedem Sefft / viel vnd mancherley Thieren / vnd derselbigen heylsamen vnd nutzbaren Stück. In sieben sonderbare Bücher onderschieden, übersetzt von Joannem Danzium [Johann Dantz] und Petro Vfenbach [Petrus Uffenbach]. Johann Bringern im Verlag Conrad Corthoys.

De Romanis, F. (2020). The Indo-Roman Pepper Trade and the Muziris Papyrus. Oxford Studies on the Roman Economy. Oxford University Press.

Dioskurides, P. (1902). Des Pedanios Dioskurides aus Anazarbos Arzneimittellehre in fünf Büchern. Verlag Ferdinand Enke.

Dispensatorium (Hrsg.) (1720). Dispensatorium pharmaceuticum Austriaco-Viennense, in quo Hodeierna die usualiora Medicamenta secundum artis regulas compenda visuntur. Jacobus Kürner.

Dispensatorium. (1747). Dispensatorium pharmaceuticum Austriaco-Viennense, in quo Hodeierna die usualiora Medicamenta secundum artis regulas compenda visuntur. Andrea de Vos.

Dragendorff, G. (1898). Die Heilpflanzen der verschiedenen Völker und Zeiten. Ihre Anwendung, wesentliche Bestandtheile und Geschichte. Ferdinand Enke.

Drayton, R. (2000). Nature's Government. Science, Imperial Britain, and the 'Improvement' of the World. Yale University Press.

Endlich, B. (1966). *Valeriana celtica* L.: Ein Beitrag zur Drogengeschichte, Biologie, morphologische und chemische Charakterisierung der Pflanze unter besonderer Berücksichtigung des ätherischen Öles [Dissertation]. Justus-Liebig-Universität, Gießen.

Faber, E. (1995). Litorale Austriaco. Das österreichische und kroatische Küstenland 1700-1780. Schriftenreihe des Historischens Instituts, Nr. 5 und Veröffentlichungen des Steiermärkischen Landesarchives 20.

Fahmy, K. (2008). Mehmed Ali. From Ottoman Governor zo Rules of Egypt. Oneworld Academic.

Figala, o. (1892). Schutz alpiner Pflanzen in Steiermark. Wiener Landwirthschaftliche Zeitung (42, 80. 5. Oktober), 5,= S. 647 im Gesamtband.

Fischart, J. & Toxites, M. (1574). Onomastica II: I. Philosophicum, Medicum, Synonymum ex variis vulgaribusque linguis. In II. Theophrasti Paracelsi. Jobinus: Argentorati.

Fleet, K. (1999). European and Islamic Trade in the Early Ottoman State. The Merchants of Genoa and Turkey. Cambridge University Press.

Fossel, C. (1972). Wie steht es um Österreichs Berg- und Naturwachen? Natur und Land (6), S. 156–160.

Foucault, M. (2006). Die Ordnung des Diskurses (6. Auflage).

Fried, K. (1885). Naturgeschichte und Pharmakognosie. Die Arzneistoffe des Thier und Pflanzenreiches. Zeitschrift des allgem. Österreich. Apotheker-Vereines. Österreichische Zeitschrift für Pharmacie (XXXIX, 35. 20. Dezember), S. 594–617.

Fries, L. (1519). Synonima und gerecht ußlegung der wörter so man dan in der artzny, Allen krütern, Wurtzlen, Blumen...in Lati[n]scher, Hebraischer, Arabischer, Kriechischer Und mancherlei tütscher zungë Bißher nit beeinand gesehë un vil irtüg un mißbruch darin gehaltë hie mit fleiß un arbeit zusamë bracht. Jonannes Grieninger.

Froschauer, H. & Römer, C. (Hrsg.). (2007). Zwischen Magie und Wissenschaft. Ärzte und Heilkunst in den Papyri aus Ägypten. Phoibos Verlag.

Fuchs, L. (1542). De Historia stirpium Commentarii Insignes. Officina Isingriniana.

Füssel, M. (Hrsg.) (2019). Wissensgeschichte (=Basistexte Frühe Neuzeit; 5). Franz Steiner.

Füssel, M. (2021). Wissen: Konzepte – Praktiken – Prozesse. Campus.

Ganzinger, K. (1962). Die Österreichische Provinzial-Pharmakopöe (1774–1794) und ihre Bearbeiter. In Beiträge zur Geschichte der Pharmazie (Bd. 14), S. 17–24).

Gärtner, G. (1978). Über den echten Speik und seine Geschichte. In Alpenvereins-Jahrbuch Sonderdruck (S. 1–4).

Gentner, G. (1932). Einiges über den Speik. Jahrbuch zum Schutze der Alpenpflanzen und -tiere (Bd, 4), S. 63–75..

Germer, R. (2002). Die Heilpflanzen der Ägypter. Artemis & Winkler.

Gesetze (1795). Franz des zweyten politische Gesetze und Verordnungen für die Oesterreichischen, Böhmischen und Galizischen Erbländer (Bd. 5). Kurzböck.

Gindl, M. (2000). Di is jo Speik in Hülle und Fülle – Vom Ausrotten überhaupt ka Red'". Von der Nutzung zum Verbot. Über Sammlerinnen, bäuerliche Naturbeziehungen und die Bürgerliche Naturschutzbewegung am Beispiel des Echten Speik [Diplomarbeit]. Universität Wien.

Goltz, D. (1974). Studien zur altorientalischen und griechischen Heilkunde. Therapie, Arzneibereitung, Rezeptstruktur (Sudhoffs Archiv, Beiheft 16). Franz Steiner Verlag.

Gritsch, M. (1975). Die Beziehungen Österreich-Ungarns zum ägyptischen Sudan. Die staatlichen, kirchlichen sowie privaten Interessen und Unternehmungen in diesem Raume [Dissertation, Universität Wien]. BibTeX.

Güneş, M. (2020). Avicenna: Ein muslimischer Universalgelehrter. In M. Güneş (Hrsg.), Avicenna – ein Universalgelehrter (S. 11–43). V&R Vienna University Press.

Harrauer, H. & Sijpesteijn, P. J. (1981). Medizinische Rezepte und Verwandtes. In Mitteilungen aus der Papyrussammlung der Österreichischen Nationalbibliothek (N.S., XIII. Folge.) Kommission bei Verlag Brüder Hollinek.

Hasselquist, F. (1762). Reise nach Palästina in den Jahren von 1749 bis 1752. Auf Befehl Ihro Majestät der Königin von Schweden. Johann Christian Koppe.

Hassinger, H. (1964). Der Außenhandel der Habsburgermonarchie in der zweiten Hälfte des 18. Jahrhunderts. In F. Lütge (Hrsg.), Die wirtschaftliche Situation in Deutschland und Österreich um die Wende vom 18. und 19. Jahrhundert (S. 61–98). Gustav Fischer Verlag.

Hassinger, H. (1987). Geschichte des Zollwesens, Handels und Verkehrs in den östlichen Alpenländern vom Spätmittelalter bis in die zweite Hälfte des 18. Jahrhunderts. In Regionaler Teil, Erste Hälfte; Westkärnten-Salzburg (Bd. 1).

Hauser, K. (1887). Speik und Loriet. Carinthia. Zeitschrift für Vaterlandskunde, Belehrung und Unterhaltung (77. Jg.), S. 109–112.

Hecker, A. F. (1820). Arzneimittellehre (Zweite Auflage). Gehlen.

Hickel, E. (2008). Die Arzneimittel in der Geschichte. Trost und Täuschung – Heil und Handelsware. Trautgott Bautz.

Hill, R. (1959). Egypt in the Sudan 1820-1881. Oxford University Press.

Hobhouse, H. (1985). Seeds of Change. Five Plants That Transformed Mankind. Sidgwick &Jackson.

Hobhouse, H. (2001). Sechs Pflanzen verändern die Welt. Chinarinde, Zuckerrohr, Tee, Baumwolle, Kartoffel, Kokastrauch (4. Auflage). Klett-Cotta.

Hofmeister, P. (1948). Die heiligen Öle in der morgen- und abendländischen Kirche; eine kirchenrechtlich-liturgische Abhandlung. Augustinus Verlag.

Horaz, F. (1785). Die Werke des Horaz aus dem Lateinischen übersetzt. 2 Bde. Benedict Friederich Haueisen.

Huber, J. (1836). Eröffnung. Linzer Zeitung (34. 25. April), S. 118.

Jabornegg, M. J. (1880). Der Reichenauer Garten. Klagenfurter Zeitung (186. 15. August), 1-2 (bzw. S. 1543-1544).

Jacobsen, P. (2010). Dioscorides Latinus; De Materica Medica alte und neue Fragmente der ältesten Handschriften (Codices Latini VIII 1191). Scriptorium, 64-2, S. 185–226.

Jacquin, N. J. (1786). *Valeriana celtica*. Tab. 1. In N. J. Jacquin (Hrsg.), Collectanea ad botanicam, chemiam, et historiam naturalem spectantia, cum figuris (Bd. 1, S. 24–32). Wappler.

Kahl, O. (2007). Hibat Allah ibn Said Ibn at Timidh. The Dispensatory of Ibn at-Tilmīd: Arabic text, English translation, study and glossaries. Brill.

Kaltenstadler, W. (1968). Der österreichische Seehandel über Triest im 18. Jahrhundert. Vierteljahrschrift für Sozial- und Wirtschaftsgeschichte, 55(4), S. 481–500.

Kaltenstadler, W. (1969). Der österreichische Seehandel über Triest im 18. Jahrhundert (Fortsetzung). Vierteljahrschrift für Sozial- und Wirtschaftsgeschichte, 56(1), S. 1–104.

Kaps, K. (2015). Ein Messinstrument für Güterströme. Die Merkantiltabellen der Habsburgermonarchie unter besonderer Berücksichtigung des galizischen Außenhandels im späten 18. und 19. Jahrhundert. In P. Rauscher & A. Serles (Hrsg.), Wiegen – Zählen – Registrieren. Handelsgeschichtliche Massenquellen und die Erforschung mitteleuropäischer Märkte (13.-18. Jahrhundert) (S. 481–505). Studienverlag.

Keil, G. (2014). Dass führende Kräuterbuch als transporter: Altdeutsche Dachprosa in Johann Wonneckes Gart. In Kästner, J. Kiefer, M. Kiehn & J. Seidl (Hrsg.), Erkunden, Sammeln, Notieren und Vermitteln – Wissenschaft im Gepäck von Handelsleuten, Diplomaten und Missionaren (S. 37–74). Shaker Verlag.

Kessler, H. F. (1870). Das älteste und erste Herbarium Deutschlands, im Jahre 1592 von Dr. Caspar Ratzenberger angelegt. Freyschmidt.

Kleinecke (1896). Ein gelehriger Schüler. Bukowiner Rundschau (XV, 2146. 29. Mai), S. 1–2.

Klemun, M. (2005). Gärten der Landstände: Marginale Räume als Signatur von Kultur und Politik. In N. Hoefer & A. Ananieva (Hrsg.), Formen der Erinnerung. Der andere Garten. Erinnern und Erfinden in Gärten von Institutionen (Bd. 10, S. 175–195). Vandenhoeck & Ruprecht.

Klemun, M. (2017). Gärten und Sammlungen. In M. Sommer, Müller-Wille & C. Reinhardt (Hrsg.), Handbuch Wissenschaftsgeschichte (S. 235–244). J. B. Metzler Verlag.

Klingenstein, G. (2009). Karl Graf Zinzendorf. Erster Gouverneur von Triest, 1776–1782. Einführung in seine Tagebücher. Europäische Aufklärung zwischen Wien und Triest. Die Tagebücher des Gouverneurs Karl Graf Zinzendorf 1776–1782.

Koselleck, R. (2003). Zeitschichten. Studien zur Historik. Suhrkamp.

Kremer, A. (1876). Culturgeschichtliche Beziehungen zwischen Europa und dem Oriente. Faesy und Frick.

Landwehr, A. (2001). Geschichte des Sagbaren: Einführung in die Diskursanalyse. Edition Discord.

Lane, F. C. (1978). The Venetian Galleys to Alexandria, 1344. In J. Schneider (Hrsg.), Wirtschaftskräfte und Wirtschaftsweg. Mittelmeer und Kontinent (S. 431–440). Klett-Cotta.

Lax, K. (1950). Auszug aus der Geschichte von Gmünd in Kärnten (2. Auflage).

Lesky, E. (1960). Von den Ursprüngen des therapeutischen Nihilismus. Sudhoffs Archiv, 44, 1–20.

Liechtenstern, J. v. M. (1800). Skizze einer statistischen Schilderung des östreichischen[!] Staats. In Rücksicht auf seine geographisch und phisikalische[!] Landesbeschaffenheit, Bevölkerung, Landwirthschaft, Bergbau, Gewerbe und Gewerbeanstalten, Künste, Wissenschaften, Handlung und Frachtwesen etc. Verlag des Verfassers.

Loebenstein, H. & Harrauer, H. (1983). Die Papyrussammlung der Österreichischen Nationalbibliothek. Katalog zur Sonderausstellung 100 Jahre Papyrus Erzherzog Rainer. Österreichische Nationalbibliothek. http://data.onb.ac.at/rec/AC09326453

Löseke, J. L. (1785). Materia medica oder Abhandlung von den auserlesenen Arzneymitteln (5. Aufl.). Friedrich Nicolai.

Mader, G. (1909). Volkstümlichkeit der Alpenpflanzen. Österreichische Alpenpost. Illustrierte Familienzeitschrift aus den Ostalpen (II, 7. 25. Juni), S. 155–158.

Mayer, J. & Niedenthal, T. (2020). Medical Plants in the Second Book of ibn Sina's Qānūn: The Reception in German Vernacular (in the Middle Ages and Early Modern Times. In M. Güneş (Hrsg.), Avicenna – ein Universalgelehrter (S. 75–84). V&R Vienna University Press.

Mayer, K. W. (1796). Statistik und Topographie des Herzogthums Kärnten. Kleinmayer.

McCracken, D. P. (1997). Gardens of Empire: Botanical Institutions of the Victorian British Empire. Leicester University Press.

Megenberg, K. (1479). Buch der Natur. Bämler.

Meyer, C. J. (1835). Handbuch der Pharmakologie als Erläuterung aller in der österr. Pharmakopöe vom J. 1834 enthaltenden Arzneymittel. Zum Gebrauch für Ärzte, Wundärzte und Apotheker. Carl Reichard.

Meyer, T. (1911). Arzneipflanzenkultur und Kräuterhandel. Rationelle Züchtung, Behandlung und Verwertung der in Deutschland zu ziehenden Arznei- und Gewürzpflanzen. Eine Anleitung für Apotheker, Landwirte und Gärtner. Julius Springer.

Meyerhof, M. (1940). Un Glossaire de Matière Médicale composé par Maïmonide.

Mikoletzky, H. L. (1961). Kärntner Kontributionen. Carinthia I. Geschichtliche und volkskundliche Beiträge zur Heimatkunde Kärntens (151), S. 772–789.

Milde, J. (1867). Monographia Equisetorum. Blochmann.

Mittelstraß, J. (Hrsg.). (1997). Der Flug der Eule. Von der Vernunft der Wissenschaft und der Aufgabe der Philosophie (2. Aufl.).

Monte, A. (2018). Neue Quellen zum griechisch-römisch-byzantinischen Ägypten: Erstedition von fünfzehn griechischen Papyrustexten der Berliner Papyrussammlung [Dissertation, Berlin]. BibTeX.

Nowotny, O. (1963). Zur Geschichte des pharmazeutischen Großhandels und der pharmazeutischen Industrie in Österreich. Österreichische Apotheker Zeitung (17, 22), S. 346–352.

Nutton, V. (2007). Greco-Roman Medicine and the Greek Papyri. In H. Froschauer & C. Römer (Hrsg.), Zwischen Magie und Wissenschaft. Ärzte und Heilkunst in den Papyri aus Ägypten (S. 5–12). Phoibos Verlag.

Öesterreichischer Apothekerverein und der Gesellschaft für Geschichte der Pharmazie (Hrsg.). (1938). Dispensatorium pro pharmacopoeis Viennensibus in Austria. 1570. Ex mandato Sac. Caes. Mitatis a Collegio Medicorum Viennensium collectum et revisum. Deutscher Apotheker-Verlag Hans Hössel.

Ortus, H. (1491). Meydenbach, Jacob. https://www.digitale-sammlungen.de/de/view/bsb00027846?page=1

Osterhammel, J. (1995). Kolonialismus. Geschichte – Formen – Folgen. C.H. Beck.

Pallme, I. (1843). Beschreibung von Kordofan und einigen angränzenden Ländern[!], nebst einem Ueberblick über den dasigen Handel, die Sitten und Gebräuche der Einwohner und die unter der Regierung Mehemed Ali's stattgefundenen Sklavenjagden. Cotta.

Palme, B. (o.J.). Eine Urkunde über den Handel zwischen Ägypten und Indien https://www.onb.ac.at/mehr/blogs/detail/der-muziris-papyrus. Eingesehen 10.10.2023. https://www.onb.ac.at/mehr/blogs/detail/der-muziris-papyrus

Pferschy, G. (2018). Die Steiermark im Spätmittelalter. In Geschichte der Steiermark (Bd. 4). Böhlau.

Pharmacopoea (1774). Austriaco-provincialis. Johann Trattner.

Pharmacopoea (1795). Austriaco-Castrensis. Anton Patzowsky.

Pharmacopoea (1855). Austriaca (Editio Quinta). Staatsdruckerei.

Pharmacopoea (1869). Austriaca (Edition Sixta). Staatsdruckerei.

Pharmacopoea (1889). Austriaca (Editio Septima).

Pirchegger, H. (1931). Geschichte der Steiermark 1282–1740. Leykam.

Rapporto della deputazione di borsa in Trieste. (1865). Lloyd.

Rauscher, P. & Serles, A. (Hrsg.) (2015). Wiegen – Zählen – Registrieren. Handelsgeschichtliche Massenquellen und die Erforschung mitteleuropäischer Märkte (13.-18. Jahrhundert). Studienverlag.

Ray, K. (2016). Go-Betweens, Travelers, and Cultural Translators. In B. Lightman (Hrsg.), A Companion to the History of Science (S. 39–57). Wiley Blackwell.

Rey, C., Vouillamoz, J. & Baroffio, C. (2011). Das Edelweiss. Botanik, Mythos und Kultur einer geheimnisvollen Pflanze. AT Verlag.

Richter-Bernburg, L. (1969). Die arabische Version der pseudogalenischen Schrift De Theriaca ad Pisonem [Disseration, Göttingen]. BibTeX.

Russegger, J. (1843). Reise in Egypten, Nubien und Ost-Sudan mit besonderer Rücksicht auf die naturwissenschaftlichen Verhältnisse der betreffenden Länder. Schweizerbartsche Verlagshandlung.

Ryslavy, K. (1991). Geschichte der Apotheken Kärntens. Österreichische Apotheker-Verlagsgesellschaft.

Santa Clara, A. (1683). Wohlriechender Spica-Nardt, Das ist: Ein kurtze Lob-Verfassung Deß Heiligen Clara-Vallensischen Abbtens von Hönigfliessenden Lehrers Bernardi: Welche Allgemeiner An dem Jährlichen solemnen Fest-Tag ersterwehnten heiligen Patriarchen in dem hochlöbl. und uralten Cistersienser Stifft rein, ohnfern der Steyrischen Haupt-Statt Grätz vor einem Volckreichen, wie nicht weniger Adelichen Auditorio auff der Cantzel vorgetragen. Widmannstetterischen Erben.

Sarasin, P. (2020). More Than Just Another Specialty: On the Prospects for the History of Knowledge. Journal for the History of Knowledge, 1,2, 1–5.

Schelenz, H. (1904). Geschichte der Pharmazie. Julius Springer.

Schipperges, H. (2005). Ibn Sinā (abū Al-Husain ibn Abd Allāh ibn Sinā al-Qānūnī=Avicenna). In W. E. Gerabek, B. D. Haage, G. Keil & W. Wegner (Hrsg.), Enzyklopädie Medizingeschichte (S. 1334–1336). De Gruyter.

Schmolz, C. (1908). Ueber den derzeitigen Stand der gesetzlichen Schutzbewegung zu Gunsten der Alpenflora unter besonderer Tätigkeit des „Vereins zum Schutze und zur Pflege der Alpenpflanzen". In Bericht des Vereines zum Schutze und zur Pflege der Alpenpflanzen (8), S. 75–100.

Schröder, J. (1718). Vollständige und nutzreiche Apotheke, Oder Trefflich-versehener Medicin-Chymischer Höchst-kostbarer Artzney-Schatz. Nebst Friedrich Hoffmanns darüber verfassten herrlichen Anmerckungen (3. Aufl.). Johann Hofmann.

Schütz, E. (1871). Der Landwirth. Die Presse (24,104. 15. April), S. 15.

Schwinden, L. (2018). Antike Warenetiketten – Notizen auf Blei. Archäologie in Deutschland, 3, 32–35.

Secord, J. A. (2004). Knowledge in Transit. Isis, 95(4), 654–672.

Siggel, A. (1950). Arabisch-Deutsches Wörterbuch der Stoffe aus den drei Naturreichen, die in arabischen alchemistischen Handschriften vorkommen. Akademie-Verlag.

Simonsfeld, H. (1887). Der Fondaco dei Tedeschi in Venedig und die deutsch-venetianischen Handelsbeziehungen: Urkunden von 1225-1653. In Quellen und Forschungen. Urkunden von 1225-1653 (Bd. 1). Cotta.

Sontheimer, v. J. (1845). Zusammengesetzte Heilmittel der Araber. Nach dem fünften Buch des Canons von Ebn Sina aus dem Arabischen übersetzt. Herder.

Speta, F. (2002). Joachim Burs[ch]er und seine Sammelreise in Österreich im Jahre 1615. Stapfia, 80, 25–123.

Stenographisches Protokoll über die 18. Sitzung des steiermärkischen Landtages am 17. Jänner 1887. https://www.landesarchiv.steiermark.at/cms/dokumente/12083162_111752186/4ccfe109/LTProt-1887-01-17.pdf

Stöger, G. (2011). Sekundäre Märkte? Zum Wiener und Salzburger Gebrauchtwarenhandel im 17. und 18. Jahrhundert. Sozial- und Wirtschaftshistorische Studien. Vandenhoeck & Ruprecht.

Tafeln (1821-1881). Tafeln zur Statistik der oesterreichischen Monarchie. 1828–1848, 1849–1865 und 1863–1881. Hof- und Staatsdruckerei.

Tremel, F. (1947). Der Handel der Stadt Judenburg im 16. Jahrhundert. Zeitschrift des Historischen Vereines für Steiermark, 38, 95–146.

Valentinitsch, H. (1989a). Auf der Suche nach Arbeit und Brot. Eine Gruppe von Gelegenheitsarbeitern und Bettlern in der Obersteiermark um 1770. Blätter für Heimatkunde, 63, 90–99.

Valentinitsch, H. (1989b). Die Verpachtung von Handelsmonopolen durch den Landesfürsten in Innerösterreich. In G. Schöpfer (Hrsg.), Menschen, Münzen, Märkte. Steirische Landesausstellung in Judenburg vom 29. April bis 19. Oktober 1989 (S. 85–95). Podmenik.

Verordnung zur Einführung des Reichsnaturschutzrechtes im Lande Österreich. Naturschutz 25.

map://klemunm9@imap.univie.ac.at:993/fetch%3EUID%3E.INBOX.Sent%3E33927?part=1.2&filename=NaturschutzMONO-NATURSCH_MN9_0001-0057.pdf&type=application/pdf

Vierhapper, F. (1925). Alpine und arktische Flora und Vegetation: zur Kenntnis der geographischen Verbreitung und Gliederung der *Valeriana celtica*. Veröffentlichungen des Geobotanischen Institutes Rübel in Zürich, 241–252. https://doi.org/10.5169/SEALS-306773

Waschgler, H. (1970). Die Blumen unserer Berge und ihr Schutz. Heimatkundliche Beilage des Osttiroler Boten, (38, 26. Februar), S. 1–7.

Wellmann, M. (1906-1914). Pedanii Dioscuridis Anazarbei De materia medicia libri quinque. Weidmann.

Wendelberger, G. (1969). Das „Speikkrammperl". Vom Speikgraben und Speikhandel. Jahrbuch des Vereins zum Schutze der Alpenpflanzen und Tiere, 34, 110–113.

Wendt, R. (2007). Vom Kolonialismus zur Globalisierung. Europa und die Welt seit 1500 (2. Aufl.). UTB.

Wichner, J. (1878). Ein widererstandenen Klosterarchiv in Steiermark. Archivalische Zeitschrift, 3, 137–163.

Widder, F. (1955). Veränderungen in der Pflanzendecke der Koralpe innerhalb eines Vierteljahrhunderts. In Jahrbuch des Vereins zum Schutze der Alpenpflanzen und -tiere 1932 (Bd. 20, S. 27–88).

Wulfen, F. X. (1858). Wulfens's Flora Norica phanerogama. In E. Fenzl & R. Graf (Hrsg.), Im Auftrag des zoologisch-botanischen Vereines in Wien. Carl Gerold's Erben.

6

Unbemerkt oder heiß begehrt – Speik in der Gegenwart

6. Unbemerkt oder heiß begehrt – Speik in der Gegenwart

Christina Pichler-Koban

Im voran gestellten Kapitel wurde wunderbar dargelegt, welche Bedeutung Speik, vor allem der Handel mit Speik, aber auch seine Nutzung durch die lokale Bevölkerung, einst gehabt haben. Auf den folgenden Seiten versuchen wir ein Bild der gegenwärtigen Verhältnisse zu zeichnen. Bei der Recherche zu diesem Kapitel spielten Interviews und Gespräche eine ganz wesentliche Rolle, um zeitgenössische und aktuelle Sichtweisen auf die Dinge zu erlangen. Wir versuchen daher in den folgenden Abschnitten die Projektbeteiligten sprechen zu lassen und zitieren, wo immer möglich, aus Interviews und Protokollen.

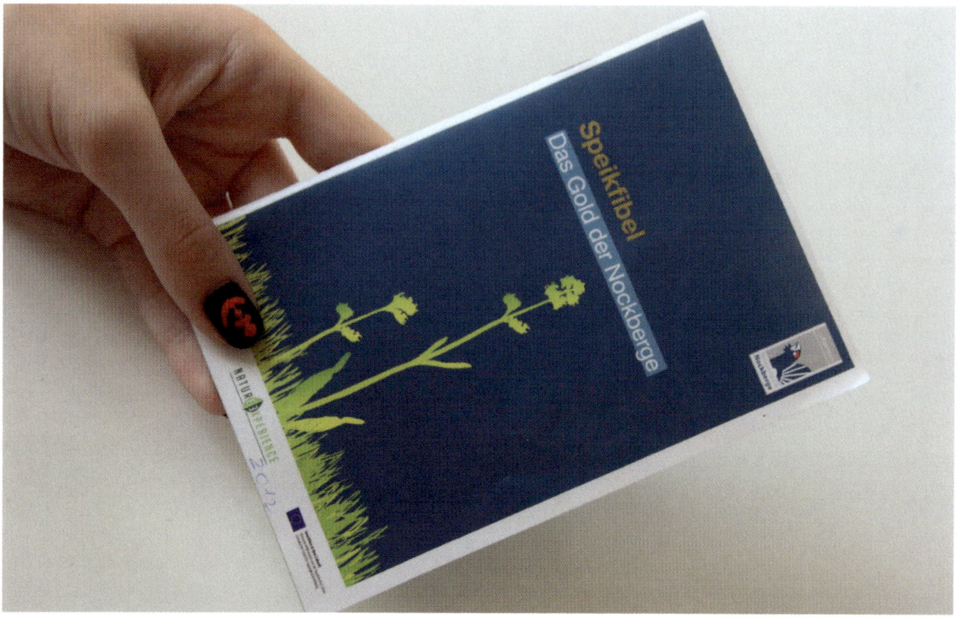

Abbildung 47: Speikfibel.
In der Zeit des letzten Speik-Hypes entstand dieses Büchlein mit allerlei Wissenswertem rund um „Das Gold der Nockberge".
© Michael Jungmeier

6.1. Speikidentität – selbstverständlich widerspenstig

Der Speik oder die keltische Narde, zwei der vielen Namen, die für diese Pflanze geläufig sind (vgl. auch Kap.4.1 zur Systematik, Kap. 5.2, 5.3 zur Geschichte), wird von Interviewpartner:innen als „zart und fein", als „so zierlich" (Q15 Z17) beschrieben oder als „unscheinbar" (Q26 Z12), „ja, unscheinbar trifft es am besten. Man findet die Pflanze ja kaum, wenn sie nicht gerade blüht. Und als ich sie zum ersten Mal in echt gesehen habe, war ich fast enttäuscht, dass sie so klein und unscheinbar ist" (Q4 Z78ff). Gleichzeitig ist ihr eine gewisse Bedeutung nicht abzusprechen. „Ich kenne keine andere Pflanze, die so eine umfassende Geschichte hat, wie der Speik. Ich glaube, das gibt es sonst nicht" (Q4 Z74f), befand eine Interviewpartnerin. Für die einheimische Bevölkerung ist der Speik aber nichts Außergewöhnliches, er wird als selbstverständlich hingenommen und „wächst halt da" (Q4 Z51f), ist beim „Viechagehn allgegenwärtig" (Q1 Z61), „als Einheimische mit dem Speik, ja, gehst auf die Alm und dann stinkt er" (Q7 Z637). Der „gehört einfach dazu, der Speik. Da redet man nicht so viel drüber" (Q15 Z184). „Für die, die [auf] Urlaub kommen, oder sich damit beschäftigen von weiter her, [...] ist es ein besonderes Stück, der Speik. Der hat eine besondere Bedeutung. Der wird bei uns nicht am Tablett herbeigetragen" (Q15 Z197ff).

Mit seinen Charakteristika bildet der Speik eine gute Projektionsfläche für die einheimische Identität (vgl. Q3 Z50f). Die Bewohnerinnen und Bewohner der Nockberge finden sich in der Rolle der stillen, tiefgründigen Zeitgenoss:innen, die fest in Landschaft, Region und Tradition verwurzelt sind, gut wieder. Auf Außenstehende wirkt es zunächst einmal träge und verharrend, wenn jede neue Entwicklung abgelehnt wird und „alles" so bleiben soll, „wie es ist" (Q1 Z40). So ein Verhalten kann aber auch Ausdruck von Beharrlichkeit und Kampfgeist sein, wie er beispielsweise in der Gründungsgeschichte des National- und späteren Biosphärenparks Kärntner Nockberge zum Ausdruck kommt[158].

Selbst der Geruch des Speiks löst sehr unterschiedliche Empfindungen aus. „Speik polarisiert auch sehr stark, ein paar lieben den Duft und andere mögen es gar nicht" (Q7 Z414). Die einen finden ihn aromatisch und wohlriechend, „also wenn du oben über der Alm hinein spazierst im Herbst und du kriegst den Schmecker, so ganz unangenehm ist das nicht" (Q27 Z69f). „Ich tue oft auf Nacht gerne eine Runde gehen, da ziehe ich halt von mir so auf Richtung Steinnock und wenn du oben so reingehst, du kriegst den Speikgeschmack, das ist ja ein Traum" (Q27 Z217ff). Für andere ist der Geruch, vor allem jener der getrockneten Pflanzen, abstoßend, nach „Schweißfüßen" (Q1 Z83, Q7 Z728, Q29). „Manche sagen, dass es stinkt. Es ist halt so ein eigener Geruch, ich finde fast so ein bisschen wie Krankenhaus – so einen strengen, so ein bisschen so scharf" (Q9 Z148ff). „Gehst in den Speikspeicher rein, da musst du schauen, dass du wieder herauskommst, sonst wird dir schwindlig" (Q7 Z639f). Der Duft ist jedenfalls überwältigend: „Wenn man im Herbst wandern geht [...] und wenn der Wind dann drüber streicht, dann kriegst du oft einmal so eine Speikwatschn. Aber so richtig" (Q19 Z312ff). Der Geruch bleibt an allem haften, das mit dem Speik in Berührung kommt.

So wie der Geruch des Speiks die Gemüter spaltet, so ambivalent ist auch der erste Auftritt des Projektteams in der Region verlaufen. Die Forschenden wurden mit Misstrauen betrachtet. Allein „die Tatsache, dass man ein Interview macht, gibt dem Gegenstand eine

158 Die weit gediehenen Pläne zur Errichtung einer Schischaukel und eines Almchaletdorfes stießen in der Bevölkerung auf heftigen Widerstand. Durch eine von verschiedenen kulturellen und Naturschutzorganisationen unterstützte Unterschriftensammlung erzwang man eine Volksbefragung, die zugunsten der Unterschutzstellung des Gebietes ausging (vgl. Pichler-Koban und Jungmeier, 2022).

Bedeutung" (Q34 Z37), würden die Forscher:innen später selbst Resümee ziehen. Ein Interviewpartner brachte es auf den Punkt: „Mir fällt ad hoc nichts ein, wo ich sage, nichts in der Region ist was so bedeutend [ist], dass wissenschaftliche Arbeiten über ein Pflänzchen gemacht werden, wo nur zwei Bauern was haben davon, in Wahrheit" (Q7 Z650ff).

Den Fragen und dem Nachforschen der Wissenschaftler:innen zum Speik begegnete man mit einer gewissen Skepsis. Das große Interesse an der Pflanze war aber nicht ganz neu. Über den historisch belegten internationalen Handel hinaus hatte es auch in der jüngeren Vergangenheit wiederholt große Aufmerksamkeit für den Speik und seine Nutzung gegeben und zwar von verschiedenen Seiten.

6.2. Speikakteure – Speikgraber:innen, Praktikanten und Behörden

Nachdem sich von den lokalen Akteur:innen zunächst niemand zu einem Interview bereit erklärte, führten wir ein erstes Expertinnengespräch mit der Verfasserin einer Masterarbeit zum Thema Schutz und Nutzung des Speiks[159]. Ein wesentlicher Teil ihrer Erkenntnisse beruhte auf Interviews, die sie in der Region geführt hatte und zu denen man ihr gegenüber gerne bereit gewesen war. Das Gespräch und die Lektüre der Masterarbeit vermittelten einen Überblick über die Akteurslandschaft rund um den Speik. Wer auch immer sich mit dem Speik in den Nockbergen ernsthaft beschäftigten wollte, könnte einige Personen nicht unbeachtet lassen. Ein Name, der zuallererst (und im weiteren Projektverlauf noch sehr häufig) genannt wurde, war Stefan Novak (vgl. Q4 Z30). Nachdem er sein Studium der Landschaftsökologie abgeschlossen hatte, forschte er in den 1980er und 1990er Jahren zum Schutz und zur Nutzung des Speiks. Viele weitere Arbeiten zu diesen Themen gehen auf seine Vorarbeiten zurück bzw. nehmen Bezug darauf[160]. Weitere Personen und Institutionen, die in den Gesprächen zum Speik sehr häufig vorkamen, sind die Firma Speick Naturkosmetik, die Naturschutzbehörde, die Nationalpark- und spätere Biosphärenparkverwaltung und ihre jeweiligen Mitarbeiter:innen, die Speikgraber:innen und der Tourismusverband.

Die moderne Geschichte der Speiknutzung in den Nockbergen begann mit einem Betriebsleiter der Speickwerke, der einen persönlichen Kontakt nach Kärnten nutzte. Er eröffnete damit dem Kosmetikunternehmen eine Möglichkeit, Speik aus natürlichen Vorkommen zu beziehen (vgl. Q7 Z1552ff), nachdem aufwändige Kultivierungsversuche in Innsbruck und im Schwarzwald sich als unwirtschaftlich und wenig zukunftsträchtig erwiesen hatten[161] (vgl. Q7 Z146ff, Q21 Z282ff). Die Firma Speick Naturkosmetik machte von dieser Möglichkeit Gebrauch und spielt bis heute eine wichtige Rolle in unserer Speikerzählung.

Für die erste Ausnahmebewilligung zur Entnahme des Speiks für wissenschaftliche Zwecke (vgl. Q30 Z12) zeichnete die Abteilung für Verfassungsrecht der Kärntner

159 Vollständiger Titel der Arbeit: Nutzung vs. Naturschutz am Beispiel der naturgeschützten Alpenpflanze Echter Speik (*Valeriana celtica* subsp. *norica*) Kabusch (2021).

160 Das Autor:innenteam dieses Buchs zollt dem Respekt und hat Stefan Novak eingeladen, sein wegweisendes Projekt selbst darzustellen (s. Kap. 4.2 Stefan Novak).

161 Der Kalkgehalt des Bodens oder das fehlende Mikrobiom könnten eine Ursache sein. Warum der Speik nur an bestimmten Standorten gedeiht, bleibt aber bislang ungeklärt.

Landesregierung, die in den 1980er-Jahren über das Nationalparkgesetz für Agenden des damaligen Nationalparks Nockberge zuständig war, verantwortlich. Auf dieser Bewilligung basieren auch die aktuell gültigen Bescheide der Naturschutzbehörde. Der Naturschutz ist heute an anderer Stelle in die Verwaltung eingegliedert, ihm obliegt aber nach wie vor die Kontrolle über die Speikentnahme. Zurück in die Achtzigerjahre – zu dieser Zeit war ein Absolvent der Universität für Bodenkultur (BOKU) in der für Naturschutzangelegenheiten zuständigen Landesabteilung als Praktikant beschäftigt (vgl. Q7 Z159ff, Q30 Z6). Er sah das Anliegen der deutschen Unternehmer als „die Chance", die zu dieser Zeit propagierte Idee von „Schützen durch Nützen" umzusetzen. Die Naturschutzbehörde sollte den Bauern, die dem Naturschutz skeptisch gegenüber standen, entgegen kommen. Es sollte gezeigt werden, dass sich aus dem Schutz der Natur neue Erwerbsmöglichkeiten ergeben könnten (vgl. Q30 Z13f). Dem jungen Verwaltungsmitarbeiter gelang es, die interessierte deutsche Firma, den verantwortlichen Landesbeamten, die Nationalparkverwaltung und die Bauern, die als Speikgraber in Betracht kamen, miteinander in Kontakt zu bringen. „Wo lernt man einen Bauern kennen, sonntags nach der Kirche" beim „Stammtisch" (Q7 Z166f). Es waren zunächst „fünf oder sechs Interessenten an dem Stammtisch. Und mit denen haben wir uns am Montag drauf getroffen und da waren es immer noch die sechs. Und dann haben wir alles erklärt und beim zweiten Mal waren es nur noch zwei. Zuerst waren es vier. Und dann zwei" (Q7 Z661ff).

Zunächst war vorgesehen, wildwachsende Speikpflanzen von den Almen zu holen, sie in den Gärten der Bergbauernhöfe zu vermehren und zu kultivieren. Das war auch das, was die Ausnahmebewilligung der Naturschutzbehörde erlaubte. Nachdem Aufwand und Ertrag in einem extremen Missverhältnis zueinander standen, begannen die Bauern kurzerhand, den Speik „gleich da zu holen, wo er wächst" (Q7 Z180). Nachdem die Bergwacht gegen diese Wiederaufnahme alter Praktiken eingeschritten war und eine Strafe verhängt hatte, suchte das Unternehmen das Einvernehmen mit der Behörde wiederherzustellen, um abermals eine Erlaubnis zur Speiknutzung zu erlangen. Wieder war es ein Praktikant der Naturschutzabteilung des Landes, auch dieser ein BOKU-Absolvent, der zwischen Bauern, Unternehmen und Verwaltung vermittelte und so die Idee zur Speiknutzung weiterentwickelte. Nun sollte die Wirkung der Ernte auf den Speik im Mittelpunkt eines Forschungsprojektes stehen. Das damals begonnene Projekt wird im Wesentlichen bis heute fortgeführt (vgl Kapitel 4.3). Aktuell sind es zwei Bauernfamilien, die den Speik auf den wissenschaftlichen Beobachtungsflächen ernten.

In den 2000er-Jahren erreichte das Interesse am Speik auch die Tourismusbranche. Der Tourismusverband von Bad Kleinkirchheim und mehrere Tourismusbetriebe entwickelten verschiedene Angebote rund um den Speik. Die Nationalpark- und spätere Biosphärenparkverwaltung Kärntner Nockberge war in all diese Entwicklungen eingebunden und hatte stets Kontroll- und Steuerungsaufgaben wahrzunehmen, um die Balance zwischen Schutz und Nutzung zu wahren.

Die in den 1980er-Jahren begonnene Entwicklung findet mit dem in diesem Buch beschriebenen Projekt seine Fortsetzung und auch die damit befassten Wissenschaftler:innen werden darin zu Akteur:innen.

6.3. Speikökonomie – vom Monopol zum Hype und zurück

Kapitel 5 zur weit zurückreichenden Geschichte des Speiks zeigt detailreich, dass Speik aus dem gesamten Verbreitungsgebiet in den Niederen Tauern über viele Jahrhunderte ein begehrtes Handelsgut war. Speik war auf dem Weltmarkt verfügbar und stellte eine bedeutende ökonomische Größe dar (vgl. Q7 Z131, Z145). Bis zu Beginn des vorigen Jahrhunderts florierte der Handel mit dieser Alpenpflanze, seine Ernte war ein wichtiges Zubrot für einkommensschwache Bevölkerungsgruppen (vgl. Kap. 5 Geschichte). Heute ist der Handel mit Speik stark eingeschränkt, wissenschaftliche Zwecke machen ihn überhaupt erst möglich. Aktuell werden Speik und daraus hergestellte Produkte hauptsächlich im deutschsprachigen Raum vertrieben und immer weniger Menschen ist die Pflanze ein Begriff. Für eine sehr kleine Personengruppe (die Speikbauern) stellt die Speikernte immer noch eine attraktive Einkommensquelle dar (vgl. Kap. 4.3 Nutzung).

Im Zusammenhang mit dem Speik haben Monopole und Beschränkungen eine lange Tradition. Sie existieren in unterschiedlicher Form seit der Zeit der Habsburgermonarchie. Das 1460 an die Stadt Judenburg verliehene Handelsmonopol (Kap. 5 Geschichte) diente vor allem dazu, Abgaben und Zollgebühren zu generieren. Aus einem anderen Grund, dem Schutz der Alpenflora wurde das Pflücken bestimmter Arten zu Beginn des zwanzigsten Jahrhunderts verboten oder stark eingeschränkt[162]. Gerade im Zusammenhang mit dem Speik steht immer wieder zur Diskussion, dass das Entnahmeverbot die Speikbestände eher zurück gehen ließ und gleichzeitig eine wichtige Einkommensquelle für sozial schlecht gestellte Personen verloren ging (vgl. Kap. 4.3 Nutzung, Kap. 5 Geschichte; Stefan Novak, 1999). Ein Projektteilnehmer erzählt: „Ich kann mich noch erinnern, von meinem Vater seine Erzählungen, dass er als Kind noch mitgekriegt [hat], wie sie die Büschel verkauft haben. Zumindest nicht er, aber als Kind hat er gesehen, wie die Großmutter das noch gepflückt hat. Da war sehr wohl schon immer eine Einnahmequelle für diese Region in der Form vorhanden, das sie aus dem Speik damals erzielt haben" (Q23 Z115ff). Dennoch scheinen die Beschränkungen mehr oder weniger widerspruchslos hingenommen worden zu sein. Auch in den im Rahmen des Forschungsprojektes SPEIK geführten Gesprächen kamen kaum Zweifel an der Sinnhaftigkeit dieses Verbots auf.

Ein deutsches Unternehmen hielt ungeachtet der Einschränkungen daran fest, den vor dem Sammelverbot überall gehandelten und für die Seifenproduktion wichtigen Rohstoff Speik weiterhin für seine Produkte zu verwenden und schöpfte alle Möglichkeiten aus, um weiter Speik zur Verfügung zu haben. Das Unternehmen hatte „das Potenzial der Pflanze erkannt, die Nockbergler haben es verschlafen", wie eine Interviewpartnerin es ausdrückte (Q4 Z71f). An verschiedenen Orten hatten sich Versuche die Pflanze zu kultivieren als nicht wirtschaftlich erwiesen (vgl. Q4 Z67ff, Q7 Z147ff). In den Kärntner Nockbergen wollte man es noch einmal probieren. Der Speik aus natürlichen Vorkommen sollte unter möglichst ähnlichen Bedingungen in den Bauerngärten vor Ort vermehrt werden (vgl. Q1 Z81). Die zuständige Behörde erteilte eine Ausnahmegenehmigung zur Entnahme der Mutterpflanzen. Die involvierten Bauernfamilien erhofften sich ein zusätzliches Einkommen. „Ein Zubrot wäre nicht schlecht, die Frauen wären froh, sie könnten etwas bewirtschaften"

162 Zu den Hintergründen siehe Kapitel 5 Geschichte oder auch Pichler-Koban und Jungmeier (2015).

(Q7 Z163). Als die Kultivierung zu scheitern drohte, schlugen die Bauern vor, den Speik, „wie früher von der Alm zu holen", um den Bedarf der Firma, mit der sie die Vereinbarung getroffen hatten, zu decken. Dadurch wären sie aber mit dem Naturschutzrecht in Konflikt geraten. Es wurde schließlich ein anderer Weg der Speiknutzung gefunden, mit dem alle Beteiligten gut leben können: Über eine wissenschaftliche Ausnahmegenehmigung soll die Wirkung der Ernte auf die Bestände erforscht werden. Ernteberechtigt sind nur wenige (ursprünglich vier, aktuell zwei) Bauernfamilien, die Ernte erfolgt unter streng definierten Auflagen, die Erntemenge ist beschränkt. Die Ernte wird offiziell zur Gänze von der Firma Speick Naturkosmetik erworben. Die Einhaltung der behördlichen Auflagen liegt in der Verantwortung der Nationalpark- bzw. Biosphärenparkverwaltung.

Für die berechtigten Bauernfamilien bedeutet diese Regelung bis heute ein attraktives und planbares Zusatzeinkommen. Zur Höhe der Entlohnung gibt es nur vage Aussagen der Interviewpartner:innen: „Das ist ja nicht billig, die Ernte ist nicht billig" (Q14 Z149). Das Unternehmen ist als einziger Bezieher von Speik der Platzhirsch am Markt (vgl. Q4 Z63). „Die Bauern dürfen ja nur verkaufen an uns. Und damit ist Schluss. Viele Nachahmer kommen gar nicht dran" (Q7 Z1015ff). Mit dem Schutz der Wortbildmarke, das sind der Schriftzug „Speickseife" mit der in früheren Zeiten weit verbreiteten Schreibweise mit „c", stilisierte Pflanze und roter Balken, hat man sich gegenüber potenziellen Mitbewerbern auch einigermaßen abgesichert (vgl. Q7 Z798ff, Z1012ff; Q21 Z669f).

Die Speikbauern wurden von verschiedenen Gesprächspartner:innen als sehr offen und unterstützend geschildert (vgl Q4 Z40f, Q33). Im Rahmen des SPEIK-Projekts lehnten sie Interviews ab und teilten mit, für das Projekt nicht zur Verfügung zu stehen (vgl. Q5 Z6, Z22). Dagegen zeigten sich die Eigentümer der Speickwerke offen für Gespräche und luden das Projektteam auch zu einem Besuch des Produktionsbetriebes in Stuttgart ein (vgl. Q8 Z6). Dabei präsentierten sie die Firmengeschichte und ihre Erzählung zum Speik.

Laut dieser Erzählung war es der Urgroßvater des heutigen Firmeninhabers, der das Potenzial des Speiks erkannte und auch „von Seife hat er was verstanden" (Q7 Z127). Er entwickelte Seifen mit Duft, die den Speik als wichtige Komponente enthielten, daher „war der Speik auch Namensgeber" (Q7 Z136). Er machte Seife „mit was Besonderem drinnen", gab „dem Ganzen den Namen ‚Speick' und damit war das Ding geboren, 1928. Kein Mensch hat gedacht, dass diese Marketingbetrachtung 95 Jahre anhält" (Q7 Z142ff). Er schaffte es, daraus ein „gut eingeführtes Produkt" mit „Szenerie und Hintergrundgeschichte" zu entwickeln (Q28 Z22f). Ein aktueller Werbefilm bezeichnet den Speik als „Markenbotschafter mit hohem Wiedererkennungswert" (Q21 Z450). Mitunter gelang es, prominente Persönlichkeiten wie Bergsteigerlegende Luis Trenker für Werbekampagnen zu gewinnen (vgl. Q21 Z217, Q28 Z12). „Dieses Thema Speik [ist] ein Thema [...], wo die Menschen einem zuhören. Egal wie man es aufbereitet oder aus welchem Blickwinkel man es erzählt. In Verbindung mit Kosmetik, in Verbindung mit Geschichte, in Verbindung mit gesellschaftlichem Dasein oder auch Regionalbewirtschaftung in der Region hier. Das weiß ich, dass es Bestand hat" (Q7 Z328ff). Bei allem Wissen um Beständigkeit und Tradition, weiß die Firma auch um die Bedeutung von Innovation, gibt Forschungsstudien in Auftrag und entwickelt ihre Produkte ständig weiter (vgl Q7 Z247, Q8 Z47).

Abbildung 48: Speick-Werbekampagne Luis Trenker. Die Bergsteigerlegende Luis Trenker wirbt als Speick-Markenbotschafter von unschätzbarem Wert. Sein Honorar bestand angeblich aus einer Kiste Speick-Seife jährlich auf Lebenszeit (vgl. Q21 Z219).
© Speick Naturkosmetik

Ein Thema begleitete das Projektteam von Beginn an: Wieso zieht ausgerechnet ein deutsches Unternehmen den offensichtlich größten Nutzen aus der Verwertung der knappen Ressource Speik? Ein Gesprächspartner stellte die Frage ganz unverblümt: „Warum machen die Deutschen das?" (Q19 Z129f) und gab sich auch gleich die Antwort: „Ja, weil sie gescheit genug waren, das zu vermarkten […] und die Nockbergler halt nicht so" (Q19 Z130f).

Aber stimmt das? Dass die Region sehr wohl über unternehmerisches Potenzial verfügt, zeigen verschiedene Arbeits- und Vertriebsgemeinschaften, wie „Nockfleisch" oder „Nockholz" oder die innovative Produktpalette der Biosphärenparkpartnerbetriebe (vgl. Q4 Z41, Q15 Z551f, Q19 Z554f, Q30 Z19; Kap. 2.1 Kulturraum Nockberge). Warum scheinen aber Impulse, den Speik in der Region zu vermarkten, nicht so recht zu fruchten? Auch eine Interviewpartnerin fragte sich: „Warum macht man mit der Pflanze nicht mehr in der Region?" (Q4 Z84). Ein anderer Gesprächspartner sah es pragmatischer: „In Wirklichkeit brauchen sie (*Anm.: die Speickwerke*) den Speik und das ist vor allem für die Bauern ein bisschen ein Einkommen, aber trotzdem glaube ich, wenn sie (*Anm.: die Bauern*) gesagt hätten, wir brauchen das nicht, wir hören auf mit dem Speik, ja, dann wäre halt nichts mehr" (Q26 217ff).

In den Nullerjahren gab es so etwas wie einen Speik-Hype. Ausgehend vom Engagement der damaligen Chefin des Tourismusverbandes wollte man in Zusammenarbeit mit dem Unternehmen Speick Naturkosmetik die Gemeinde Bad Kleinkirchheim als „Speikdestination" etablieren, die auch Strahlkraft über die Region hinaus entwickeln sollte (vgl Q9 Z83). „Dann sind halt Personen aufeinandergestoßen, die für die Speikgeschichte Begeisterung fanden […] der vom Nationalpark, vom Tourismusverband oben, die Bauern waren froh, dass man ihnen das Zubrot beschafft hat" (Q7 Z201ff). Die Touristikerin wiederum faszinierte, „dass bereits ein gut eingeführtes Produkt vorhanden war und die Tourismusregion quasi die Szenerie und die Hintergrundgeschichten dazu bot" (Q28 Z22f). In Kombination mit „dieser netten Pflanze" erschien ihr das „authentisch und das ist im Tourismus wichtig" (Q28 Z15f).

Es entstanden Speikhütten und Speiktrails, es gab „erquickende" Speikfußbäder, Speikmassagen und Speikzimmer, es wurden Speick-Feste veranstaltet (vgl. Q1, Q7 Z890ff, Q17 Z328, Q26 Z517ff). Die „Kräuter-Lis" organisierte „Speikwanderungen" (vgl. Q4 Z54f, Q9 Z18, Q26 Z61, Q27 Z247ff). „Da war vieles, weißt, da war so eine Art Aufbruchsstimmung" (Q27 Z132f). Drei Mal wurde die Speick-Akademie organisiert[163], eine Veranstaltungsreihe, bei der man sich über Anwendungsmöglichkeiten des Speiks informieren konnte (Q15 Z30). Speik-Partnerbetriebe bezogen und bewarben Produkte der Firma Speick Naturkosmetik, z.B. Seifen, Parfum, Speiköl und verkauften diese Produkte mit einem Aufschlag von zwei bis drei Euro (vgl. Q9 Z39ff, Q27 Z73ff). Eine Gesprächspartnerin erinnert sich: „Wir haben auch müssen investieren, wir haben so einen Speikschrank, [...] den hat jeder gekauft. Und dann hast du die Produkte zu einem Einkaufspreis gekauft und jeder hat die Produkte, aber zum selben Verkaufspreis verkauft. [...] und wir haben jeder, [...] so eine Schaffeln [...] gekauft [...]. Und wir haben Speiköl zur Verfügung gestellt bekommen von der Firma Rau [...] damals, da muss ich ganz ehrlich sagen, ist das sehr, sehr gut gegangen. Also die Leute haben sich dafür interessiert, [...] ich habe draußen einen schönen Brunnen [...], wo die Leute haben können sich bei den Seiten dazu sitzen und [...] die Füße in den Brunnen hineinhalten. [...] dann haben sie ihre Gratisprobe dazu gekriegt und haben damit die Füße eingeschmiert. Das hat echt lässig funktioniert" (Q27 Z19ff). „Du hast ein wunderschönes Wandergebiet, dann kommst du zu einer Hütte, die idyllisch liegt, wo die Lärchen rundherum sind, wo eine schöne Terrasse ist, wo der Brunnen ist. Und dann bieten die [...] so ein Speikbad an. Und es gibt ja nichts Schöneres, als wenn du beim Wandern einmal aus den Schuhen herausschlüpfst und in einen kalten Bach hineingehst oder in einen kalten Brunnen rein. Das ist ja für die Seele, ist ja das ein Wahnsinn" (Q27 Z511ff).

Die Speickwerke besuchten wiederum zweimal, anlässlich des achtzigsten und neunzigsten Firmenjubiläums, mit ihrer ganzen Belegschaft die Nockberge (vgl. Q7 Z511f). Für einige Jahre gab es große mediale Aufmerksamkeit für den Speik und die Region, in der er (laut Werbematerial) ausschließlich vorkommt. Sogar eine Sendung des Bayrischen Rundfunks moderiert von Max Schmidt war dem Speik gewidmet und je ein Film des Österreichischen (ORF)[164] und des Südwestdeutschen Rundfunk (SWR), wie uns Gesprächspartner:innen nicht ohne Stolz erzählen (vgl. Q7 Z774, Q21 Z628, Q26 Z749, Q28 Z13).

Viele kleine Entwicklungen, etwa die berufliche Veränderung der Tourismuschefin (vgl. Q28 Z3), nachlassendes Interesse der Partnerbetriebe („plötzlich [war] der Aufwand diese Plätze zu richten, wo die Gäste die Fußbäder machen können, zu viel" – Q26 Z545ff) oder die Uneinigkeit darüber, welche Gemeinden einer Speikregion angehören und sich als solche bezeichnen dürften („Die Reichenauer haben gesagt, die Kirchheimer stehlen unsere [...] Speikidentität" – Q26 Z555ff, Z616ff), bewirkten, dass die Idee der Speikregion nicht dauerhaft Bestand hatte. „So und plötzlich ist das alles im Sand verlaufen. Du hast keine Proben mehr gekriegt, keiner hat sich mehr dahintergeklemmt" (Q27 Z92f). Einige wenige

163 Vgl. https://www.meinbezirk.at/spittal/c-bauen/3-kaerntner-speick-akademie-in-den-harmonys-bad-kleinkirchheim_a559862#gallery=null

164 Von den genannten Sendungen ist aktuell eine Produktion des Landesstudio Kärnten von 2011 online verfügbar: Der echte Speik. Kleine Pflanze – große Kräfte.: https://www.youtube.com/watch?v=5ZHmYy8oLeQ (Dauer ca. 23 Minuten).

Betriebe setzen weiterhin auf den Speik[165] und haben auf diese Weise Stammgäste gewonnen, wie eine Interviewpartnerin berichtet (vgl. Q9 Z45ff). Andere denken etwas wehmütig an die Zeit des Speik-Hype und die verpasste Chance zurück. Einigkeit herrscht darüber, dass es eine hochmotivierte Person als Zugpferd geben müsste, um eine Entwicklung in diese Richtung neuerlich anzustoßen und weiterzutreiben (vgl. Q26 Z533). „Man braucht vor Ort immer eine starke Kraft, die das mitträgt, die das unterstützt" (Q21 Z634). Jemand, der „jetzt wirklich für den Speik brennt", sei aber nicht in Sicht (Q7 Z953ff). Die aktuell Verantwortlichen im Tourismusverband würden kein großes Interesse zeigen (vgl. Q4 Z33, Q9 Z93f).

Den Akteur:innen, die aktuell in die Speikökonomie, also in den Prozess von Genehmigung, Entnahme, Weiterverarbeitung und Verkauf involviert sind, würde es – so scheint es – entgegenkommen, wenn alles so bleibt, wie es ist: Der Speik wäre weiterhin eine begrenzte Ressource, auf die es limitierten Zugriff gibt: „Da haben wir halt was, was nicht alle haben, wir bedienen eine Nische. Und der Speik ist eigentlich auch nicht offiziell zugängig für alle" (Q7 Z254f). „Und damit haben wir was in der Hand, was eben so kein anderer hat, und damit kann man, grad wenn es in die Zukunft geht, ganz viele tolle Sachen machen" (Q7 Z415ff). Vielleicht sollte man es dabei belassen? Niemand in der Region oder im weiteren Umfeld, mit dem wir sprechen, scheint den Speikbauern ihre Exklusivrechte zu neiden: „Also das Rausstechen, das ist ja hinten, hinten gibt es ja den, [...] der was das Speikrecht hat, genau und die tun ja abbauen sozusagen [...] Aber das ist auch ein Wahnsinnsjob, [...] da musst schon reinhakeln (Q27 Z221ff). Ähnliches gilt für das deutsche Unternehmen (vgl. Q4 Z63ff, Q5 Z10, Q34 Z40). „Niemand kann diese Skalierung wahrscheinlich in diesen Maßstab, wie es die dort machen, in dieser Kleinheit, Feinheit, wie sie es dort machen, hat keiner Interesse, weder ein großer noch ein kleiner" (Q23 Z39ff). Sie haben „mit dieser Marke eine Firma aufgestellt, die sich sehen lassen kann [...], für das brauchen wir ihnen auch nicht neidig sein (Q23 Z124ff).

Nur einmal wird angesprochen, dass mancher sich doch benachteiligt fühlt und sagen könnte: „Die (*Anm.: Firma Speick Naturkosmetik*) gehen ja [in das Hotel], die hat einen Riesenprofit und ich habe nichts davon" (Q7 Z966f). Das Neidgefühl beschränkt sich aber auch in dieser Aussage auf den Umsatz, den das Hotel über die Nächtigungen der Firma Speick erwirtschaftet und zielt nicht auf die Nutzung und Verwertung des Speiks ab.

6.4. Speikbürokratie – alles geregelt

„Der Naturschutz", repräsentiert durch die Naturschutzbehörde, legt fest, wie der Speik genutzt werden darf. Die Bandbreite reicht vom völligen Entnahmestopp zwischen 1939 und 1954 (vgl. Kapitel 5.6 Debatten ums Graben) bis zur aktuellen Ausnahmebewilligung zur Entnahme der teilweise geschützten Speikpflanze (*Valeriana celtica* susp. *norica*) unter wissenschaftlicher Begleitaufsicht. Die Vorgeschichte zu dieser Bewilligung wird an anderer Stelle behandelt. In diesem Kapitel befassen wir uns mit der aktuellen Praxis. Die aktu-

165 z.B. Hotel Kirchheimerhof (https://www.kirchheimerhof.at/de/wellnesshotel-kaernten/massagen-beauty-wellnesshotel-kaernten; aufgerufen am 14. Oktober 2024), Hotel Prägant (https://www.hotel-praegant.at/de/wellness-spa/wellnesspflanze-kaerntner-nockberge.html; aufgerufen am 14. Oktober 2024).

ell gültige Ausnahmebewilligung fußt nach wie vor auf den Ergebnissen der Untersuchungen von Stefan Novak (1996). Das damals entworfene Untersuchungsdesign wurde auch von den in den Folgejahren in Auftrag gegebenen begleitenden Monitorings übernommen (Fheodoroff, 2007, 2012, 2017; Kerschbaumer & Berchthold, 2018, 2021).

Mit der Bewilligung erkennt das Land Kärnten in der Tätigkeit der Speikentnahme ein öffentliches Interesse, da „die Speikernte eine zusätzliche Einnahmequelle für die bergbäuerlichen Grundbesitzer darstellt" und diese Pflanze „aufgrund der Vermarktung [...] als einzigartiges und unverwechselbares Alleinstellungsmerkmal für die Region anzusehen" ist (Bezirkshauptmannschaft Feldkirchen, 2018, S. 6).

Doch der Reihe nach: Das Biosphärenparkmanagement (BPM) muss bei der Bezirkshauptmannschaft (BH) um eine Ausnahmebewilligung ansuchen, um einen auf zehn Jahre befristeten Bescheid zu erhalten. Die aktuelle Ausnahmebewilligung gilt bis 2027. Im Bescheid sind die zu untersuchenden Flächen (10–30 m²), der Erntezeitraum (15. August bis 8. September) und die Bewirtschaftungsintervalle (auf den unterschiedlichen Flächen erfolgt die Ernte alle ein, drei oder fünf Jahre) festgelegt. Eine fachlich befugte Person ist für eine wissenschaftliche Begleituntersuchung beizuziehen, aber der Behörde nicht namentlich zu nennen. Den Auftrag an diese Person erteilen das BPM oder die ernteberechtigten Familien (die Speikbauern), die ortskundig sind und auf eigenem Grund Speik klauben. Es muss ein Entnahmetagebuch geführt werden, das einmal jährlich dem Konsenswerber (BPM) und von diesem der Behörde vorgelegt werden muss. Alle drei Jahre hat die befugte Fachperson einen Bericht an den Konsenswerber zu legen. Die Berichte werden der zuständigen Landesabteilung übermittelt. Wenn die Berichte publiziert werden, sind sie öffentlich einsehbar[166]. Die jährliche Erntemenge darf maximal 27 Kilogramm getrocknete Speikwurzeln nicht übersteigen. Der Konsenswerber (BPM) kontrolliert die Entnahmemenge. Er bestimmt, was mit der Ernte passiert, und muss das auch dokumentieren. Die Naturschutzsachverständigen des Landes überprüfen die Erfüllung aller Auflagen (vgl. Q11 Z20).

Im Bescheid der Behörde ist alles klar geregelt. In der praktischen Umsetzung stellen sich diese Vorgänge als schwer nachvollziehbar dar. Eine Anfrage des Projektteams der Übergabe der getrockneten Pflanzen an die Firma Speick Naturkosmetik beiwohnen zu dürfen, wurde mit dem Hinweis auf Vertraulichkeit abgelehnt, „weil das Geschäftliche ist halt dann doch heilig" (Q7 Z 1451ff). Auch die begleitende Dokumentation war nicht einsehbar.

Das erweckt den Eindruck der Intransparenz. Verstärkt wird das durch angefragte Interviewpartner:innen, die nicht sprechen wollten, weil sie „Angst" hätten, „etwas auszuplaudern, obwohl es kein Geheimnis gibt" (Q5 Z6f). Die Beteiligten und ihre Beziehungen untereinander präsentieren sich als „Speik-Mikrokosmos", der sich dem Projektteam nicht leicht erschließt: „Ich weiß ja nix, für die Interviews ist der [...] zuständig – der weiß alles" (Q1 Z78f), „der weiß genau, was er sagt" (Q5 Z8). Während einer Veranstaltung meinte einer der Speikbauern sinngemäß, dass man sicher nichts unternehmen werde, dass die Geschäftsbeziehungen zu den Speickwerken untergraben würde, da man sich den Mitar-

166 Wenn sie nicht publiziert werden, sind sie praktisch nicht auffindbar.

beiter:innen der Firma verpflichtet fühle (vgl. Q12 Z16f). Anzumerken ist, dass derlei nicht zur Debatte stand. Im Gegenzug wird auch seitens des Unternehmens immer wieder betont, dass außer den zwei Speikbauernfamilien niemand Interesse am Speikgraben hätte (vgl. Q7 Z1074f, Q17 Z294f, Q23 Z246f). Das Vertrauen untereinander und das Gefühl, sich auf sein Gegenüber verlassen zu können, sind sicher aus den Erfahrungen, die man über die Jahre gemacht hat, gewachsen: „Also ich war auch mal als kleiner Junge mit bei den Bauern und wir haben auch eine familiäre Verbindung und gute Freundschaft entwickelt über die Jahre" (Q7 Z382). „Die Zusammenarbeit ist nach wie vor sehr intensiv und offen, und freundschaftlich eigentlich" (Q9 Z71). „Und deshalb sind wir heute da, wo wir stehen, wir können aus der Region in der Zusammenarbeit mit den Bauernfamilien den Speik ernten, oder die ernten ihn für uns" (Q13 Z157f).

Dass der grundsätzlich streng geschützte Speik doch geerntet und verwertet werden darf, scheint bei manchem den Verdacht zu wecken, dass hier etwas im gesetzlichen Graubereich geschieht: „Diese Speikentnahme ist, in Wahrheit der Aufhänger ist ja die Wissenschaft. Wir haben ja das angesprochen diese Evaluierungen alle zwei Jahre und der Mantel, dass man den Speik nehmen kann, ist dieses wissenschaftliche Monitoring" (Q7 Z874ff). Die Aussage lässt eine gewisse Wissenschaftsskepsis zutage treten. Diese Sichtweise unterstellt, dass die Wissenschaft den Vorwand liefert, um der Behörde gerecht zu werden, und diskreditiert damit beide Institutionen. Einer der Projektteilnehmer hält dagegen: „Es dürfen 27 Kilo geerntet werden mit dem Zweck, die Regenerationsfähigkeit des Bestandes zu untersuchen" (Q17 Z29f) und der Bescheid „spricht auch wirklich nur von einem kleinteiligen Versuch auf kleiner Fläche. Und da kann man nicht annehmen, dass [...] die Wissenschaft hier irgendwie vorgeschoben wird" (Q17 Z42ff). Ein Interviewpartner erklärt: „Die Bauern, das Almpersonal, die haben ja [...] vor der Schutzstellung schon gegraben, in der Zeit, wo der unter Naturschutz gestellt worden ist, haben sie genau gleich weiter gegraben. Weil wieviel braucht man denn, ein paar Würzelchen, und die haben auch nicht große Geschäfte gemacht [...]. Da ist es ja nicht um Mengen und um Raubbau gegangen" (Q26 z224ff).

Detailreiche Regelungen und Bürokratie machen das Leben im untersuchten Speikkontext auch in anderen Bereichen komplizierter. Im Rahmen unserer Interviews und Exkursionen zu verschiedenen Unternehmen mit Bezug zu Pflanzenverarbeitung kamen die Bestimmungen für Lebensmittel-, Medizin- und Kosmetikprodukte und ihre Herstellung zur Sprache. Aus Gründen des Verbraucherschutzes und der Wettbewerbstransparenz eingeführt würde ein Großteil der Regelungen bereitwillig erfüllt. „Also wir müssen im kosmetischen Bereich in diesen flachgehaltenen Möglichkeiten arbeiten. Aber das müssen alle, das ist sozusagen Gleichberechtigung in der Kosmetik" (Q7 Z252ff). Manches wird als Schikane empfunden. Ein Gesprächspartner erklärt, dass es „die aktuellen Regulatorien verlangen, dass alles, was ab 20 ppm[167] nachweisbar ist, auch deklariert werden muss" (Q32 Z30f).

167 Ppm = Parts per million. Im zitierten Beispiel ist gemeint, dass jeder Stoff, der auch nur mit einem gerade noch nachweisbaren Anteil von 0,02 Promille enthalten ist, auf der Verpackung angeführt werden muss, das könnten unter Umständen geringste Verunreinigungen sein. Diese Deklarationspflicht bedeutet für die Unternehmen einen enormen Aufwand.

Solch hoher administrativer Aufwand wäre für Produktneuentwicklungen – etwa im Parfümeriebereich – sehr hinderlich. Früher „hatten wir einen eigenen Parfümeur im Haus, der musste ja diese ätherischen Ölmischungen [...] alle selber machen, macht man heute auch nicht mehr, weil diese Vorschriften zur Erstellung und Vermischung von ätherischen Ölen oder Parfümen, die sind ja so immens groß geworden, dass wir das auslagern. Das machen Spezialisten, die die entsprechenden Aggregate, Instrumente dafür haben" (Q21 Z183ff). Bewegt sich ein Hersteller in diesem Feld, sind je nach Produkt die unterschiedlich strengen, aber immer umfassenden Bestimmungen des Lebensmittelgesetzes oder des Arzneimittelgesetzes zu berücksichtigen, wobei das Lebensmittelgesetz „nicht so rigide" gehandhabt wird, wie die Regelungen für Medizinprodukte (vgl. Q31 Z36f). Je nach Branche sind Good Manufacturing Practice Standards (GMP – Standards für Lebensmittel) oder Hazard Analysis and Critical Control Points-Konzept-Standards (HCCP – Standards für Pharmazeutika) zu erfüllen. Ebenso ist der Deklarationspflicht nachzukommen: Alle Inhaltsstoffe sind in der Reihenfolge anzuführen, wie sie mengenmäßig enthalten sind (Q7 Z780). Dahin gehender Druck kommt auch von der Verbraucherseite: „Diese Nachfrage nach den Inhaltsstoffen, was ist drin, wo kommt es her, welche Qualitäten, aus welchen Regionen, welche Wirkweisen. Es wird immer intensiver, die Informationen bereitzustellen, die Leute fragen viel mehr, wir merken das auch schon bei Kundenanfragen. Es geht teilweise sehr, sehr tief ins Detail auch, was die Inhaltsstoffe angeht und das Thema Allergene und so weiter. Der Verbraucher ist da schon extrem aufgeklärt, der meldet sich [...] Aber das ist ja auch gut. Wir stellen uns da den Fragen, wir sind da sehr transparent" (Q7 Z403ff).

Abbildung 49: Speick Lifestyle.

Die Sujets der Speick-Werbekampagnen spiegeln Vorstellungen zu einem angenehmen Leben mit einem Hauch von Luxus wider.

© Speick Naturkosmetik

Das Beispiel der Firma Speick Naturkosmetik zeigt, dass der damit verbundene Aufwand auch einen Wettbewerbsvorteil bringen kann. Die Produkte der Linie Speick Original werden damit beworben, dass der in ihnen enthaltene Speick „aus biologischer Wildsammlung" in den Kärntner Nockbergen stammt. „Wir machen Naturkosmetik, haben ein großes Sortiment mit Speik, wo wir den Speik einarbeiten, und erzählen ja auch, was das ist, wo das herkommt [...]; das sind alles zertifizierte Rohstoffe, die auch nachhaltig hergestellt werden, die wir auch nachhaltig beschaffen [...]. Und wir haben eine positive Resonanz und wir entwickeln uns auch stetig in gewisser Weise mit diesem Thema" (Q7 Z227ff). Das Unternehmen trifft mit dieser Vorgangsweise die Bedürfnisse von Kundinnen und Kunden, die Wert auf Natürlichkeit, Nachvollziehbarkeit und Regionalität legen. Diese Leistung wird auch anerkannt: „Es ist ja wirklich eine mühevolle Arbeit so ein Produkt zu entwickeln, [...] dann am Markt sauber zu platzieren, wirklich auch legal und mit allen Regeln der Kunst zu platzieren, Verarbeitung und alles und sie dann auch zu vermarkten, zu verkaufen. Und ich meine, ich ziehe wirklich meinen Hut, wenn ich sage, eine Firma hat das geschafft" (Q19 Z156ff).

Eine Gesprächspartnerin meinte: „Dass alles so kompliziert ist rund um den Speik, auch die ganzen rechtlichen Dinge, das macht die Geschichte noch einmal interessanter – er ist kein Allerweltsprodukt" (Q9 Z47f).

Die bestehenden Regelungen scheinen also alle zufrieden zu stellen und offenbar steht jenen, die ihn aktuell nutzen, ausreichend Speik zur Verfügung.

6.5. Speikmaß – wieviel ist genug?

Mengen und Verhältnisse spielen in der Speikerzählung eine sehr wichtige Rolle. Im historischen Kontext ist dabei von Tonnagen im zweistelligen Bereich die Rede, die in den Hafenstädten Triest und Venedig verladen wurden, im aktuellen Zusammenhang geht es um Kilogramm und zwar jährlich um „maximal 27 kg getrocknete Speikwurzeln". Dies ist die Menge, die gemäß Bescheid der Kärntner Naturschutzbehörde durch die Speikbauernfamilien von den dafür vorgesehenen Flächen unter Einhaltung aller im Bescheid festgehaltenen Bedingungen entnommen werden darf und die unter Aufsicht der Nationalpark- bzw. Biosphärenparkverwaltung an die Firma Speick Naturkosmetik verkauft wird (Bezirkshauptmannschaft Feldkirchen, 2018; Fheodoroff, 2007).

Um die maximal 27 Kilogramm getrockneten Speikwurzeln entspannen sich im Projektverlauf verschiedene Diskussionen.

Wieviel Speik muss dafür von den Almflächen geholt werden und entspricht die Menge, die tatsächlich getrocknet und weiterverkauft wird den kolportierten 27 Kilogramm? Die Übergabe der Ernte soll gemäß Bescheid unter Aufsicht der Biosphärenparkverwaltung stattfinden und dokumentiert werden. Daher will der Biosphärenpark „beim Wiegen und bei der Übergabe vom Speik" der Ernte dabei sein (Q2 Z63f). Leider war es für die Mitglieder des Projektteams nicht möglich, der Übergabe beizuwohnen (Q2 Z129, Q7 Z1453), Auch die Dokumentation der laufenden Berichtsperiode war für das Projektteam nicht zugänglich (Q8 Z16ff, Q12 Z46f, Q16 Z32f). Das sorgt für Spekulationen und unbeantwortete Fragen.

Kann die kolportierte Menge ausreichen, um die vielen Produktlinien der Firma Speick Naturkosmetik, die als Inhaltsstoff alle den Speik anführen, zu bedienen? Eine Mitarbeiterin des Unternehmens berichtete: „Mittlerweile haben wir über 140 Produkte, tatsächlich. Viele verschiedene Themen eben, also Körperpflege, Gesichtspflege, Rasurprodukte auch, Produkte für Männer als auch für Frauen, die halt den Speik auch, den Extrakt haben. Aber auch Seifen, die nicht den Speikextrakt haben" (Q7 Z468ff). Es handelt es sich um große Produktmengen, die von dem Unternehmen vertrieben werden. Bei einer Werksführung erfährt das Projektteam, dass es sich um rund 1.200 Tonnen Produkte, davon rund 900 Tonnen Seife handelt (vgl. Q23 Z194). Ein Mitarbeiter des Unternehmens versichert: „Überall wo Speik draufsteht, ist er drin" (Q22 Z59). „Dass es drin ist, bin ich mir sicher, die Frage ist in welcher Konzentration?" meint eine Projektteilnehmerin (Q23 Z199). Das Unternehmen erklärt: „Man sieht ja auch auf der Deklaration auf den Packungen, der Speik kommt ziemlich hinten in der Nomenklatur. Und auch von der Einsatzmenge her entsprechend unterschiedlich, also wir unterscheiden da zwischen den Rinse-Off Produkten und den Leave-On Produkten. Das sind Produkte, die auf der Haut verweilen und eine Wirkung erzeugen sollen, eine kosmetische Wirkung, pharmazeutische dürfen wir ja nicht" (Q22 Z92ff).

Eine Steigerung der verfügbaren Speikmengen wird aus Unternehmenssicht als wünschenswert beschrieben. „Letztendlich und gerne hätten wir mehr Speik, wir müssen mit diesen 27 Kilo auskommen und müssen natürlich auch vom Inhalt her kombinieren mit anderen ätherischen Ölen, dass wir in Duft und Wirkung eine optimale Situation schaffen" (Q17 Z291ff). „Ja intensivieren könnte man, natürlich stoßt man auch an die Grenze von diejenigen, die den Speik graben. Weil dann müssten sie das 10fache graben, und das geht gar nicht, das ist ja so mühsam" (Q22 Z140ff). Das eröffnet für das Projektteam die Frage, ob „zu wenig (Anm. Speik) in diesen Produkten drin ist" (Q23 Z229).

Stellt „das Speikgraben und nach Stuttgart schicken ein reines Placebo" dar, um „Exklusivrechte zu wahren", wie ein Projektteilnehmer fragt (Q2 Z57)? Ein:e Interviewpartner:in meint dazu: „Um die Ernte wird so ein Geheimnis gemacht. Ich weiß eigentlich auch nicht warum. So viel kann es nicht sein – ein paar Säcke halt, das Auto, mit dem sie das abholen, ist nicht groß. Ich hab das aber auch schon ausgebreitet gesehen und das ist schon eine Menge. Ich weiß nicht, wieviel ätherisches Öl man daraus gewinnen kann. Aber ich schätz, dass man mit der Ernte schon eine große Menge von Produkten erzeugen kann" (Q9 Z27ff). Ein Projektteilnehmer kann sich vorstellen, dass nur wenig Speik notwendig ist, um Produkte zu parfümieren, weil Speiköl wenig flüchtig ist (Q31 Z59f). Ein weiterer Befragter sieht das ähnlich: „27 Kilo ist nicht wenig. 27 Kilo so von den Würzelchen, das ist schon [viel], und wenn das zu Essenz verarbeitet wird. Das weiß ich eben auch ein bisschen im Detail, was das für eine Tragweite hat, wieviel man damit auch beduften kann, ja aromatisieren kann. Das ist schon gewaltig" (Q19 Z143ff). Er schränkt aber auch ein: „Die Frage ist natürlich dann, wenn ihm eine Wirkung nachgesagt wird, welche Dosis braucht man für eine Wirksamkeit. Das kann ich dir natürlich jetzt nicht sagen" (Q19 Z148ff).

Welche Menge kann von den Speikbauernfamilien in dem begrenzten Zeitfenster (15. August bis 8. September, 24 Tage) überhaupt geerntet werden? Eine Gesprächspartnerin gibt an, dass ein Tag Erntearbeit ca. ein Kilogramm frischen Speik ergäbe, beim Trocknen reduziere sich das Gewicht auf ein Drittel (vgl. Q1 Z8f). Im Bescheid wird ausgeführt, dass es zwei Tage brauche um sechs Kilo Speik (so viel würde für ein Kilogramm getrockneten Speik benötigt) auszugraben. An anderer Stelle des gleichen Bescheids ist zu lesen, dass die Ernte „mit einem Ertrag von rund 0,9 kg (*Anm.: es ist nicht ausgeführt, ob frisch oder getrocknet*) pro Tag" sehr mühsam sei. In jedem Fall müssten mehrere Personen über den gesamten Zeitraum durchgehend Speik graben, um das erlaubte Kontingent zu erreichen (Bezirkshauptmannschaft Feldkirchen, 2018).

Abbildung 50: Speikprodukte vom Wochenmarkt. Verschiedene Produkte auf Märkten oder auch im Internet werben mit dem Speik als Inhaltsstoff.
© Michael Jungmeier

Eine weitere Ungereimtheit bleibt bestehen: Die im Bescheid festgelegten 27 Kilogramm Speik werden von den ernteberechtigten Bauern zur Gänze an das Unternehmen Speickwerke Naturkosmetik geliefert, wie das Unternehmen bestätigt. Auf die Frage, ob das Einhalten der genehmigten Erntemengen kontrollierbar ist, antwortet die Behörde, dass es auffallen würde, wenn große Mengen Speik geerntet würden, da die Bergwacht unterwegs sei und das kontrolliere (Q11 Z51f). Eine Gesprächspartnerin meint: „Ich hab noch nie bei uns an Bergwachtler gesehen" (Q27 Z394). Auf verschiedenen Wochenmärkten und in Geschäften ist Speik aus den Nockbergen leicht erhältlich, wie mehrere Gesprächspartner:innen und auch die eigene Recherche bestätigen (vgl. Q1, Q14, Q23 Z256ff, Q24 Z78, Abbildung 50). „Aber es ist auch spannend, weil, ich meine, für so ein Geld wiegt man sowas schon ab, es steht nirgends ein Gewicht drauf" (Q24 Z102f).

6.6. Speiknutzung – Bedrohung oder Segen?

Die Arbeit mit dem Speik trägt viele Namen: Speiken, Speikgraben, Speikzupfen, usw. und sie wird sehr unterschiedlich geschildert. Unter den Befragten war keine eindeutige Tendenz feststellbar. Viele beschreiben das Speiken als äußerst beschwerlich, mühselig und monoton. Eine Gesprächspartnerin berichtet, sie habe „diese Arbeit von der Mutti geerbt, die das unbedingt weiterbetreiben wollte [...] eine sehr mühsame Arbeit, Erntezeit sehr begrenzt, die Pflanze wächst in exponierten Lagen, da kann so schnell ein Wetter kommen" (Q1 Z71ff). Das wird von anderen bestätigt: „Das ist kein Honiglecken, wenn ich denke, wie lange du da oben herumgraben musst, ist schon ein sehr schwer verdientes Geld" (Q26 Z655ff). „Das ist eine Knochenarbeit. Und früher sind sie da hochgelaufen, eineinhalb Stunden hoch, [haben] geklaubt in der Sonne, kein Baum und dann das Gewitter"

(Q7 Z674f), „bei Wind und Wetter" (Q7 Z706), „wir [...] wissen, wie schwierig die Arbeit ist auf dem Berg oben (Q17 Z287f). „I tua nit gean wandern [...] bei meiner Schwester ist das anders: die genießt das so" (Q1 Z74f). Andere empfinden das gleichförmige, nahezu meditative Tun als reizvoll und meinen, die Arbeit wäre vom Aufwand her vergleichbar mit „Grantn klauben", auch wenn diese zu anderer Zeit und an anderen Stellen wachsen. Es würde dauern, bis der Beutel oder Rucksack voll ist, aber es sei nicht besonders herausfordernd und eine Gesprächspartnerin erzählte, die Großmutter habe beides gerne gemacht (vgl. Q5 Z3, Q33).

Auf die Speiknutzung im Sinne der Beerntung soll an dieser Stelle nur kurz eingegangen werden, da sie im Kapitel 4.3 (Nutzung) ausführlich behandelt wird. Dort wird auch die Frage erörtert, ob die Ernte der Pflanze schadet oder ob sie mit der richtigen Intensität und in passenden Intervallen durchgeführt der Entwicklung der Speikbestände sogar zuträglich ist. Die Projektreihe der späten 1990er-Jahre und die seither erfolgende wissenschaftliche Beobachtung sprechen für letzteres (vgl. Q7 Z197). Das bestätigen auch die Beobachtungen einiger Gesprächspartner:innen: „Wenn der Speik nicht gegraben wird, geht er zurück und wird vom Bürstling überwuchert" (Q1 Z59) und „wo der Boden durch das Graben gelockert wird, wird der Speik mehr" (Q1 Z80). „Eigentlich müsste man so viel entnehmen, weil er wächst ja nach, ja. Es ist ja naturerhaltend, wenn man entnimmt, nicht naturzerstörend. Das haben wir ja durch [die Studie von] Novak bewiesen" (Q22 Z113ff).

Offen bleibt die Frage, warum das seit mehr als dreißig Jahren vorliegende Ergebnis dieser Forschungen nichts an der gängigen Speikpraxis geändert hat. Der damals durchaus kritisch angesprochene Naturschutz mag seinen Anteil daran haben. Und auch im aktuellen Projekt gibt es Gedankenspiele der Projektbeteiligten zur Aufhebung oder Änderung des Schutzstatus, zumal der Gefährdungsgrad des Speiks derzeit gering scheint (Q17 Z52ff). Auch fragt man sich, ob mit der Unterschutzstellung „nicht eigentlich die Verbreitung des Speik ein bisschen eingeschränkt" wurde (Q17 Z232f). Eine Gesprächspartnerin gibt zu bedenken, „dass man durch die Nutzung die vegetative Vermehrung stärkt, aber die generative eigentlich schwächt" (Q18 Z432f). Diese Wahrnehmungen berühren die „zentralen Fragen des Naturschutzes" und zeigen, dass man sehr viel über die Art, die man schützen will, wissen muss, „damit man auch die richtige Maßnahme setzen kann [...]. Und wenn es wirklich so ist, wie es ausschaut, dass ich irgendwo mit Nutzung eher fördere und ich untersage die Nutzung, dann könnte man argumentieren, das ist kontraintuitiv, also gegen das, was ich eigentlich erreichen will. Und wir haben im Naturschutz eine ganze Reihe von solchen Maßnahmen, die entweder nicht treffsicher genug sind oder die sozusagen in irgendeiner Form längerfristig nicht funktionieren" (Q17 Z249ff).

Welche Erntemenge wäre mit Hinblick auf die Erhaltung oder Förderung der Speikbestände sinnvoll? Wäre eine Erhöhung der Erntemenge aus Sicht des Naturschutzes anzustreben? Und wäre das aus Sicht der von der aktuellen Situation profitierenden Personen wünschenswert?

Den Naturschutz alleine für das Verharren im Status quo verantwortlich zu machen, greift zu kurz. Zumal seitens des Naturschutzes Bereitschaft signalisiert wird, über eine Erhöhung der zulässigen Entnahmemengen nachzudenken, vorausgesetzt, dass die Wertschöpfung in der Region bleibt, die Entnahme stark reguliert und weiterhin wissenschaftlich begleitet wird (Q34 Z105ff). Aber wer könnte Interesse an erweiterten Nutzungsmöglichkeiten haben? Das Projektteam stellte den Beteiligten von Beginn an die Frage, ob sich aus ihrer Sicht etwas an den aktuellen Prozessen ändern soll oder, ob sie so bleiben sollen, wie sie sind (vgl. Q1 Z25). Werfen wir noch einmal einen Blick auf einige der Akteure, die wir schon kennengelernt haben.

Ein Speikbauer antwortete unmittelbar, dass er „möchte, dass alles so bleibt, wie es ist. Die Speikernte ist nur ein Zubrot für die beiden Speikbauernfamilien, der Speikertrag dient nicht als Bereicherung" (Q1 Z39f, Q15 Z479f). Ein Gesprächspartner beurteilte das so: „Sie (*Anm. die Speikbauern*) haben eine exklusive Position. Und freilich, diese zu verlieren ist nicht lustig" (Q19 Z356ff). Eine Speikbäurin äußerte sich dennoch anders: „Mein Sohn hat einen Traum: den Hof weiterzuführen, wenn er sich nur rechnen tät" (Q1 Z118), „für ihn wär die ökonomische Ebene der Speikernte schon interessant" (Q1 Z45).

Die Speikbauern könnten mit den erhöhten Erntemengen grundsätzlich mehr Speik auf den Markt bringen und so vielleicht den Erlös für die verkauften Speikwurzeln erhöhen. Könnten sie aber mehr Arbeitszeit als bisher in die Speikernte investieren oder besteht Gefahr, dass andere Arbeiten auf dem Hof vernachlässigt werden? Ein Bauer meint dazu: „die Speiknutzung anzukurbeln liegt nicht in meinem Interesse – mehr datua ich ja nicht!" (Q1 Z115). Ein anderer Gesprächspartner meint, „wenn sich das aufwiegt, mit anderer Arbeit, die ich in der Landwirtschaft machen kann, [die] gleich viel wert ist, dann gehst nicht auf die Alm rauf ins Ungewisse rumgraben" (Q26 Z716f). In den Interviews wird bezweifelt, dass es „weitere Interessenten den Speik zu klauben" gibt, man „sehe die Begeisterung enden wollend" (Q7 z985). „Und ich weiß nicht, ob öffentliches Interesse so stark wäre, wenn der Aufwand zu leisten wäre und außerdem gäbe es wahrscheinlich niemand in Hülle und Fülle, der heute auf die Berge hochgeht bei jedem Wetter, ohne Wetterschutz sozusagen, um da Speik zu klauben" (Q14 Z162ff).

Ein Gesprächspartner gibt zu bedenken, „wenn man jetzt so eine [...] Diskussion aufmacht [...], dass es sehr viele Bauern [...] gibt, bei uns im Liesertal auch, die da Grundbesitze oder Almen haben in der Nockberge Seite, die den Speik schon jahrelang, wie gesagt, nutzen für verschiedene kleine Sachen, aber gar nicht handeln. Und dass sie da eher verschlossen sind, weil sie nicht wollen, dass wer drankommt. Weil sie so quasi auch Speik graben, dass sie auch von dem, dass sie den nutzen und so, weil da könnte man ja genauer hinschauen. Ich glaube eher, dass da ein bisschen die Tür zugeht" (Q26 Z255ff). Es ist unklar, wie sich neu eröffnete Möglichkeiten zum Speikgraben auf den Markt auswirken würden, „ob der Preis steigt oder fällt für den Einzelnen oder für die zwei Familien?" (Q26 659f), ob das Graben am Ende für alle Mitbewerber unattraktiv werden würde und die Bauern es möglicherweise völlig einstellen würden? (vgl Q26 Z662ff).

Analog zu den Speikbauern würde auch das Unternehmen Speick Naturkosmetik Gefahr laufen, seine Alleinstellung am Markt zu verlieren. Ein Projektteilnehmer meint, beim Unternehmen eine gewisse Unruhe zu verspüren angesichts der Möglichkeit, dass sich die Rahmenbedingungen verändern könnten (vgl. Q23 Z17ff). Ein Gesprächspartner lässt uns gleich wissen: „Die Speickwerke in Stuttgart wollen ihr Monopol erhalten. Die Speickwerke sind international die einzige Firma, die den echten Speik legal erwerben darf" (Q1 Z42). Auch scheint laut Aussagen der Firma eine Vergrößerung der Produktion nicht zur langfristigen Strategie des Unternehmens zu passen: „wir wollen uns da gar nicht zu sehr aufblähen, dass man da die Weltmärkte erobert. Das ist nicht unser Ansinnen. Sondern wir sind klein und fein und bedienen das, was wir bedienen können. Und davon können wir leben" (Q7 Z431ff). Die Absatzmenge könnte nicht wesentlich erhöht werden, aber „wir bräuchten viel mehr Extrakt, wenn man so will, um noch mehr zu erzeugen, Wirkung zu erzeugen. Aber wir kriegen ihn ja nicht" (Q22 Z111f).

Bei einer Lockerung der Bestimmungen wäre Speik aber auch für andere Hersteller verfügbar. „Die Frage ist, ob sie überhaupt Interesse dran hätten. Weil es ja doch mit einer Schwierigkeit verbunden ist. Wenn einer ein schnelles Geschäft machen will, ist das Speikprodukt nichts" (Q7 Z1016ff). „Ob heute jemand noch auf die Idee käme, bei diesen wirklich umständlichen Umständen sowas kommerziell zu nutzen ist wirklich eine große Frage" (Q17 Z294f). Außerdem würde es nach Ansicht der Speickwerke kaum jemand so behutsam und im Einklang mit der Region machen: „Also es ist wirklich eine gute Kombination, die sich jetzt daraus ergeben hat. So wie wir das im Moment machen und wir treiben da kein Unwesen und kein Schindluder, sind kein Riesenkonzern damit, sondern haben das wirklich in eine, wie sagt man da, glaubhafte und nachhaltige Situation gebracht" (Q17 Z307ff).

Die Touristikerin, die so maßgeblich am ersten Speik-Hype beteiligt war, hatte eine Chance darin gesehen, dass ein „fertiges Markenprodukt" existierte, für das die Region den perfekten Hintergrund bildete (Q28 Z15). Diesem Gedanken folgt auch die Positionierung regionaler Wirtschaftstreibender: Es gibt einige wenige Hotel- und Gastronomiebetriebe, die Speikprodukte und -anwendungen im Programm haben, mehr oder weniger alleingestellt und losgelöst von der Region. Sie würden neue Speikinitiativen grundsätzlich begrüßen, sehen aber daraus keinen Bedarf erwachsen, mehr oder selbst zu ernten. Schließlich ist „das verarbeitete Produkt besser und bequemer verfügbar" und daher besteht „auch keine Gefahr für Raubbau oder Zerstörung der Pflanze oder ihres Lebensraumes" (Q28 Z24ff).

Das Biosphärenparkmanagement sieht sich als „Hüter des Speiks" (Q1 Z66) und würde erweiterte Nutzungsoptionen grundsätzlich begrüßen. „Der Biosphärenpark sagt Ja, Bewirtschaftung *und* Naturschutz. Und wenn ich jetzt etwas habe, was ich naturschutzrechtlich eigentlich verbessere, dadurch dass ich entnehme und wirtschaftliche Möglichkeiten damit habe in der Region, ist eigentlich der Kreislauf geschlossen" (Q7 Z605ff). Auch sieht man darin eine Möglichkeit, sich von anderen Parks abzuheben und den Speik als „Alleinstellungsmerkmal der Region" zu nutzen (Q1 Z28, Z113). „Also es gibt 700 Biosphärenparks auf der ganzen Welt [...] im Speik, da sehe ich eine Riesenchance für uns alle. Mit dem Speik den Biosphärenpark zu transportieren ist genial" (Q7 Z627ff).

Möglicherweise könnten bei einem erleichterten Zugang zur natürlichen Ressource Speik auch Ideen für ganz neue Produkte und Anwendungen entstehen und umgesetzt werden und ein viel größerer Nutzerkreis vom Speik profitieren. Dieses Potenzial wird aber in der Region kaum wahrgenommen.

Eine Frage zur Nutzung, die bisher noch nicht thematisiert wurde, ist die der Erntezeit. Im

Bescheid der Naturschutzbehörde wurde der traditionelle Zeitraum der Ernte zwischen den katholischen Feiertagen Mariä Himmelfahrt/Großer Frauentag am 15. August und Mariä Geburt/Kleiner Frauentag am 8. September nach anderen Angaben Mariä Namen am 12. September („Frauendreißiger"; Q24 Z48) bewusst oder unbewusst übernommen. Eine Interviewpartnerin erklärt, dass das in der Pflanze enthaltene Öl „nicht ständig in der optimalen Konzentration vorhanden" (Q24 Z31) wäre, daher der Erntezeitpunkt sehr wichtig ist. Und es „ist ja erwiesen, dass der Inhalt" im genannten Zeitraum „der intensivste ist" (Q24 Z63). „Wenn sie blühen, dann ist die ganze Energie von den Wurzeln in den Blüten, und wenn sie verblühen, dann zieht sich die Energie in die Wurzel zurück, damit sie den Winter überstehen" (Q26 Z51ff). Das klingt „ein bisschen esoterisch", würde aber durch die eigenen Erfahrungen bestätigt: Grabt man „die Wurzeln in der Vollblüte aus und man kostet sie, Enzian oder Bergwurzel. Die haben nie so einen intensiven Geschmack, nie diese starken Bitterstoffe drinnen als wie im Herbst, wenn sie komplett verblüht sind" (Q26 Z61ff). Daher sei das der beste Erntezeitpunkt für den Speik. Allerdings scheinen sich diese Zeitfenster mit dem Klimawandel, dem Anstieg der Temperaturen, der Verschiebung der Höhenstufen und der Verlängerung der Vegetationsperioden gerade zu verändern (vgl. Q24 Z70ff) – ein Punkt, der in Zukunft sicher stärker zu beachten sein wird. Die Frage, „wie sich der Klimawandel auf den Speik und das Wachstum des Speiks vielleicht auswirkt" (Q7 Z545f), stellt man sich auch bei Speick Naturkosmetik und würde diesbezügliche Untersuchungen begrüßen.

Die Gesprächspartnerin, die Auskunft zum Erntezeitpunkt gibt, kann gut nachvollziehen, dass die Ernte aus Naturschutzgründen nur sehr einschränkt möglich ist, denn „die Pflanzen wachsen relativ eng zusammen. Und dann werden zwei, drei aus diesem [Büschel] herausgezogen. Samt der Wurzel. Und das regt die übrigen an, wieder weiterzuwachsen, weil sie wieder mehr Luft dazu kriegen. Würde man das ganze Büschel dort ausreißen, was man annimmt, wenn jemand da husch, husch drüber geht, dann ist die Pflanze natürlich weg" (Q24 Z87ff).

6.7. Speikwirkung – aufbauend und abwehrend

Die vorhergehenden Abschnitte haben sich mit dem Speik, seiner Nutzung, seinem Schutz und seinem ökonomischen Potenzial befasst. Aber wie wird Speik nun eigentlich eingesetzt und welche Wirkungen werden ihm nachgesagt?

Die folgende Darstellung erhebt keinerlei Anspruch auf Vollständigkeit. In diesem Abschnitt werden nur Anwendungen vorgestellt, die im Rahmen der Interviews oder im unmittelbaren Projektkontext beschrieben wurden, die den Menschen also geläufig sind.

Der Speik ist Bestandteil des Kopfschmucks, mit dem das Vieh beim Almabtrieb als Dank für einen unfallfreien Almsommer geschmückt wird (vgl. Q9 Z122). Traditionell schmückte der Speik auch die Hüte der Wanderer beim Abstieg von der Alm und je „größer der Speik war, desto größer die Wurzeln, desto stolzer war die Person, die den gefunden hat" (Q26 Z23). Durch die Almwirtschaft und die damit verbundenen Bräuche hat der Speik überhaupt im Tal Verbreitung gefunden, sonst wäre er hier wohl unbekannt geblieben (vgl. Q24Z17ff).

Abbildung 51: Duft der Alm.
Der niederländische Hersteller Dobbelman wirbt mit weit verbreiteten Almklischees für seine Speick-Seife. Bei der abgebildeten Pflanze handelt es nicht um den Echten Speik Valeriana celtica subsp. norica.
© CCo no copyright

Weit verbreitet ist die Verwendung der Pflanze zur Abwehr von Ungeziefer in Kleiderschränken. „Die Speikwurzel im Sonntagsgewand galt und gilt als Mottenschutz" (Q1, Q30 Z22) „Bei Motten funktionierts hervorragend" (Q15 Z393). Getrocknet und in Leinensäckchen eingenäht wird der Speik ähnlich wie Lavendel als Wäscheschutz und zum Parfümieren der Wäsche verwendet (vgl Q26 Z33). Viele Gesprächspartner schildern, dass das bei ihren Großeltern üblich war. „Ich habe die Oma in Erinnerung, das klingt jetzt ein bisschen interessant, wenn wir das aufnehmen, ‚a Dirndlkleid und a großer Hintern'. Warum, weil wenn ich auf der Saualm herumgelaufen bin, als Bub und geschaut habe, wo die Oma ist, die hat immer etwas gesammelt. Entweder hat sie Graupen gesammelt oder Speik gesammelt. [...], ich habe ihr immer geholfen, die Säcke runterzutragen. Da war ich noch kleiner, da war ich noch Volksschulkind. Und das hat mir einfach Spaß gemacht, ja. Und da hat sie den Speik auch immer mit dabeigehabt. Und den Geruch habe ich damals auch immer mitgekriegt und heute noch den Duft in der Nase" (Q15 Z88ff).

Den charakteristischen Duft macht man sich auch bei der Herstellung von Toiletteseife zunutze. Speik dürfte im 19. Jahrhundert in den Rezepturen verschiedener Seifenhersteller Verwendung gefunden haben (vgl. Kap. 5.3 Von der Medizin zur Hygiene). „Es hat in Graz eine Seifenfabrik gegeben, die Speikseifen hergestellt haben, wo auch Speikseife draufgestanden ist. Aber das ist schon lange her, wo wir die in die Hand kriegt und da waren wir noch Kinder. Aber die alten Leute so wie bei uns die, das war die Seife schlechthin. Wahrscheinlich deshalb, weil sonst keine beduffteten Seifen geben hat oder ganz wenig" (Q26 119ff)[168]. Während andere Seifenfabrikanten der Vergessenheit anheim fielen, hat es das 1928 gegründete Feinseifenwerk Walter Rau (heute: Speick Naturkosmetik) geschafft, seine Verfahren und Rezepturen zu verfeinern und sein Angebot an Speikprodukten zu vergrößern und auch optisch weiter zu entwickeln. Das Erscheinungsbild ändert sich alle zehn Jahre (Q21 Z45f). Einige der Gesprächspartner:innen weisen darauf hin, dass die Produkte der Firma zwar wohlriechend seien, dem Speikgeruch im engeren Sinne aber nicht nahe kommen: „Da das habe ich heute zufällig gefunden, da war daneben im Kasten noch so ein Fläschchen Speik-Lotion oder so. Als ich dort hineingerochen habe, habe ich gewusst, das hat mit Speik überhaupt nichts zu tun" (Q15 Z408ff).

168 Es ist vermutlich der Toilettenseifen- und Parfümeriewarenfabrikant H. Kiehlhauser in Graz gemeint (https://austria-forum.org/af/User/Graupp%20Ingrid-Charlotte/KIELHAUSER).

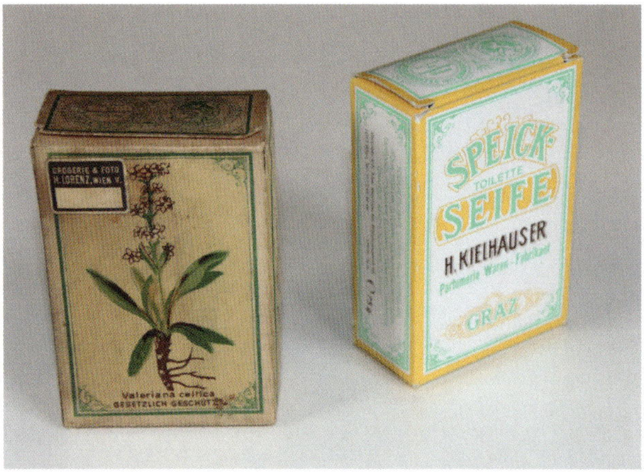

Abbildung 52: Kielhauser Seifen. Das Unternehmen des Grazer Seifenfabrikanten Heinrich Kiehlhauser soll eines der ersten gewesen sein, das Toiletteseifen mit Speikzusatz herstellte. Es reüssierte auch international damit und war mit seinem Produkt auf der Weltausstellung 1878 in Wien vertreten.
© Michael Jungmeier

Was viele als Wohlgeruch empfinden, nehmen andere als penetrant war. Passend dazu wird gerne die Anekdote erzählt, dass „Speik sitzen" oder „Speik huckn" eine schmachvolle Strafmaßnahme war. Personen, die geringere Vergehen begangen hatten, wurde für mehrere Tage in ein Zimmer mit Speik gesperrt. Der alles durchdringende Geruch setzte sich in jeder Faser und Pore fest und das für einen längeren Zeitraum. Damit wurde der/die Übeltäter:in quasi an einen olfaktorischen Pranger gestellt: man konnte schon von weitem riechen, dass hier jemand etwas angestellt hatte (vgl. Q19 Z338f). Da fügt es sich ins Bild, als wir bei einer Exkursion erfahren, dass Speik ebenso wie andere Baldriangewächse immer von anderen Rohstoffen separat gelagert werden muss, da die anderen Stoffe sonst den Speikgeruch annehmen würden (Q31 Z63f).

Starker Geruch kann natürlich auch mit positiven Eigenschaften assoziiert werden. Zum Räuchern verwendete man traditionell vor allem solche Pflanzen, „die einen intensiven Duft verbreitet haben, weil man davon ausgegangen ist, dass diese Pflanzen besser Dämonen, Krankheiten, böse Geister, Hexen und sonst was vertreiben und abhalten würden als andere" (Q24 Z8ff). Besonders in der Zeit um die Wintersonnenwende, „also diese Troika da, Weihnachten, Neujahr, Drei Könige" spielte das Räuchern eine wichtige Rolle (Q15 Z63, Z209ff, Q24 Z33f, Q26 Z39f), „weil es ja da ums Überleben gegangen ist. Weil man ja nicht wissen konnte, kommt jetzt noch ein Frühjahr, wird der Schnee endlich einmal wiedermal weggehen, verändert sich das Ganze wieder in ein positives Gedeihen, oder bleiben wir in der Kälte irgendwo stecken. Diese Urängste, die hat der Speik mit seinem Rauch ein bisschen beruhigen können. Gerade in den dunkelsten Nächten. Grad in Kärnten ist es ja eine breite Tradition geblieben, zu Weihnachten den Speikrauch zu haben in den Wohnungen, Häusern. Und rundherum. Und zu dem, das eine eben diese nervenberuhigende, auf der anderen Seite von seinem ganzen Habitus so eine kleine Pflanze, so ein mächtiger Geruch. Das muss auch alle bösen Geister beeindrucken und abhalten können und deswegen ist er eigentlich in verschiedenen Formen über, ja, ich würde fast sagen über die Jahrhunderte geblieben im Rauch." (Q24 Z36ff).

Bis heute ist Speik in vielen traditionellen Räuchermischungen enthalten, oft als Zusatz zum oder Ersatz für den aus dem Orient stammenden Weihrauch. Zum Räuchern wird das ganze, getrocknete Pflänzchen verwendet, das leicht zu beziehen ist, aber „wahnsinnig teuer" (Q24 Z78). Speik wurde beim Räuchern eingesetzt, um unheimlichen Ecken und Winkeln im Haus das Bedrohliche zu nehmen und um „irgendwelche Dämonen Geister und Sonstiges, die von außen kommen, einmal abzuhalten und abzuschrecken" (Q24 Z255). Der Rauch wird auch mit religiösen Inhalten in Zusammenhang gebracht: „Und neben dem war natürlich eine ganz eine starke geistige Seite, weil alle Religionen immer, wenn es um Anrufung egal welcher Gottheit geht, muss der Rauch rauf gehen, weil das eben symbolisch ein Faszinosum ist, das etwas, was auf der Welt alleine nach oben steigt und nicht alleine runterfällt wie alles andere [...] Und wenn ich was zum Wünschen habe, oder eine Anfrage habe an oben, dann werde ich das wohl mit besten Wohlgerüchen begleiten" (Q24 Z431f).

Abbildung 53: Räucherwerk.
Bis heute ist Speik in verschiedenen traditionellen Räuchermischungen vorhanden.
© Michael Jungmeier

Es sind auch volksmedizinische Anwendungen bekannt. Getrockneter Speik war zum Beispiel Bestandteil der sogenannten „Glantaler Geburtsmischung" (Q24 Z364): „Um einer leichten Entbindung entgegenzugehen, lassen sich im Glantal die Frauen mit trockenem Gemenge von Speik, Zucker und Fichtenzapfen, ‚Tschurtscherln' beräuchern" (Bellschan-Mildenburg, 1941, S. 21). Der Rauch sollte für Entspannung und Loslassen sorgen. Dementsprechend setzt man Speik in der Räucherkunde heute gegen Stress und Burnout ein.

Speik wurde aber auch oral verabreicht. Die krampflösende Wirkung des Speiks sollte bei nervösen Leiden, Fieber und Fieberkrämpfen helfen. „Kinder, die an Fraisen leiden, bekommen eine Abkochung von Speik mit Milch" (Bellschan-Mildenburg, 1941, S. 21). Mit Fraisen, Fraß, Fräßen sind Fieberkrämpfe gemeint. Man dachte früher, „das sei irgendein Virus oder irgendein böser Dämon, der sich auf das Kind gesetzt hat, weil sich die Kinder so verbogen haben" (Q24 Z294ff). Bei anderen Gelegenheiten wurde die ausgleichende und beruhigende Wirkung geschätzt: „Wenn Kinder lästig waren, Kinder oder auch Rinder, wenn es da Probleme gegeben hat, bei den Rindern hat man das mit Wasser aufgekocht, bei den Kindern hat man die Speikwurzel in die Milch reingetan, kurz ziehen lassen und zur Beruhigung gegeben. Bei den Viechern hat man es genauso getan. Mit Wasser aufgekocht und zum Trinken gegeben" (Q9 Z116ff).

Ein Gesprächspartner erklärte die Wirkung der Pflanze, die auch schon in historischer Zeit geschätzt wurde (vgl. Kap. 5.2 Substanz und Arznei): „Der Speikduft gelangt über Geruchsrezeptoren ins limbische System, Speik wirkt als Energetikum und ist ein Ausgleicher" (Q1, Q15 Z44ff). „Es gibt keinen schuldmedizinischen Nachweis oder so in der Wirkung. Ich bin aber ganz überzeugt, dass der Speik wirkt. Und zwar stark wirkt" (Q15 Z25ff). Die Erfahrungen der Speikbauern bestätigen das: „Beim Speikgrabn kum i oba" (Q1 Z103). Und in den Werbespots für die „echte Speickseife von Walter Rau" aus den 1960er-Jahren wird Speik als „eine nervenstärkende Heilpflanze aus den Hochalpen" beworben (Q21 Z1).

Neben der beruhigenden wird dem Speik gleichzeitig belebende und aufbauende Wirkung zugesprochen. Ein Gesprächspartner berichtet von den in seiner Jugend durchgeführten Bergtouren: „Und wenn ich dort hinaufgegangen bin [...] und müde geworden bin, das waren so 1200 Höhenmeter, das bin ich einfach so raufgegangen. Und dann waren oben meine vier Kraftpflanzen sozusagen. Ich habe aber gar keine Pflanzen gekannt damals. Aber ich habe gemerkt, wenn ich die hellblaue, also die Bachnelke genommen habe, und die duftet. Und in diesem Moment habe ich wieder Vollpower. Oder dann war da noch das Kohlröschen und der Arnika. Und den Speik habe ich gerochen und damals noch nicht gekannt und auch nicht gefunden!" (Q15 Z10ff). Ein anderer berichtet zu seinen Erfahrungen mit dem Speik: „Ich kenne ihn seit meiner Kindheit. Speikmilch haben wir gekriegt als Kinder zur Stärkung im Herbst. Und ich habe es auch erlebt, dass die Butter und die Milch von der Alm nach Speik geduftet hat. Meine Mutter war überzeugt von der Wirkung des Speiks, dass das gesund ist, wie, weiß ich nicht, aber dass es halt gesund ist und gut ist. Und wenn ich wandern gehe im Nockgebiet, dann nehme ich ganz gern ein Würzelchen vom Speik und schnüffle immer wieder dran. Irgendwas weckt das bei mir, wird eine Kindheitserinnerung sein, man weiß ja, dass solche Düfte sich nicht mehr löschen lassen, wenn sie einmal drinnen sind im Kopf" (Q19 Z68ff).

6.8. Speikwissen – teilen oder schützen?

In diesem Abschnitt steht nicht so sehr das Wissen um und über Speik im Mittelpunkt, sondern die unterschiedlichen Weisen, auf die es weitergegeben wird.

Da wäre zunächst historisches Wissen, das in Bibliotheken und Archiven dokumentiert ist und wie es in Kapitel 5 Wildpflanze und Ware mit uns geteilt wird. Daneben gibt es überliefertes Wissen, das zum Teil schriftlich festgehalten wird, zu einem großen Teil aber von Generation zu Generation weitererzählt oder ganz einfach praktiziert wird. Dazu zählt das Wissen um die Verwendungen des Speiks, aber auch zu erlernende Fertigkeiten, etwa wie Speik fachgerecht zu graben und zu trocknen ist.

Die Herstellung von Seife gilt grundsätzlich als recht einfach, es gibt „gleich einmal ein ästhetisch gutes Ergebnis" (Q19 Z227ff). Ein besonders kostbares Wissen stellt aber das Know-how rund um spezielle Verfahrenstechniken oder Rezepturen dar, deren Geheimnis streng gehütet wird, „ein bisschen ein Mäntelchen des Schweigens drum gehüllt" (Q23 z157). Ein Beispiel hierfür ist der Duft der Speick-Seife. „Ein ätherischer Öl-Komplex, der aus verschiedenen Bestandteilen besteht und den Speikextrakt enthält" wird der Seife zugegeben „und das ist eigentlich der definierte Speikduft und so empfindet der Verbraucher

Speik" (Q7 724ff, Q22 89f). „Durch die Herstellung von Naturkosmetik tun wir ja den Anwendern in der heutigen Zeit auch was Gutes" (Q17 Z289f). Mit dem exklusiven Wissen darum sind auch ökonomische Interessen verknüpft. Es wird als „wertvolles Vermächtnis" betrachtet, als ein „Schatz", den man „weiterpflegen möchte [...] um das Ganze in die nächste Generation zu tragen" (Q7 Z385ff). Tatsächlich stellt dieses Wissen das wichtigste Kapital des Unternehmens dar (vgl. Q22 Z120ff), „die fertige Grundseife" bezieht es mittlerweile aus externer Produktion. „Wir haben ja keine Seifensiederei mehr" (Q21 Z143f) [...] „die Veredelung der Grundseife findet hier statt" (Q21 Z150), wie uns bei einem Besuch der Produktionsstätte erklärt wird. Es geht darum, sich auf einem umkämpften Markt zu behaupten: „Ein Unternehmen, das Rezepturentwicklung macht, das Forschung macht mit der Rezepturentwicklung, will sich dem Wettbewerb nicht komplett ausliefern" (Q7 Z1008f).

In den Gesprächen taucht denn auch die Frage auf, ob man das Wissen um die Verarbeitung des Speiks zumindest teilweise für regionale Betriebe zugänglich machen könnte. Wenn man einem heimischen Unternehmer sagen würde, er solle „mit dem Speik auch was machen, dann hat der noch einen weiten Weg vor sich, bis der [...] Geld verdient [...]; vielleicht kann man diesen Weg der Wirksamkeit wirklich abkürzen, indem man das Know-how dieser Firma nutzt und für die Region stärker präsent macht" (Q19 Z163ff).

Ein Gesprächspartner erkennt im Zusammenhang mit dem Wissen um den Speik in den Nockbergen ein wiederkehrendes Muster: „Eine deutsche Firma greift das auf, was für uns selbstverständlich ist, ein auswärtiger Arzt greift das auf, was für uns selbstverständlich ist. Ich glaube schon, dass der Menschenschlag dort einer ist, der nicht so viel redet [...] Und wahrscheinlich braucht es so Externe, die diesem impliziten Wissen verhelfen explizit zu werden, ausgedrückt zu werden" (Q19 Z521ff).

6.9. Speikpotenzial – was machen wir draus?

An dieser Stelle soll der auf dieses Kapitel folgende Beitrag, der die Zukunft behandelt, nicht vorweggenommen werden. Hier soll ein Überblick gegeben werden, welche Bedeutung und Potenziale des Speiks die Gesprächspartner:innen im Rahmen dieses Projektes identifizieren.

Die praktisch orientierten Projektteilnehmer:innen würden gesteigerte Entnahmemengen des Speiks dazu nutzen, um daraus gemeinsam mit Fachleuten und entsprechend den gesetzlichen Regelungen eine Reihe sehr konkreter Produkte zu entwickeln, darunter Kräuterkissen, Aromaöle, Tees, Speikschnaps, Softdrinks oder lokal hergestellte Kosmetikerzeugnisse (vgl. Q9 Z28f, Q27 Z59, Q31 Z74). Ein Gesprächspartner verweist auf die günstigen Eigenschaften des Speiks für die Parfümherstellung. Der lang anhaltende Duft mit würzig-sinnlichem Charakter würde ihn als Herznote für schwere Duftkompositionen prädestinieren (vgl. Q31 Z61).

Andere Projektbeteiligte denken daran, rund um den Speik ein regionales Erlebnisangebot zu schaffen. „Das ist immer noch so eine Vision oder ein Traum von mir, dass wir so ein Speikdorf werden. Und dass dann irgendwo da dann so ein schöner alter Stall oder ein schönes altes Gebäude dann als Speikmuseum" dient (Q9 Z85ff). „Es wäre zum Beispiel auch für den Biosphärenpark [...], wenn sie sich da vollends um den Speik kümmern würden, [...] mit Speikprodukten, mit Speikführung, mit Speik, weißt wie ich meine. Da fahren ja so viele Leute durch, dass da nicht einer [...] sagt, so, Freunde, wir machen jetzt eine Hütte" (Q27 Z403ff). Ebenso vorstellbar sind eine Neuauflage der Speick-Feste und des Speiktrails oder die Vermarktung als „wertvolles Trio der Region: Granat, Zirbe und Speik" (Q9 Z11, Q23 Z130). „Und wenn ich was erlebbar mache, wird es auch weitergetragen. Dann entsteht eine gewisse Tradition" (Q7 Z1052f). „Du brauchst Leitbetriebe, die das aufgreifen und die das dann umsetzen. Also wenn jetzt ein [...] Leitbetrieb da das aufgreift und sagt, wir sind Speikbetrieb [...], dann glaube ich, tun ein paar andere auch noch, dann kommt sowas in Bewegung" (Q19 Z240). Diese Gruppe sieht durch den Speik ein Alleinstellungsmerkmal für die Region Nockberge und den Biosphärenpark gegeben, das vor allem touristisch und medial genutzt werden kann, „Speik und Auerhahn sind die Wappentiere des Biosphärenpark" (Q1 Z64, Q7 1099ff).

Eine Spur, die verfolgenswert erscheint, ist „das mit dem Wandern, Speikwandern. Das glaube ich schon, das ist ein Potenzial" (Q19 Z343f). Denn „diese Form von Sinneswahrnehmung, eben über den Geruch, wenn die einmal positiv besetzt ist, ein Erlebnis hinterlegt hat, das kriegst du nicht mehr so leicht raus aus dem Kopf" (Q19 Z328f).

Das in diesem Buch vorgestellte Projekt SPEIK sehen einige der Projektbeteiligten als Möglichkeit und Auftrag, die Biosphärenparkregion zum Wohle aller Beteiligten zu unterstützen (Q2 Z102). Dabei müsse man aber behutsam vorgehen und die Erwartungen nicht zu hoch schrauben.

Man hat mit dem Speik und seiner Nutzung „etwas, was überliefert über die Generationen, über die Familien weitergegeben wurde, wo man sich gesagt hat, diese Region, die eher eine schwache Region ist, könnte davon profitieren", es scheitert dann oft „an den Egoismen [...]. Es ist sowas wie, wie etwas, viele wissen davon, viele haben Anknüpfungspunkte dazu, einige nutzen es intensiv, und wenn man das vielleicht ein bisschen konsequenter angreift, dann weckt man gleich die Neider" (Q19 Z122ff).

„Ich glaube, dass es schon für Regionen eben so was wie eine Identifikation mit einem besonderen Kraut oder mit einem besonderen Produkt gibt. Die manchmal offensichtlich ist, oder eh offen daliegt, oder die manchmal verdeckt ist. Die über Traditionen oder Generationen weitergegeben wird und so im Untergrund dahin wirkt, ja. Aber nicht jetzt großartig wirkt. Heute denkt man natürlich immer wieder in Marketingdimensionen und sagt, ok, so etwas kann vielleicht ein Ansatz sein, dass man eine Region damit wirklich besonders stärkt oder irgendwie Anziehungskraft damit entwickelt" (Q19 Z90ff).

„Die Sehnsucht von vielen Leuten, die halt in der sogenannten Zivilisation leben, ist ja wohl wiederum die, nach etwas Geerdetem, nach etwas Selbstverständlichem, etwas Tragendem, vielleicht auch etwas wie ein Urkulturgut oder wie auch immer. Gleichzeitig kannst du aber von dem heute nicht wirklich leben, ja. Ist dann diese schöne Bauernidylle, aber du kannst nichts runterbeißen davon" (Q19 Z539ff).

Es ist zu bedenken, dass „man „heute so viel solche Initiativen" (Q19 Z252) hat und es schwer ist, eine Zielgruppe zu definieren und auch zu erreichen: „Dann fragst du dich, wo ist eigentlich die gesellschaftliche Struktur, die gesellschaftliche Institution, wie auch immer, die so ein Trittbrett ist, auf der das fahren kann?" (Q19 Z266ff).

„Die Speikpflanze zum Wohle aller stärken" (Q2 Z103) kann auch weit über die Region hinausgehen. „Das Wohlergehen muss nämlich nicht notwendigerweise ein ökonomischer Benefit sein, das kann Identität für die Region, das kann gesellschaftlicher Benefit, Wohlergehen sein, das kann ein ökologischer für die Region sein" (Q23 Z99ff). Der Speik trägt dieses Ansinnen eigentlich schon in seinem wissenschaftlichen Namen. Der Gattungsname Valeriana leitet sich vom lateinischen „valere" ab, was soviel wie „gesund sein, sich wohlbefinden", aber auch „stark sein, kräftig sein" bedeutet. Belebende, stärkende und gleichzeitig beruhigende Eigenschaften werden dem Speik denn auch zugeschrieben. Mit den Produkten, die aktuell mit Speik als Inhaltsstoff werben, sind die Personen dieser Gruppe nur bedingt zufrieden. „Wenn ich mir die Produkte anschaue, die es gibt, und die meisten sind doch deutlich verändert, merke ich. [...] und ich hätte es natürlich gerne, dass das passiert, was ich früher als Wirkung beschrieben habe, dass ich das abrufen kann" (Q15 Z381ff). Diese Wirkungen sollten vielen Menschen, die sich ständigem Stress und Leistungsdruck ausgesetzt sehen, Erleichterung bringen und könnten beispielsweise in medizinischen Produkten oder Anwendungen Niederschlag finden.

Bislang ist die Wirkung der Speikinhaltsstoffe nur dürftig durch Studien hinterlegt (vgl. Kap. 4.4. Pharmazie und Medizin). Aktuell arbeitet die Firma Speick Naturkosmetik mit einem Institut für historische Arzneimittel der Universität Breslau zusammen, um zu „untersuchen, inwiefern diese Wirkversprechen, die man in den ganzen Büchern, Drogenbüchern und so weiter, liest, das in der heutigen Zeit belegbar sind" (Q7 Z534). Gelingt ein wissenschaftlicher Nachweis der Wirkung könnte ein ähnlicher Effekt einsetzen, wie er in den letzten Jahren bei der Zirbe zu beobachten war, deren Holz ursprünglich wenig Bedeutung hatte (vgl. Q26 Z874ff). Seit die „Wissenschaft jetzt herausgefunden hat, woher die beruhigende Wirkung kommt, [...] hat die so eine Renaissance erlebt. Die Zirbenstuben und so weiter in die Jagdhäuser und die alten Bauernhäuser, also die hat es immer gegeben, aber ansonsten, in die Breite ist das nie gekommen. Und jetzt [ein] Zirbenbett muss fast jeder haben" (Q19 Z408ff). Davon würden viele Betriebe profitieren, aber es gibt auch weniger erfreuliche Aspekte: „Ich sehe schon wirklich, dass die Zirbenwälder, die sind stark geplündert, ja [...] Das ist dann das, was dir beim Speik auch passieren kann" (Q19 Z451ff).

Im Kosmetikbereich könnte der Speik ein sehr vielversprechender Rohstoff sein, da keinerlei Unverträglichkeiten bekannt sind, wie eine Interviewpartnerin befindet (vgl. Kap. 4.4. Pharmazie und Medizin): „Da haben wir so ein umfassendes Produkt, was auch unsere tägliche Pflege angeht. Und die Gäste überzeugen mich jeden Tag. Jeden Tag kommt ein Kommentar und eine Bemerkung wie gut das ist, wie gut das riecht, wie fein das der Haut tut und dass sie sich gar nicht mehr eincremen brauchen und dass es so gut ist" (Q9 Z101ff). Diese Wahrnehmung wird geteilt: „Da hat auch eine Gastfrau gesagt, naja, sie hat ein bisschen eine sehr empfindliche Haut und sie hat schon alles probiert und so Art Neurodermitis oder was. Dann habe ich gesagt, probier einmal das Speiköl. Die hat gesagt, sie hat mit dem ihre Haut super wieder in den Griff gekriegt" (Q27 Z47ff).

Eine etwas abstraktere Idee zum Potenzial des Speiks beinhaltet „die Kultivierung dieses Mangels, dieser Eingeschränktheit, dieser Reduziertheit. Einerseits diese Unscheinbarkeit des Speiks, andererseits diese Nicht- oder Kaumverfügbarkeit, diese starke Einschränkung. Das zu kultivieren, da ist eine Spur interessant" (Q19 Z461ff). Was in jedem Fall fortgesetzt werden sollte: „Wir müssen sehr viel erzählen, ja. Weil das macht das Produkt ja eigentlich vollkommen und so liebenswert" (Q7 Z441f). Und „eigentlich entsteht da immer dann ein Gespräch. Du hast einfach eine Geschichte zum Erzählen. Und genau das ist auch das, was wichtig ist und was die Leute wollen. So einfach" (Q9 Z108ff).

Egal welchen der Wege man in Zukunft einschlagen will, es herrscht weitgehende Einigkeit darüber, dass dies in einem geordneten Rahmen stattfinden muss (Q23 Z84). Ein Vorschlag, der breite Zustimmung findet, ist die Gründung eines Vereins der diesen Rahmen bilden könnte (vgl. Q35 Z105).

Abbildung 54: Blütenstand des Echten Speiks.
Die Makro-Aufnahme der Blüten beziehungsweise des Blütenstandes verdeutlicht, wie die rötlich-gelben Blüten angeordnet sind. Im Gegensatz zu ihren Wurzeln ist die Blüte nahezu geruchlos.
© Michael Jungmeier

6.10. Das Projekt SPEIK

Wenn in diesem Beitrag von Projektteam oder engerem Projektteam gesprochen wird, so sind damit die sechs Wissenschafter:innen der beteiligten Forschungsinstitutionen (FH Kärnten, Universität Wien, Kunstuniversität Linz, E.C.O. Institut für Ökologie) und der Leiter des Biosphärenparks Nockberge gemeint. Im Projektverlauf wurden verschiedene Personen mit wissenschaftlicher oder fachlicher Expertise eingebunden, die aber nur punktuell im Projekt mitarbeiteten. Ähnliches gilt für einige Mitarbeitende im Biosphärenpark. Wir bezeichnen sie als Expert:innen oder Projektbeteiligte. Schließlich gibt es noch eine Reihe von Personen, die im Rahmen von Interviews, Veranstaltungen oder Exkursionen mitgewirkt und sich eingebracht haben. Sie werden dementsprechend als Gesprächs- oder Interviewpartner:innen oder als (Projekt-)teilnehmer:innen angegeben. In den Ausführungen sind nur wenige Personen oder Institutionen explizit genannt: Stefan Novak, das Unternehmen Speick Naturkosmetik, die Gruppe der Speikbauern, die Naturschutzbehörde und das Biosphärenparkmanagement. Sie sind für unsere Speikerzählung und ihr Verständnis von solcher Wichtigkeit, dass darauf nicht verzichtet werden konnte.

Vor dem hier beschriebenen Projekt SPEIK hatte es bereits mehrere Versuche gegeben, ein Forschungsprojekt zu Speik und seiner Nutzung in den Nockbergen durchzuführen, die aber letztlich an fehlender Finanzierung scheiterten. Umso größer war die Freude, als die Unterstützungszusage der ÖAW zu diesem Forschungsvorhaben das Projektteam erreichte und es im Frühling 2023 endlich seine Arbeit beginnen konnte.

Während die Recherchen zum historischen Teil weitgehend unabhängig von der Region stattfinden konnten, war das Projektteam bei der Analyse der aktuellen Situation und dem darauf aufbauenden Zukunftsteil auf die Mitarbeit der lokalen Akteur:innen angewiesen. Aus den Recherchen im Projektvorfeld und zu Projektbeginn hatte sich für das Projektteam ein erstes Bild der Stakeholder-Landschaft rund um den Speik ergeben. Dieses Bild sollte durch eine Reihe qualitativer Interviews geprüft, revidiert und geschärft werden.

Um dieses Anliegen wissend wollten die Teammitglieder des SPEIK-Projekts bei einer informellen Auftaktveranstaltung in Ebene Reichenau im Juli 2023 sich und ihre unterschiedlichen Sichtweisen auf den Speik in der Region vorstellen. Bei dieser Gelegenheit, so vermutete das Projektteam, könnten auch Kontakte zu Menschen geknüpft werden, die Lust und Interesse hätten, ihr Wissen und ihre Erfahrungen rund um den Speik im Rahmen eines Interviews einzubringen.

Die Veranstaltung in der Biosphärenparkverwaltung verlief anders als erwartet. Was als Vorstellung des Projektteams gedacht war, mündete rasch in emotionale inhaltliche Debatten. Die Teilnehmer:innen aus der Region fühlten sich unzureichend zum Inhalt der Veranstaltung informiert und überrumpelt (vgl. Q15 Z282ff). Sie waren mit der Erwartung gekommen, einen fachlichen Vortrag zum Speik zu hören, tatsächlich fanden sie sich in einer Diskussion zu ihrer Zukunft und der ihrer Region wieder. Noch dazu wurde ihnen diese Diskussion von Personen, die von ganz woanders herkamen, aufgezwungen – so zumindest die Wahrnehmung (vgl. Q1, Q16 Z77f). „Wenn du jetzt die Situation hernimmst, wie es da war bei dem Gespräch da, [...] Und dann kommt da jemand daher, der will auf einmal bei etwas mitreden, das bei uns über Generationen, [...] zu uns dazu gehört" (Q15 Z212ff). „Zuerst muss ich den Leuten einmal zuhören, was die überhaupt machen, was die überhaupt tun, und was die wollen. Und dann darf ich erst reden. Und das ist sicher nie passiert" (Q15 Z234). Das Projektteam befand, dass die Veranstaltung „sehr informativ, die Dynamik sehr spannend" war, wenn auch manche Teilnehmer:innen „etwas abwehrend und negativ" aufgetreten waren (Q2 Z10). Jedenfalls hätte das Team an diesem Abend „eine Grundorientierung erlangt" (Q2 Z3).

Das Projektteam schlug nach diesem Start eine Auswahl an Personen vor, mit denen jedenfalls ein Interview geführt werden sollte. Die Biosphärenparkleitung wollte die potenziellen Gesprächspartner:innen aus der Region vorab zum Projekt informieren und sie so für die Mitarbeit gewinnen (vgl. Q2 Z24f, Z53f; Q6 Z22ff, Z 36; Q10 Z48; Q12 Z120). Dieser Prozess gestaltete sich zunächst schleppend, die ersten Gespräche kamen schließlich durch direkte Kontaktaufnahme der Forscher:innen zustande. Aus den ersten Interviews und den Themen, die angesprochen wurden, ergaben sich weitere Kontakte. Im Zeitraum September 2023 bis Mai 2024 wurden schließlich 14 offene qualitative Interviews geführt, dreizehn davon als persönliches Gespräch, eines online auf der Plattform Zoom. Ein Interview wurde als Gruppeninterview geführt, an dem sich sechs Personen (exklusive Interviewerin) beteiligten. Neun Interviews wurden aufgezeichnet und wörtlich transkribiert. Den Gesprächspartner:innen bei den restlichen Interviews war eine Aufzeichnung des Gesprächs unangenehm bzw. ließen es in zwei Fällen die technischen Gegebenheiten nicht zu (Ladezustand des Aufnahmegerätes, Lärmkulisse). Zu diesen Gesprächen wurde ein schriftliches Protokoll verfasst.

Es war geplant, einen ausgewählten Personenkreis (die Teilnehmer:innen des Auftaktworkshops in Ebene Reichenau, die Speikbauern, eine Expert:innenrunde) zur Veranstaltung „Marianne erzählt" einzuladen und bei dieser Gelegenheit nochmals zu versuchen, mehr Personen aus der Region für die Beteiligung im Projekt zu gewinnen (vgl. Q6 Z45; Q8 Z90, Z163; Q10 Z21). Bei der Veranstaltung, die am 5. Dezember 2023 in St. Lorenzen im Gasthof Pertl stattfand, präsentierte die Historikerin im Projektteam, Marianne Klemun, Ergebnisse ihrer wissenschaftlichen Arbeit zur Geschichte des Speiks in einem attraktiven Erzählformat in gemütlichem Rahmen. Leider erschienen nur zwei der geladenen Gäste, darunter ein Mitglied einer Speikbauernfamilie. Dieser Gast überbrachte die Botschaft der Speikbauern, dass sie dieses Projekt „nicht unterstützen" wollten, sie aber interessiert daran wären, „was hier vorgeht". Auch Mitarbeiter:innen des Biosphärenparks, die sich zuvor sehr interessiert am Thema gezeigt hatten, blieben der Veranstaltung fern (vgl. Q12 Z8ff). Die wenigen Anwesenden nutzten den äußerst informativen Abend zu angeregten Diskussionen.

Eine Reihe von im Rahmen des Projektes organisierten abendlichen Online-Veranstaltungen, die über den Bildungskalender des Biosphärenparks beworben wurde, verlief demgegenüber sehr erfolgreich. Die Veranstaltungen fanden jeweils dienstags und donnerstags im Zeitraum 16. Jänner 2024 bis 1. Februar 2024 statt. An jedem der sechs Abende stand der Speik aus der speziellen Sicht einer wissenschaftlichen Disziplin im Mittelpunkt. Eine Expertin oder ein Experte auf dem jeweiligen Gebiet gab einen fachlichen Input (Dauer zwischen 30 Minuten und einer Stunde), anschließend daran konnte zum Thema gefragt und diskutiert werden. Es nahmen zwischen acht und 25 Personen teil, einige von ihnen besuchten mehrere Veranstaltungen der Reihe. Die Diskussionsteile wurden mit Einverständnis der Teilnehmer:innen aufgezeichnet, transkribiert und lieferten so weiteres Datenmaterial.

Um den Forschungsgegenstand Speik besser kennenzulernen unternahm das Projektteam Ausflüge und Exkursionen in unterschiedlich zusammengesetzten Gruppen.

Eine erste Speikwanderung fand am Tag unmittelbar nach dem Auftaktworkshop im Juli 2023 statt. Ein Biosphärenparkranger führte das wissenschaftliche Projektteam zu den Monitoringflächen in Saureggen, wo es die natürliche Umgebung des Speiks und das Arbeitsgebiet der Speikbauern kennenlernte.

Am 27. Oktober 2023 schloss sich eine kleine Gruppe des Projektteams einer geführten Speikwanderung auf die Blutige Alm an, die im offiziellen Besucherprogramm des Biosphärenparks angeboten wurde. Dabei wollte das Projektteam erfahren, wie den Besucher:innen des Biosphärenparks das Thema Speik vermittelt wird. Neben dem landschaftlichen Erlebnis war es ein charmantes Potpourri aus Wissen um die Pflanze und einprägsamen Legenden und Anekdoten um ihre Verwendung, das das Team mitnehmen konnte.

Ende Februar 2024 brach eine Gruppe von acht Personen zu einer zweitägigen Exkursion zu den Stuttgarter Speickwerken auf, zu der die Firmeneigentümer eingeladen hatten. Dem Projektteam schlossen sich auch ein Bauer aus der Nockregion und eine interessierte Seifenherstellerin an. Im Rahmen einer Werksführung wurden die Unternehmensgeschichte und die aktuellen Produktionsprozesse vorgestellt. Die Gespräche während dieser Exkursion wurden aufgezeichnet und transkribiert. Zwei weitere Exkursionen zu einem niederösterreichischen Kleinunternehmen und einem größeren Osttiroler Betrieb, die sich mit der Gewinnung und Verarbeitung von Pflanzenextrakten befassten und an denen jeweils vier Personen aus dem engeren Projektteam teilnahmen, wurden mit einem schriftlichen Protokoll und Fotos dokumentiert.

Ein Besuch des Heimatmuseums Oberwölz am 23. Februar 2024, das eine Kleinausstellung zum Thema „Speik" beherbergt, vermittelte einen Eindruck, wie die historische Speikernte und die dabei verwendeten Geräte ausgesehen haben. Außerdem konnte dabei handgefertigte „Oberwölzer Speikseife" erworben werden (vgl. Q20). Eine weitere Gelegenheit zum Kauf von „Speikseife" ergab sich am Klagenfurter Wochenmarkt. In einem Fachgeschäft für Backzubehör waren wiederum getrocknete Speikpflanzen (hauptsächlich oberirdische Pflanzenteile, abgepackt in Portionen zu 2-3 Gramm) aus den Nockbergen zur Verwendung als Räucherwerk erhältlich. Diese „Funde" wurden mit Fotos dokumentiert. Außerdem wurden damit Personen außerhalb des SPEIK-Projekts einem „Versuch" ausgesetzt. Der Speik wurde entsprechend der Anleitung auf der Verpackung in einem Weihrauchbrenner entzündet. Die Personen sollten beschreiben, wie sie Geruch und Wirkung des Speikrauchs empfinden. Die Wahrnehmungen reichten von „markant", „leicht muffig und modrig", „nach alten Schuhen" bis zu „grausig". Das „Experiment" wurde nach wenigen Minuten beendet (vgl. Q29).

Ein Teil des wissenschaftlichen Projektteams wertete sämtliche verfügbaren Transkripte, Protokolle und Mitschriften aus. Das Material wurde gelesen, auffällige Passagen markiert und mit Schlagworten versehen. In einem gemeinsamen Workshop wurden die hervorgehobenen Passagen diskutiert. Die Schlagworte wurden verschiedenen Themenclustern zugeordnet, die in diesem Kapitel beleuchtet werden.

Den vorläufigen Abschluss des Projekts bildete die Information und Vorbereitung der Bürgermeister:innen der Region zur Aufnahme der Zukunftsarbeit. Diese Aktivitäten hatten zum Ziel „die regionale Öffentlichkeit auf den Speik aufmerksam zu machen", mit der Öffentlichkeit in Austausch zu treten und gemeinsam die nächsten Schritte zu setzen (vgl. Q25 Z72ff). Zentraler Akteur dabei war das Biosphärenparkmanagement, da es die verschiedenen Ebenen (Gemeinden, Region, Land) und Personen mit ihren speziellen Interessen am besten verknüpfen kann und bereits erste Schritte in Richtung eines gemeinsamen Zukunftsprozesses unternommen hat (vgl. Q34 Z120ff; Q35 Z19ff). Seitens Gemeinden und Land gab es positive Rückmeldungen, zuletzt stand die Bildung eines Vereins im Raum (vgl. Q35).

Literaturverzeichnis

Bellschan-Mildenburg, E. (1941). In Kärnten übliche Volksheilmittel aus dem Pflanzen- und Tierreich [Siebenter Beitrag zur Volksmedizin in Kärnten]. *Carinthia II, 131_51*, 17–22.

Bezirkshauptmannschaft Feldkirchen (2018). *FE3:NS-2518/2018 (012/2019) Bescheid vom 27.08. 2018 über Ausnahmebewilligung zur Entnahme von Speikpflanzen im Bereich des Schoberriegels.*

Fheodoroff, B. (2007). *Speiknutzung im Bereich Saureggen in Kärnten: Wissenschaftliche Begleituntersuchung – Endbericht.*

Fheodoroff, B. (2012). *Speiknutzung im Bereich Saureggen in Kärnten: Wissenschaftliche Begleituntersuchung 2012.*

Fheodoroff, B. (2017). *Speiknutzung im Bereich Saureggen in Kärnten: Wissenschaftliche Begleituntersuchung 2012-2017.*

Kabusch, S. (2021). *Nutzung vs. Naturschutz am Beispiel der naturgeschützten Alpenpflanze Echter Speik (Valeriana celtica subsp. norica)* [Masterthesis, Universität für Bodenkultur Wien, Wien]. Österreichischer Bibliothekenverbund Gesamtkatalog.

Kerschbaumer, N. & Berchthold, A. (2018). *Speiknutzung im Bereich Saureggen/Ebene Reichenau. Vegetationsökologisches Monitoring. Bericht 2018.*

Kerschbaumer, N. & Berchthold, A. (2021). *Speiknutzung im Bereich Saureggen/Ebene Reichenau. Vegetationsökologisches Monitoring. Bericht 2021.*

Novak, S. (1996). *Auswirkungen der Nutzung einer naturgeschützen Pflanze (Valeriana celtica) auf ihren Bestand: 4. Teilbericht.* Forschungsauftrag der Kärntner Landesregierung.

Novak, S. (1999). *Valeriana Celtica – der echte Speik. Ein altes Naturprodukt als alternativer Erwerbszweig. Forschungsstudie im Auftrag des Bundesministeriums für Land- und Forstwirtschaft.*

Pichler-Koban, C. & Jungmeier, M. (2015). *Naturschutz, Werte, Wandel: Die Geschichte ausgewählter Schutzgebiete in Deutschland, Österreich und der Schweiz. Bristol-Schriftenreihe: Band 46.* Haupt Verlag.

Pichler-Koban, C. & Jungmeier, M. (2022). Von der Verlegenheitslösung zur internationalen Modellregion. Die Nutzungs- und Konfliktgeschichte der Nockberge zwischen Hoteldorf und Biosphärenpark (1970-2020). In R. Aschwanden, M. Buck, P. Kupper & K. J. Schmidt (Hrsg.), *Histoire des Alpes Storia delle Alpi Geschichte der Alpen: 27 (2022). Conflits d'usage depuis 1950: Conflitti d'uso dal 1950 = Nutzungskonflikte seit 1950* (S. 113–132).

Q1-35: Zitate und Inhalte aus Interviews sowie Protokollen zu Workshops und Exkursionen, durchgeführt im Rahmen des Forschungsprojektes SPEIK im Zeitraum 5. Juli 2023 bis 30. Juli 2024.

7

Der Echte Speik – Naturschutz im 21. Jahrhundert

7. Der Echte Speik – Naturschutz im 21. Jahrhundert

Michael Jungmeier

„Innovation ist keine Erfindung neuer Dinge, sondern die Wiederentdeckung der lange vernachlässigten." Antoine de Saint-Exupéry

7.1. Die facettenreiche Bedeutung einer kleinen Pflanze

Das vorliegende Buch zeigt, dass es über den Echten Speik (*Valeriana celtica* subsp. *norica*) sehr viel zu berichten gibt. Es liefert eine Übersicht des bisherigen Wissens über das kleine Baldriangewächs aus den Nockbergen. Das Bild ist mitunter unvollständig und manche Fragen bleiben offen. Jedoch hat sich der Eindruck der herausragenden Bedeutung des Speiks in dem und für den Biosphärenpark Nockberge verstärkt. Unter Zusammenstellung der Befunde und Verbreitungskarten ist klar, dass die Speikvorkommen in den Nockbergen randlich des Verbreitungsschwerpunktes liegen. Dennoch ist der Speik in vielfältigen Zusammenhängen präsent, Hinweise auf den Speik finden sich in vielen unterschiedlichen Kontexten.

Ohne Zweifel ist der Echte Speik eine charismatische Art der Nockberge, die – vielleicht noch mehr als Zirbe und Auerhuhn – die Nockberge charakterisiert. Während Wachstum und Blüte bleibt der Speik unauffällig. Allerdings färben die leuchtenden Blätter des verblühten Speiks manchen Bergrücken der Nockberge gelb, zusammen mit den ebenfalls gelben Rosettenblättern der Zwerg-Primel (*Primula minima*). Zur selben Zeit entfaltet der Echte Speik seinen Geruch, der an warmen trockenen Spätsommertagen die Nockberge olfaktorisch bestimmt. Sowohl die farblichen als auch die geruchlichen Erscheinungen des Speiks sind also zeitlich beschränkt und ephemer. Dennoch kann man die Pflanze mit Recht als landschaftsprägendes Floren-Element der Nockberge und des Biosphärenparks bezeichnen.

Abbildung 55: Papstwappen.
Die Nardenblüte im persönlichen Wappen des Papstes Franziskus, verdeutlicht nicht zuletzt die religiös-spirituelle Bedeutung der Pflanze. Es handelt sich mit großer Wahrscheinlichkeit nicht um den Echten Speik, sondern die nahe verwandte Indische Narde.
© public domain, wikipedia commons

Der Blick auf das Wappenschild des letzten Papstes steht für die religiös mythologische Bedeutung der Pflanze. Papst Franziskus führt eine Nardenblüte als Verweis auf den heiligen Josef als heraldisches Symbol. Es handelt sich dabei vermutlich um die Indische Narde und nicht um die Keltische Narde, also den Echten Speik aus den Ostalpen. Die Bedeutung der Narden, also des Speiks ist damit dennoch unterstrichen.

Die Darstellungen des vorliegenden Buches bringen ebenfalls zum Ausdruck, welche Rolle der Echte Speik in der Alltagskultur und in manchen Bräuchen der Region bis heute spielt. Er ist eng mit der regionalen Identität verbunden. Einige Touristiker haben daran anknüpfend in den letzten Jahren versucht, den Speik für spezifische Angebote zu nutzen. Die diesbezüglichen Erfolge sind hinter dem Potenzial zurückgeblieben. Ohne Zweifel kann der Speik in touristischen Strategien und Angeboten sowie im Regionsmarketing eine große Rolle spielen, ist mit ihm doch ein weltweit einzigartiges Alleinstellungsmerkmal gegeben. Was der Lavendel für die Provence und die Narzisse für das Ausseerland sind, ist der Speik für die Nockberge.

Die große wirtschaftliche beziehungsweise wirtschaftshistorische Bedeutung des Speiks kommt im Buchbeitrag von Marianne Klemun umfassend und detailreich zum Ausdruck. Der Beitrag stellt erstmals die historische Produktion und die historischen Handelsbeziehungen in ihrer ganzen Dimension dar. Die ökonomische Bedeutung des Speiks zeigt sich nicht nur in den dokumentierten Frachtmengen und deren Preisen, sondern auch an den aufwändigen bürokratischen Instrumenten zur Regulierung des Handels (Kaiserliches Monopol, Privileg des Speikhandels, Speikgeneralien). Es gibt viele Pflanzen, die medizinisch, pharmazeutisch oder kosmetisch nutzbar sind. Nur für den Speik hat der Kaiser ein Monopol eingerichtet. Das Einrichten, Administrieren und Durchsetzen eine Handelsmonopols ist organisatorisch, rechtlich und bürokratisch mit einem hohen Aufwand verbunden, der nur in Ausnahmefällen gerechtfertigt werden kann. Beim Echten Speik war dies offenkundig der Fall. Heute wird der Speik nur mehr von einem einzigen Unternehmen, der Firma Speick Naturkosmetik in Stuttgart, in größerem Umfang genutzt.

Der Echte Speik ist eine Symbolpflanze für den Naturschutz und trägt zur Biodiversität des Biosphärenparks Nockberge bei. Er steht im Fokus von Naturschutzbemühungen, die seinen Fortbestand sichern sollen. Ihre Wirksamkeit ist umstritten und wird im folgenden Abschnitt des Kapitels diskutiert. Nicht zuletzt ist und bleibt der Echte Speik Gegenstand von Forschung, Wissenschaft und Bildung. Wissenschaftliche Untersuchungen, die ökologische, ökonomische und kulturelle Aspekte des Speiks erforschen, werden auch durch dieses Buch angestoßen. Die Forschungsergebnisse können direkt oder indirekt zur nachhaltigen Entwicklung der Region und des Biosphärenparks beitragen. Die Beschäftigung mit dem Speik ist dabei wie eine Wanderung durch die Nockberge: Mit jedem Schritt tun sich neue Perspektiven und Sichtbeziehungen auf.

7.2. Altes Wissen, neuer Kontext

Die Beiträge in diesem Buch illustrieren eindrucksvoll, welches Wissen um den Speik sich im Laufe der Jahrhunderte angehäuft hat. Dabei ist das Wissen um nachhaltige Gewinnung, Entnahme, Trocknung und Transport der Pflanze sowie das Wissen um Verwendung und Verwertung von besonderem Interesse. Mit welchem Werkzeug, wann, wo und wie der Speik „geerntet" wurde, ist ein altes schwindendes Gebrauchswissen. Im Wissen um seine Wirkungen und Anwendungen steckt zudem viel vor- und außerwissenschaftliche Erkenntnis und Erfahrung. Auf dieses verwirrende Nebeneinander unterschiedlicher Wissenstypen weist auch Marianne Klemun in ihrem Beitrag hin (siehe Kapitel 5). Dass viele Pflanzen „Speik" heißen und der Echte Speik viele Namen trägt, macht die Sache nicht einfacher. Jedenfalls legen die Recherchen und Untersuchungen zu diesem Buch nahe, dass es so etwas wie ein eigenes Speikwissen gibt. Dieses ist vielschichtig, oft uneindeutig und mehrdeutig, mitunter widersprüchlich und auch „flüchtig" wie der Geruch der Pflanze.

Das Wissen um den Speik hat im Zusammenhang mit der Entwicklung des Biosphärenparks an Bedeutung gewonnen. Ein Biosphärenpark ist eine wissensbasierte Organisation, die zur nachhaltigen Entwicklung einer Region beitragen kann, beziehungsweise soll[169]. Das alte Speikwissen wird im und vom Biosphärenpark gesammelt und soll für die zukünftige nachhaltige Entwicklung der Region in einen neuen Kontext gestellt und genutzt werden (können). Wie die Pflanze selbst ist auch das Wissen um Nutzung allein gestellt. Es handelt sich um einen bedeutsamen Wissenskörper, der auch den UNESCO-Kriterien für immaterielles Welterbe[170] entsprechen würde.

7.3. Ein (neuer) Auftrag für den Naturschutz

Das Problem ist augenscheinlich. Der Echte Speik ist eine seltene, konkurrenzschwache Pflanze mit einem auf spezielle Lebensräume beschränkten Vorkommen. Unsachgemäße und rücksichtslose Ausbeutung der Vorkommen kann den Beständen schaden, sie zum Zurückweichen oder gar Verschwinden bringen. Die Pflanze verdient also die Aufmerksamkeit des Naturschutzes. Gleichzeitig rührt der Echte Speik aber auch an den grundlegenden Fragen des Naturschutzes: Wer schützt was vor wem, mit welchen Mitteln und warum?

Wer? Es gibt zunächst die Naturschutzbehörde. Diese ist für die Umsetzung von Naturschutzgesetzen und Verordnungen, insbesondere in Bewilligungsverfahren zuständig. Im konkreten Fall genehmigt die Bezirkshauptmannschaft in Feldkirchen die Entnahme. Bewilligungen für andere Orte könnten von den Bezirkshauptmannschaften von Wolfsberg, Villach Land oder Spittal an der Drau genehmigt werden. Die Behörde setzt das Kärntner Naturschutzgesetz um, das vom Kärntner Landtag beschlossen beziehungsweise immer

169 Es ist immer darauf hinzuweisen, dass sich UNESCO-Biosphärenparks aus dem 1972 gestarteten Man and the Biosphere Progamm (MAB) der UNESCO herausentwickelt haben. Dieses war und ist als globales Forschungsprogramm angelegt, dass die Wechselwirkungen zwischen Gesellschaft (Man) und Umwelt (Biosphere) untersucht. In vielen Ländern, darunter auch in Österreich, ist das MAB-Programm in der Akademie der Wissenschaften verortet.

170 https://www.unesco.at/kultur/immaterielles-kulturerbe

wieder novelliert wird. Die Speikvorkommen in Salzburg und in der Steiermark unterliegen den hier geltenden Naturschutzgesetzen. Die Regelungen sind ähnlich, aber nicht gleich. Eine geschützte Pflanze, ein Verbreitungsgebiet, drei Gesetze, das ist die Realität in einer föderalistisch organisierten Republik. In den Naturschutzgesetzen manifestieren sich die politischen Diskussionen und Mehrheiten zum jeweiligen Zeitpunkt und im jeweiligen Bundesland. Pichler-Koban und Jungmeier (2015) haben in ihrer Ideengeschichte des Naturschutzes gezeigt, wie viele unterschiedliche, oftmals auch konkurrierende, gesellschaftliche Strömungen, Diskurse und Werthaltungen in der Naturschutzbewegung repräsentiert sind. *Der* Naturschutz existiert nicht, vielmehr kann man ihn als vielstimmigen Chor beschreiben, der manchmal mit und meistens ohne Dirigenten versucht, der Natur eine Stimme zu geben. Die Wissenschaft ist dabei nur eine von vielen Mitwirkenden.

Was? Im gegenständlichen Fall soll zunächst der Echte Speik geschützt werden. Wie bedeutsam die Art ist, ist im vorliegenden Buch umfassend dokumentiert. Durch den Schutz des Speiks sind aber die Lebensräume und Pflanzengesellschaften, in denen die Pflanze vorkommt, alpine Bürstlingsrasen, Krummseggenrasen, Gämsheiden-Teppiche, mitgeschützt. Sie stehen zum Teil auch durch andere gesetzliche Passagen (insbesondere „Schutz der Alpinregion" §6 KNSG) unter Schutz und sind mehrheitlich als Natura 2000-Gebiete sowie als Naturzonen des Biosphärenparks ausgewiesen. Mit dem Schutz des Speiks sind indirekt auch weitere, vielleicht noch gar nicht bekannte Organismen, etwa Symbionten in der Rhizosphäre oder monophage Insekten, geschützt. Es gibt in der Natur nicht den einzelnen Organismus oder die einzelne Art – sie sind stets Elemente an bestimmten Stellen eines Ökosystems. Laut der aktuellen Roten Liste der Pflanzenarten Kärntens (Franz et al., 2023) ist der Speik nicht (mehr) als gefährdet eingestuft.

Vor wem? Die konkrete und unmittelbar benannte Gefährdung der Speikvorkommen erwächst aus unsachgemäßem Sammeln von großen Mengen der Pflanze. Der aktuelle Marktwert des Speiks ist nicht bekannt; er ist hoch und kann beziehungsweise könnte ein Anreiz für intensive Entnahmen sein. Es gibt genügend Beispiele für Arten, die aus Gewinnstreben, Unwissenheit oder zum reinen Vergnügen stark dezimiert oder ausgerottet wurden. Solchen Entwicklungen kann und soll das Naturschutzgesetz einen Riegel vorschieben. Reglementiert wird dabei die Entnahme durch Eigentümer:innen, Nutzungsberechtigte, aber auch gebietsfremde Personen. Von Eigentümer:innen und Nutzungsberechtigten kann man ein Interesse an einer langfristigen Erhaltung der Bestände erwarten, bei gebietsfremden Personen (professionelle Sammler:innen, unbedarfte Wanderer) könnte das anders sein.

Im vorliegenden Forschungsvorhaben wurden die gesamte verfügbare Literatur ausgehoben, die Ergebnisse der langjährigen Dauerbeobachtungen analysiert und verschiedene Expertenmeinungen eingeholt. Es ergibt sich daraus ein klares Bild: Durch eine traditionelle „Beerntung" werden die Speikbestände gefördert und nicht dezimiert. Einerseits verbleiben bei der Entnahme zwangsläufig Wurzel- und Rhizomteile des Speiks im Boden. Sie können regenerieren und zur vegetativen Verbreitung der Pflanze beitragen. Zudem ist die Pflanze ein Rohbodenpionier: Ihre extrem leichten und flugfähigen Samen sind im gelockerten und (leicht) geöffneten Boden besonders konkurrenzfähig. Alle Indizien sprechen dafür, dass der Speik durch traditionelle Nutzungen gefördert wird und ein Wegfall oder eine Einschränkung der Nutzung sich tendenziell negativ auf die Bestände auswirkt. Da auch von Natur aus genügend Lebensräume vorhanden sind, würde der Speik in den Nockbergen auch ohne menschliche Nutzung erhalten bleiben. Unter Zusammenstellung der verfügbaren Literatur und Forschungsergebnisse kann auch eine erhebliche Erhöhung der Entnahmemengen keine negativen Auswirkungen auf den Bestand des Echten Speiks in den Nockbergen haben[171].

Neben benannten Bedrohungen stellen auch unkonkrete Entwicklungen potenzielle Gefährdungen der Speikbestände in den Nockbergen dar. Zu nennen sind besonders die Klimaveränderungen oder auch die hohen Stickstoff-Einträge aus der Atmosphäre. Beide Entwicklungen haben gravierenden Einfluss auf Ökosysteme und Standortfaktoren; erhebliche Auswirkungen auf die Speikbestände sind möglich beziehungsweise mittelfristig zu erwarten. Nota bene, gibt es keinen wirksamen Paragraphen für derartige Bedrohungen.

Mit welchen Mitteln? Die Bestände des Echten Speik sollen also langfristig erhalten bleiben. Eine wesentliche Gefahr besteht in der unkontrollierten und unsachgemäßen Entnahme, in erster Linie durch gebietsfremde Personen. Eine Beerntung mit traditionellen Methoden stellt für den Speik keine Gefährdung dar. Der aktuelle Schutzstatus ist dem-

171 Eine Erhöhung der Entnahmemengen kann keine negativen Auswirkungen auf den Bestand und den Fortbestand der endemischen Pflanze in den Nockbergen haben. Dies ist durch Forschungsergebnisse untermauert (u.a. Berchtold.landplan 2021, Fheodoroff (2012, 2017); Kabusch (2021); Kerschbaumer und Berchthold (2021); Novak (1996, 1999)). Eine sachgerechte Entnahme, die Einhaltung festzulegender Obergrenzen und eine entsprechende wissenschaftliche Begleitung sind jedoch Voraussetzung. Folgende Punkte sind ergänzend anzuführen.
- Die bisherige Nutzung erfolgt seit den 1980er-Jahren und wird seit 1997 unter kontrollierten Bedingungen auf eigens ausgewiesenen Flächen südlich des Schoberriegels vorgenommen. Dabei konnte auf den Flächen keinerlei Verschlechterung des Bestandes festgestellt werden. Laut letztgültigem Bescheid sieht es die Behörde beziehungsweise die Sachverständige als erwiesen an, „die Speikernte bei angepasster, nachhaltiger Nutzung sich schadlos auf die Natur auswirkt. Durch diese kontrollierte und reglementierte Nutzung können sogar die einzelnen Bestände gefördert werden." Bezirkshauptmannschaft Feldkirchen (2018)
- Diese Beurteilungen stehen in einer Reihe mit historischen Experimenten Novak (1996), den Beobachtungen von Fheodoroff (2012, 2017) sowie den laufenden vegetationsökologischen Untersuchungen (Kerschbaumer und Berchthold, 2021). Die „Speikförderung durch moderate Entnahme" gilt als erwiesen (Kerschbaumer, mündl., 2024).
- Die Flächen südlich des Schoberriegels sind ein kleiner, eher randlicher Teil des gesamten Verbreitungsgebietes des Speiks. Dieses ist nicht genau abgegrenzt, ist aber jedenfalls um den Faktor 100 größer. Demnach macht das jetzt genutzte Gebiet weniger als ein Prozent des gesamten Speikareals aus.
- Die historischen Befunde belegen abhängig von schwankender Nachfrage und staatlicher Protektion enorme Mengen von geerntetem beziehungsweise gehandeltem Speik. Beispielweise sind jährliche Frachtmengen vom Hafen in Triest im Tonnenbereich nachgewiesen (1839: 17.250 kg; 1841: 18.250 kg; 1842: 53.250 kg; 1843: 63.300 kg). Diese Mengen sind nur ein Teil der tatsächlich geernteten Speikmengen (berechnet von Klemun, mündl., 2024). Man kann davon ausgehen, dass die historischen Mengen die heute entnommenen Speikwurzeln um mehr als das Tausendfache übertreffen. Selbst in dieser Nutzungsintensität wurde die Pflanzen nicht ausgerottet. Es gibt keine historisch-wissenschaftlichen Hinweise auf eine Verknappung. (Klemun, mündl., 2024)
- Abschließend ist darauf zu verweisen, dass *Valeriana celtica* subsp *norica* gemäß der aktuellen Roten Liste des Gefährdeten Pflanzenarten als „nicht gefährdet" eingestuft ist (Franz et al., 2023).

nach obsolet und sollte adaptiert werden. Weiterhin wünschenswert und notwendig ist ein System, das es erlaubt, die Entnahmemengen, -orte und -verfahren festzulegen, die Entnahmeberechtigen zu benennen sowie die Auswirkungen der Entnahme und die langfristige Entwicklung der Bestände zu verfolgen. Für eine derartige Aufgabe ist das Management des Biosphärenparks auch in Zukunft prädestiniert.

Warum? Der Speik ist eine wertvolle genetische Ressource, für die Region, ihre Wirtschaft, Gesellschaft und Ökosysteme. Sie soll auch in Zukunft zur Verfügung stehen.

7.4. Neue Fragen an die Wissenschaften

Im Zuge des Forschungsvorhabens konnte sich das interdisziplinäre Team ein aktuelles Bild über das Wissen zum Speik verschaffen. Dabei wurden auch Lücken sichtbar, aus denen sich neue Forschungsfragen ergeben. Im folgenden sind sind einige dieser Fragen zusammengestellt. Sie könnten Grundlage für weiterführenden wissenschaftliche Arbeiten, etwa im Rahmen der Kooperation SCiENCE_LINK^{nockberge} (Straßer et al., in print) sein.

Abbildung 56: Speiksamen.
Die Samen des Echten Speiks sind sehr leicht und bieten durch fein verzweigte Pappi dem Wind große Angriffsfläche. Sie können daher sehr weit verbreitet werden.
© Michael Jungmeier

7.4.1. Naturwissenschaft und Technik

Vermehrung und Verbreitung. Der Speik hat zwei Verbreitungsstrategien. Die vegetative Vermehrung über Wurzeln und Rhizome erlaubt es der Pflanze, einen einmal erreichten Standort langfristig zu besiedeln und den Bestand zu festigen. Das Verbreitungsgebiet bleibt klein. Zusätzlich hat der Speik sehr leichte, flugfähige Samen, die auf Rohböden keimen und damit auch weit entfernte, neue Standorte besiedeln könn(t)en. Unklar ist derzeit zum Beispiel: Welchen Anteil hat die vegetative Vermehrung, welchen Anteil hat die generative Vermehrung des Speiks? Kann der Speik sein Verbreitungsgebiet vergrößern oder ist dieses stabil, und wenn ja, warum? Warum sind alle bisherigen Versuche, den Speik zu kultivieren, fehlgeschlagen? Unter welchen Bedingungen beziehungsweise mit welchen Methoden könnte eine künstliche Vermehrung des Speiks erfolgreich sein?

Genetische Variabilität. Die Vorkommen der endemischen Pflanze Speik sind räumlich begrenzt. Sie sind vom Vorkommen verwandter Arten (zum Beispiel *Valeriana celtica* subsp. *celtica*) isoliert, und dies mindestens seit der letzten Eiszeit. Es wäre jedoch interessant zu wissen: Wie ausgeprägt ist die innerartliche Variabilität des Speiks? Können einzelnen Subpopulationen, etwa entlang eines geographischen oder eines ökologischen Gradienten, unterschieden werden? Inwiefern könnten etwaige genetische Varianten des Speiks relevant sein im Hinblick auf Klimawandel oder Stickstoff-Einträge?

Rhizosphäre. Ein erheblicher Anteil der Biomasse des Speiks liegt unter dem Boden, wo die Rhizome des Geophyten den Winter überdauern. Wir wissen wenig über das Leben unterhalb der Bodenoberfläche. Wie alt kann eine Speikpflanze eigentlich werden? Welche Ausmaße kann das Wurzel- und Rhizomsystem des Speiks erreichen, welche Bodenschichten kann er aufschließen? Welche anderen Organismen besiedeln die Rhizosphäre des Speiks? Gibt es darunter symbiontische, parasitische oder konkurrierende Organismen?

Inhaltsstoffe. Es gibt nur wenige spezifische Untersuchungen zu den Inhaltsstoffen des Echten Speiks *Valeriana celtica* subsp. *norica*. Hingegen sind die Inhalts- und Wirkstoffe einiger anderer Arten aus der Familie dar Baldriangewächse gut untersucht, auch in medizinisch-klinischen Studien. Hier schließen zahlreiche Fragen an: Gibt es Inhaltsstoffe, die den Echten Speik von anderen Baldrianarten unterscheiden? Wie können seine Inhaltsstoffe in medizinischer, kosmetischer und pharmazeutischer Hinsicht verwendet werden? Wie viele und welche Inhaltsstoffe bildet der Speik an unterschiedlichen Standorten beziehungsweise unter unterschiedlichen Wuchsbedingungen (Höhenstufe, Dauer der Vegetationsperiode) aus? Welche weiteren (bislang verborgenen) Anwendungsmöglichkeiten für die Inhaltsstoffe gibt es?

Klimawandel. Die Veränderung der klimatischen und mikroklimatischen Situation bewirkt im Wesentlichen eine Verschiebung der Höhenstufen und der Waldgrenze nach oben. Damit können wuchs- und konkurrenzfähige Arten und Lebensgemeinschaften in die Lebensräume des Speiks vordringen und diesen verdrängen. Was bedeutet dies für die Konkurrenzfähigkeit und damit für die Verbreitung des Speiks? Gibt es bereits erkennbare beziehungsweise nachweisbare Auswirkungen der klimatischen Veränderungen auf die Speikvorkommen? Kann es passieren, dass der Speik in den Hochlagen der Nockberge

„eingesperrt" wird, wie dies für andere Elemente von Gipfelfloren bereits nachgewiesen ist?

Monitoring und Entwicklung. Die Entwicklung der Speikvorkommen, in Abhängigkeit von verschiedenen Faktoren, bleibt von großer Bedeutung. Der Aufwand für ein dauerhaftes Monitoring sollte durch den Einsatz von Technologien reduziert werden. Welche (neuen) Technologien stehen zur Verfügung? Welche experimentellen Designs sind zur Dauerbeobachtung geeignet? (Wie) können die Speikvorkommen fernkundlich erfasst werden? Wie kann eine konsistente Datenhaltung langfristig gesichert und das Speikmonitoring in das BRIM (Biosphere Reserve Integrated Monitoring) integriert werden?

7.4.2. Wirtschaft und Gesellschaft

Eigentumsfragen. Die Untersuchungen im Rahmen dieses Projektes zeigen eine Kontinuität in den hoheitlichen Versuchen, die Speiknutzung zu monopolisieren beziehungsweise zu reglementieren. Dies wirft naturgemäß Fragen nach der Verfügungsgewalt beziehungsweise dem Eigentümer des Speiks auf. Das ist nicht nur vor dem Hintergrund der möglichen wirtschaftlichen Bedeutung der Pflanzen interessant, sondern auch Gegenstand internationaler Diskussionen, wie sie im Kapitel 4.8 (globaler Blick auf lokale Ressourcen) nachgezeichnet sind. Hier spielen auch Diskurse um das Wesen des landwirtschaftlichen Eigentums eine Rolle. Wer ist Eigentümer der genetischen Ressource Speik, solange sie nicht geerntet ist (vor der „Okkupation", siehe Kapitel 4.2 zum rechtlichen Schutzstatus)? Gibt es eine Almende für biogenetische Ressourcen?

Mikro- und makro-ökonomische Potenziale. Die Arbeiten im Projekt SPEIK haben gezeigt, dass der Echte Speik eine bedeutende wirtschaftliche Ressource darstellt – sowohl in historischer als auch in gegenwärtiger und zukünftiger Perspektive. Die wirtschaftliche Bedeutung der Pflanze ist dabei auf verschiedenen Ebenen sichtbar geworden. Diese Erkenntnisse bieten zahlreiche Anknüpfungspunkte für weiterführende Studien, die das wirtschaftliche Potenzial des Speiks detaillierter untersuchen. Eine zentrale Forschungsfrage lautet: Welche Produkte und Dienstleistungen auf Basis des Echten Speiks bieten konkrete wirtschaftliche Chancen für die Region und für spezifische Branchen, und welche Voraussetzungen – etwa technologische, rechtliche und infrastrukturelle – müssen geschaffen werden, um dieses Potenzial nachhaltig zu erschließen und auszubauen?

Rolle der Wissenschaft in transdisziplinären Prozessen. In transdisziplinären Prozessen, besonders bei kontroversen Themen, nimmt die Wissenschaft eine ambivalente Rolle ein. Einerseits ist sie eine neutrale Beobachterin, andererseits wird sie oft unfreiwillig zur Beraterin oder Partei. Dieses Spannungsfeld führt dazu, dass die Wissenschaft nicht nur Wissen bereitstellt, sondern auch aktiv in die Entscheidungsprozesse eingreift beziehungsweise diese beeinflussen kann. Eine zentrale Forschungsfrage lautet daher: Wie kann die Wissenschaft in transdisziplinären Prozessen, am Beispiel der Nutzung von biogenetischen Ressourcen wie dem Echten Speik, eine Balance zwischen neutraler Wissensvermittlung und gesellschaftlicher Verantwortung wahren, ohne dabei in politische oder wirtschaftliche Interessenkonflikte zu geraten?

Vergleich des Speiks mit anderen biogenetischen Ressourcen. Der Echte Speik als eine endemische Pflanze der Nockberge weist in seiner Nutzung und seinem Schutz Parallelen zu anderen biogenetischen Ressourcen auf, die in spezifischen ökologischen Nischen vorkommen. Ein vergleichender Ansatz könnte helfen, gemeinsame Herausforderungen und Lösungen für den Umgang mit solchen Ressourcen zu identifizieren. Eine zentrale Forschungsfrage lautet: Inwiefern lässt sich der Echte Speik im Hinblick auf Schutz, Nutzung und wirtschaftliche Potenziale mit anderen biogenetischen Ressourcen vergleichen, und welche Best Practices aus dem Management anderer endemischer oder geschützter Arten könnten auf den Speik übertragen werden?

Speik und Region. Gemäß den Projektzielen sollte der Forschungsprozess eine Zukunftsperspektive für die Nockregion eröffnen. Das Projekt hat diesbezüglich vielfältige Informationen erarbeitet und entsprechende Möglichkeiten sichtbar gemacht. Unklar bleibt dennoch, wie dieses Wissen am Ende des Forschungsvorhabens wirksam werden kann. Wer sind die Akteur:innen, die dieses Wissen in Wert setzen können oder wollen? Welche Handlungsspielräume haben diese und welche Rahmenbedingungen wären nötig. Allgemeiner formuliert, wie kann, am Beispiel Speik, wissenschaftliche Erkenntnis gesellschaftlich wirksam werden und welche Rolle können dabei Institutionen wie beispielsweise ein Biosphärenpark spielen?

7.5. Der Speik und die Dilemmata der nachhaltigen Entwicklung: Synthese und Ausblick

Im einleitenden Kapitel des Buches ist der Speik als Beispiel und als Metapher für die vielfältigen Widersprüchlichkeiten, Uneindeutigkeiten und Dilemmata beschrieben, die im Zusammenhang mit nachhaltiger Entwicklung bestehen. Dieses Bild des Speiks hat sich im Zuge der Untersuchungen verfestigt. Die Pflanze vermehrt sich durch Nutzung, wobei die Nutzung zum Zweck des Schutzes untersagt ist. Die biogenetische Ressource Speik ist ein Allgemeingut, das ausgerechnet durch die Regulierung wirtschaftlich attraktiv genutzt werden kann. Zur medizinischen Nutzung des Speiks gibt es vielfältige Erfahrungen, jedoch keine aktuellen wissenschaftlichen Untersuchungen. Die Liste ließe sich fortführen. Die Widersprüchlichkeiten finden sich auch in der Akteurslandschaft „rund um den Speik" wieder. Dazu hat das Projektteam folgende Thesen aufbereitet.

7.5.1. Allgemeines

Das Forschungsvorhaben SPEIK nimmt den Echten Speik (*Valeriana celtica* subsp. *norica*) als begehrte biogenetische Ressource ins Visier und fragt, wie kann diese „nachhaltig" genutzt werden. Dabei spielt das Konzept von Gerechtigkeit („fair and equitable benefit sharing") eine wesentliche Rolle. Die Nutzung des Speiks wird in drei Zeitebenen (Vergangenheit, Gegenwart, Zukunft) untersucht.

Der gerechte Umgang mit biogenetischen Ressourcen ist eine globale Frage. Deshalb ist der Speik keine singuläre Erscheinung. Im Projekt wird die Pflanze als Metapher für eine größere Debatte, die weit über die Pflanze, die Gegenwart und die Region hinaus reicht, betrachtet.

Es ist eine öffentliche Aufgabe, die Interessen und Ansprüche im Hinblick auf Entnahme und Nutzung zu ordnen und „nachhaltig" zu regeln. In diesem spezifischen Fall obliegt die Aufgabe dem Biosphärenpark. Dieser ist als UNESCO-Modellregion für nachhaltige Entwicklung eingerichtet und als solche international anerkannt.

7.5.2. Geschichte der Speiknutzung

Das Projekt zeichnet die historische Aneignung und Nutzung des Speiks in einer langzeitlichen Perspektive (*longue durée*) nach. Dabei zeigt sich die erhebliche Bedeutung der Nutzung in ihrer wirtschaftlichen, sozio-kulturellen und geographischen Dimension.

Die vielschichtige Geschichte der Speiknutzung ist die Geschichte einer babylonischen Sprachverwirrung, die Geschichte von Konflikten, Legenden und Monopolen, die Geschichte von „Speikgrabern", Händlern und Reisenden und nicht zuletzt die Geschichte von Salben, Elixieren und Rezepturen. Der Blick auf den Speik hat sich wiederholt gewandelt.

Interessant ist, dass trotz intensiver Entnahme keine Hinweise für eine Verknappung des Speiks oder eine Regulierung seiner Gewinnung vorliegen. Kontrolliert wurde offenbar ausschließlich der Handel. Zudem scheint die Speiknutzung in den Nockbergen im Vergleich zu den steirischen und salzburgischen Vorkommen von nachrangiger Bedeutung gewesen zu sein.

Die Geschichte der Speiknutzung ist gleichermaßen ein Kapitel der regionalen und der globalen Umweltgeschichte, die sich in viele Facetten erzählen lässt. Unter anderem wurde der Speik in der ersten Hälfte des 20. Jahrhunderts zum „Objekt" einer sich entwickelnden Idee von „Naturschutz". Diese ist eher kulturell als naturwissenschaftlich hinterlegt.

7.5.3. Aktuelle Speiknutzung

Die aktuelle rechtliche Situation geht auf die 1980er-Jahre zurück. Damals hat der in Einrichtung begriffene Nationalpark Nockberge positiv und flexibel auf das Nutzungsinteresse reagiert. In weiterer Folge wurden die auf zehn Jahre befristeten Ausnahmebewilligungen wiederholt nach einem ähnlichen Muster erteilt. Diese Regelungen entsprechen nicht mehr den aktuellen und den zukünftigen Anforderungen.

Die Entnahmebewilligung wird vor dem Hintergrund wissenschaftlicher Arbeiten erteilt. Dabei tritt der Biosphärenpark als Konsenswerber auf, der auch für die wissenschaftliche Begleitung und die laufende Kontrolle der Entnahmemengen verantwortlich ist.

Die bedeutendste wirtschaftliche Speiknutzung wird von den der Firma Speick Naturkosmetik in Stuttgart, den „Speickwerken", initiiert und betrieben. Die Speick-Produkte sind als erfolgreiche industriell gefertigte Produkte zu beschreiben. Alle Produkte der Firma Speick Naturkosmetik sind mit der geschützten Wort-Bild-Marke einer abstrahierten Speikpflanze gebrandet.

Abbildung 57: Künstlerische Perspektive auf den Speik.
Der für großformatige farbstarke Bilder bekannte Kärntner Künstler Peter Krawagna widmet ein Blatt (Öl auf Japanpapier) dem Speik. Die Autor:innen bedanken sich.
© Peter Krawagna 2024

7.5.4. Zukünftige Nutzung

Neben der erfolgreichen Inwertsetzung des Speiks durch das Unternehmen Speick Naturkosmetik in Stuttgart spielt die Pflanze in der Alltagskultur der Region, etwa beim Räuchern, eine latente Rolle. Aktivitäten zu einer touristischen Inwertsetzung (Speikwanderungen, Speikhütten, Speikbäder, eine geplante Verkaufsstelle) hatten in den 2000er Jahren einen Höhepunkt („Speik-Hype"), haben jedoch an Bedeutung verloren. Dennoch bietet die Pflanze weiterhin das Potenzial für weiterführende touristische Angebote sowie auch eine Alleinstellung der touristischen Destination Nockberge. Zudem gibt es Angebot und Nachfrage im Hinblick auf Seifen, Öle und Räucherwerk auf regionalen Märkten.

Alle Überlegungen für eine zukünftige Nutzung des Speiks müssen naturschutzfachliche Rahmenbedingungen, besonders die entsprechenden behördlichen Bewilligungen, berücksichtigen und antizipieren. Im Biosphärenpark sind besonders hohe Anforderungen an Naturschutz und Nachhaltigkeit gestellt. Dabei kann wissenschaftliche Forschung und Begleitung hilfreich sein. Wie alle Biosphärenparks hat auch der Biosphärenpark Nockberge über das Man and the Biosphere Programm der UNESCO einen guten Zugang zu akademischen Institutionen.

Die Pflanze Speik steht in mehrfacher Weise symbolisch für die Region und den Biosphärenpark. Sie ist vergleichbar mit der Narzisse im Ausseerland oder dem Lavendel in der Provence. Der Speik hat gute Voraussetzungen, um als Trope (bildhafter Begriff), Wahrzeichen oder Botschafter der Region zu dienen. Das kleine Verbreitungsareal, diverse Mythen, seine Eigenart, die Nutzungstradition und seine geradezu auffällige Unscheinbarkeit geben dafür Anhaltspunkte.

Unter Zusammenführung der bisher vorliegenden Befunde, Beobachtungen und Erkenntnisse geht das Projektteam davon aus, dass die Potenziale für eine Nutzung des Speiks viel höher sind als aktuell wahrgenommen. Die Bandbreite möglicher Nutzungen ist im Projekt in sehr verschiedenen Bereichen sichtbar geworden. Dabei spielen unter anderem Tourismus, Medizin, Kosmetik, Pharmazie, Kultur und Brauchtum eine Rolle. Die entsprechenden Produkte und Anwendungen für den zeitgemäßen Bedarf müssen erst entwickelt werden. Konkrete Möglichkeiten sind beispielsweise ein Speik-Museum, eine Intensivierung der Zusammenarbeit zwischen dem Biosphärenpark und (regionalen) Unternehmen sowie produktbezogene Forschungsvorhaben, etwa in den Bereichen Medizin beziehungsweise Kosmetik.

Jedenfalls ist für die zukünftige Nutzung des Speiks der Biosphärenpark ein Schlüsselakteur. Keiner der Akteure im „Feld" des Speiks ist allein handlungsfähig, sondern auf andere Akteure angewiesen. Daraus entsteht eine Entwicklungsblockade, die die Verhältnisse der Speiknutzung seit Jahrzehnten unverändert hält. Der einzige handlungsfähige Akteur ist das Management des Biosphärenparks. Es bündelt vertrauensvoll die Interessen und Bedürfnisse aller Beteiligten. Daher liegt es zunächst am Management des Biosphärenparks, die entsprechenden Rahmenbedingungen für eine zukünftige Nutzung zu überlegen. Dabei kann auch auf Ergebnisse aus dem Forschungsprojekt SPEIK zurückgegriffen werden. Das vorliegende Buch soll dafür einen Impuls, die Grundlagen und hilfreiche Bausteine liefern.

Abbildung 58: Lebensgemeinschaft Speik.
In den alpinen Rasen tritt der Echte Speik oft gemeinsam mit Rentierflechte, Gämsheide, Krummsegge oder Zwerg-Seifenkraut auf. Solange die Rosettenblätter des Speiks nicht gelb verfärbst sind, sind sie im Rasen kaum zu erkennen.
© Heinz Mayer

Literaturverzeichnis

Bezirkshauptmannschaft Feldkirchen (2018). FE3:NS-2518/2018 (012/2019) Bescheid vom 27.08. 2018 über Ausnahmebewilligung zur Entnahme von Speikpflanzen im Bereich des Schoberriegels.

Berchthold land.plan (Hrsg.) (2021). Speiknutzung im Bereich Saureggen/Ebene Reichenau: Vegetationsökologisches Monitoring Bericht 2021. Ebene Reichenau. Klagenfurt.

Fheodoroff, B. (2012). Speiknutzung im Bereich Saureggen in Kärnten: Wissenschaftliche Begleituntersuchung 2012.

Fheodoroff, B. (2017). Speiknutzung im Bereich Saureggen in Kärnten: Wissenschaftliche Begleituntersuchung 2012-2017.

Franz, W. R., Köstl, T., Keusch, C. & Stöhr, O. (2023). Rote Liste gefährdeter Farn- und Blütenpflanzen Kärntens (2., vollkommen überarbeitete Auflage). Naturwissenschaftlicher Verein für Kärnten.

Kabusch, S. (2021). Nutzung vs. Naturschutz am Beispiel der naturgeschützten Alpenpflanze Echter Speik (*Valeriana celtica* subsp. *norica*) [Masterthesis, Universität für Bodenkultur Wien, Wien]. Österreichischer Bibliothekenverbund Gesamtkatalog.

Kerschbaumer, N. & Berchthold, A. (2021). Speiknutzung im Bereich Saureggen/Ebene Reichenau. Vegetationsökologisches Monitoring. Bericht 2021.

Novak, S. (1996). Auswirkungen der Nutzung einer naturgeschützen Pflanze (*Valeriana celtica*) auf ihren Bestand: 4. Teilbericht. Forschungsauftrag der Kärntner Landesregierung.

Novak, S. (1999). *Valeriana celtica* – der echte Speik. Ein altes Naturprodukt als alternativer Erwerbszweig. Forschungsstudie im Auftrag des Bundesministeriums für Land- und Forstwirtschaft.

Pichler-Koban, C. & Jungmeier, M. (2015). Zur Institutionalisierung von Naturschutz im 20. Jahrhundert: ausgewählte Aspekte der Naturschutzgeschichte Kärntens – das Beispiel Naturpark Dobratsch. Carinthia I, vol. 206, 539–552.

Straßer, S., Jungmeier, M., Pichler-Koban, C., Rauch, F. & Taurer-Zeiner, C. (in print). SCiENCE_LINK^{nockberge}: Triggering Social Innovation by Co-Creating Student Research Projects. In E. Schwarz, D. Audretsch & M. Markovic (Hrsg.), Handbook of Teaching and Learning in Social Innovation. Springer.

8 Anhang

8. Anhang

8.1. Abbildungsverzeichnis

8.2. Autor:innen

Monika Auinger, MSc. absolvierte das Bachelorstudium Geographie, gefolgt vom Masterstudium Landschafts-, Stadt- und Regionalmanagement an der Universität Salzburg. 2019 schloss sie den Zertifikatslehrgang zur akademischen Geoinformatikerin an der Universität Salzburg ab. Der Berufseinstieg erfolgte bei der Agrarmarkt Austria. Ab 2015 arbeitete sie an der Fachhochschule Kärnten, zunächst in der Abwicklung und Betreuung von internationalen Mobilitätsprojekten und ab 2020 als wissenschaftliche Mitarbeiterin im UNESCO Chair Team. Ihre Forschungsinteressen umfassten transdisziplinäre Projekte in Schutzgebieten und Regionalentwicklung in ländlichen Regionen. Seit September 2025 ist sie Mitarbeiterin im Nationalpark Hohe Tauern mit den Schwerpunkten Bildung und Projektmanagement.

Mag. Dr. Roland K. Eberwein; Studium der Biologie/Botanik an der Universität Wien und an der Rheinisch-Westfälischen Technischen Hochschule in Aachen. Bis 2001 Mitarbeiter am Botanischen Institut der Universität Wien. Seither Leiter der Abteilung Botanik (Kärntner Botanikzentrum mit Kärntner Landesherbar, botanischem Garten und botanischer Fachbibliothek) des Landesmuseums für Kärnten. Mitglied des Directory of Expertise von Botanic Gardens Conservation International. Arbeiten zur Morphologie und Anatomie der Pflanzen, Geschichte der Botanik, Neophyten und Museologie.

Univ.-Prof. Dr. Michael Getzner ist Professor für Finanzwissenschaft und Infrastrukturökonomie am Institut für Raumplanung der TU Wien. Er studierte an der WU Wien (Doktorat 1992) und an der MDW (Ph.D. 2022), habilitierte sich 2001 in Volkswirtschaftslehre, und ist seit 2010 Professor an der TU Wien. Seine Forschungsthemen liegen in der Finanzwissenschaft, Infrastrukturpolitik, Ökologischen Ökonomik und Kulturökonomik.

Gabriele Hadl, Ph.D., M.A., B.A. ist Medienwissenschafterin und Umweltaktivistin. Sie promovierte an der Ritsumeikan Universität in Kioto mit Forschung zu Demokratie und Medien. An der staatlichen Tokio Universität lehrte Gabriele Hadl für ein Jahrzehnt als Professorin am Institut für Soziologie der Kwansei Gakuin Universität. Seit 2007 beschäftigt sie sich mit Umweltkommunikation. Nach 27 Jahren als Auslandsösterreicherin ist sie seit 2019 in Kärnten aktiv, u.a. als Umweltaktivistin, politisch Engagierte und als Lehrende an der Universität Klagenfurt. Sie arbeitet an Fragen der Tiertheorie, Umweltethik, Journalismus und Kommunikation. Sie gilt als unverbesserlich in ihrem Glauben an eine bessere Welt.

FH-Prof. Mag. Dr. Michael Jungmeier ist Ökologe und Humangeograph. Er ist Professor für Naturschutz und Nachhaltigkeit an der Fachhochschule Kärnten und Inhaber des UNESCO Lehrstuhls für das Management von Schutzgebieten. Er leitet die zugehörige Forschungsgruppe sowie das internationale Masterstudium Management of Conservation Areas. Michael Jungmeier ist Mitherausgeber der Zeitschrift Carinthia NatureTech und Mitglied im MAB-Komitee der Österreichischen Akademie der Wissenschaften. Er ist in der Nockregion aufgewachsen und begleitet die Entwicklung des UNESCO-Biosphärenparks Nockberge seit vielen Jahren.

Mgr. Zuzanna Kieliszek hat einen Bachelorabschluss in Geographie, gefolgt von zwei Masterabschlüssen in Geographie und Umweltschutz an der Universität Warschau. Sie begann ihre Karriere in der Beratung im Bereich der Kreislaufwirtschaft und der Nachhaltigkeitsberichterstattung. Seit 2023 arbeitete sie an der Fachhochschule Kärnten als Junior Researcher im UNESCO Chair Team. Ihre Forschungsinteressen umfassen transdisziplinäre Projekte in Schutzgebieten und touristische Auswirkungen auf die Umwelt. Aktuell arbeitet sie in einem Beratungsunternehmen im Bereich ESG Reporting.

Ao. Univ.-Prof. Mag. Dr. Marianne Klemun ist Historikerin (PhD und Habil. in Geschichte), seit 2002 ao. Univ.-Prof. am Inst. für Geschichte der Univ. Wien, war 2016-2020 Leiterin der „AG für Wissenschaftsgeschichte" ebenda. Auslandaufenthalte und eine Gastprofessur in Jena folgten. Von 2006–2012 war sie Vizedekanin der Hist.-Kulturw. Fak. der Univ. Wien, 2016–2020 Secretary General der INHIGEO (Int. Com. on the History of Geol. Sciences) und seit 2020 Vice-President (Europa) der INHIGEO sowie seit 2022 Präsidentin der HESS (History of Earth Science Society, USA). Sie erhielt einige Auszeichnungen (u.a. 2022 den „Mary C. Rabbitt History and Phil. of Geology Award" USA). Zahlreiche Publikationen sind der Geschichte der Naturwissenschaften in kulturellen und politischen Kontexten gewidmet (so etwa über Expeditionen, Sammeln und Verwalten von Wissen, Botanik, Wissenszirkulation etc.). International eingeladene Vorträge erfolgten auf allen Kontinenten der Welt.

Mag.pharm. Dr.scient.med. Daniela Litscher studierte Pharmazie an der Karl-Franzens Universität Graz. Ihre Abschlussarbeit befasste sich mit „Pharmakopunktur". Anschließend absolvierte sie ihr Doktoratsstudium an der Medizinischen Universität Graz über „Lifestyle-related diseases". Ihre wissenschaftlichen Tätigkeiten umfassen zahlreiche Publikationen in Fachzeitschriften und mehrere internationale Vorträge. Seit 2016 berät und betreut sie Kunden in Apotheken in Kärnten.

A.Prof.Dipl.Ing.Dr. Johannes Novak beschäftigt sich seit seiner Dissertation mit Arznei- und Gewürzpflanzen, vor allem mit der innerartlichen Variabilität und Qualität dieser Pflanzen. Seit seinem Abschluss des Landwirtschaftsstudiums an der BOKU Wien arbeitet er an der Veterinärmedizinischen Universität Wien und war 10 Jahre lang als Generalsekretär der „European Herb Growers Association" (EUROPAM) tätig. Vor mittlerweile 25 Jahren kam es zu einer Zusammenarbeit im Speikprojekt von Stefan Novak. Seither hat ihn die Faszination, die von der ungemeinen Kraft und Wirkung des Duftes dieser unscheinbaren Pflanze ausgeht, nicht verlassen. Auch die Wildsammlung und dadurch regionale Bedeutung dieser Pflanze über viele Jahrhunderte befindet er als außergewöhnliches Lehrbeispiel einer nachhaltiger Nutzungsform.

Dipl.-Ing. Stefan Novak, Matura in Klagenfurt, graduierter Diplomingenieur der Landschaftsökologie an der Universität für Bodenkultur in Wien. Langjährige Forschungstätigkeit im Bereich alpine Vegetation, Beteiligung an der Kartierung des Nationalparks (Biosphärenparks) Nockberge. 10 Jahre Feldforschungen rund um den Speik. 20-jährige Lehrtätigkeit am Institut für Landschaftsplanung an der BOKU mit Schwerpunkt

Freiraumplanung. Begleitend verschiedene Theaterausbildungen, Mitglied des Theater Irrwisch seit 30 Jahren, künstlerischer Leiter des Theater Mowetz, Erfinder von Ökotainment (nachhaltige Familienunterhaltung), Krankenhausclown (Rote Nasen). Humortrainer auf hohem Niveau. Sein beruflicher Weg ist vielseitig und bunt. Die Auseinandersetzung mit alpiner Vegetation (dem Speik) hat ihm Wurzeln gegeben die Theaterwelt Flügel. Alles zusammen ein Leben in Vielfalt.

Dipl.-Ing. Dr. Christina Pichler-Koban absolvierte das Studium der Landschaftsplanung und promovierte an der Universität für Bodenkultur zum Thema Schutzgebiete und Naturschutzkonzeptionen. Seit 2003 ist sie im Team von E.C.O. Institut für Ökologie und konzipiert, betreut und leitet inter- und transdisziplinäre Projekte an den Schnittstellen zwischen Naturschutz und Gesellschaft. An der Universität Klagenfurt ist sie als wissenschaftliche Mitarbeiterin und Lehrende zu Nachhaltigkeits- und Bildungsthemen tätig.

Selina Anna-Maria Straßer, BA MA, hat einen Bachelorabschluss in Erziehungs- und Bildungswissenschaften, gefolgt von einem Masterabschluss in Erwachsenen- und Berufsbildung an der Alpen-Adria-Universität Klagenfurt. 2022–2025 arbeitete sie an der Fachhochschule Kärnten als Junior Researcher im UNESCO Chair Team. Ihr Forschungsschwerpunkt lag im Bereich der Sozialwissenschaften mit Fokus auf Pädagogik und informeller Erwachsenenbildung. Seit Oktober 2025 ist sie verantworliche Mitarbeiterin für die Forschungsagenden im UNESCO-Biosphärenpark Kärntner Nockberge.

Mag. Raphael Süßenbacher studierte Rechtswissenschaften an der Johannes-Kepler Universität Linz, wo er sich auf den Studienschwerpunkt Umweltrecht spezialisierte. Seine Diplomarbeit zum Thema „Ausgleichsmaßnahmen im Naturschutzrecht" verfasste er ebenfalls in diesem Rechtsbereich. 2022 schloss er den Zertifikatslehrgang zur Naturschutzfachkraft an der Fachhochschule Kärnten ab. Der Berufseinstieg erfolgte in der Rechtsabteilung der Stadtwerke Klagenfurt. Seit 2018 arbeitet er bei E.C.O. Institut für Ökologie. Seine Arbeitsschwerpunkte umfassen transdisziplinäre Projekte mit den Schwerpunkten Schutzgebiete und Prädikatsregionen, praktischer Naturschutz sowie rechtliche Themen im Konfliktfeld Naturschutz. An der Fachhochschule Kärnten ist er als Lehrender zum Thema „Umwelt- und Naturschutzrecht" tätig.

Karina Wimmer BA MA ist geprüfte Seifensiederin und Jägerin und beschäftigt sich seit über zehn Jahren mit der Herstellung von Seifen aus regional vorkommenden Rohstoffen. Viele Jahre war sie in einer 1870 gegründeten Seifensiederei im Salzkammergut tätig und vergleicht die ursprüngliche Herstellung von Seifen im ländlichen, bäuerlichen Umfeld mit dem aktuellen Trend der Herstellung von modernen Seifen im privaten Haushalt. Sie betrachtet die mögliche Verwendung des Speiks durch die Menschen in der Region und zeigt auf, wie die Pflanze in lokal produzierten Seifen genutzt werden könnte.